U0291087

大学物理（下册）

修订版

主　编　辛　勇　骆成洪

副主编　刘笑兰　刘　崧　徐雪春　李俊彬

北京邮电大学出版社
www.buptpress.com

内 容 简 介

本书是在《大学物理》第 1 版的基础上,根据教育形势的发展,结合编者多年的教学实践修订而成的。全书分上下两册,上册包括力学、狭义相对论力学基础和电磁学,下册包括振动和波、波动光学、气体动理论及热力学和量子物理基础。教材编写力求简明凝练,深广度适当,适用面宽,便于教学。

本书可作为普通高等院校非物理类专业的本科生教材,也可供相关专业的师生选用和参考。

图书在版编目（CIP）数据

大学物理. 下册 / 辛勇,骆成洪主编. -- 修订本. -- 北京：北京邮电大学出版社,2014.12 (2022.12 重印)

ISBN 978-7-5635-4213-0

Ⅰ.①大… Ⅱ.①辛… ②骆… Ⅲ.①物理学—高等学校—教材 Ⅳ.①O4

中国版本图书馆 CIP 数据核字（2014）第 277497 号

书 　 名：大学物理（下册）修订版
主 　 编：辛　勇　骆成洪
责任编辑：刘春棠
出版发行：北京邮电大学出版社
社 　 址：北京市海淀区西土城路 10 号（邮编：100876）
发 行 部：电话：010-62282185　传真：010-62283578
E-mail：publish@bupt.edu.cn
经 　 销：各地新华书店
印 　 刷：保定市中画美凯印刷有限公司
开 　 本：787 mm×960 mm　1/16
印 　 张：17
字 　 数：367 千字
版 　 次：2012 年 8 月第 1 版　2014 年 12 月第 2 版　2022 年 12 月第 8 次印刷

ISBN 978-7-5635-4213-0　　　　　　　　　　　　　　　　定 　 价：34.00 元

前　言

物理学是研究物质的基本结构、基本运动形式、相互作用和转化规律的学科,它的基本理论渗透在自然科学的各个领域,应用于生产技术的许多部门,是自然科学和工程技术的基础。

以经典物理、近代物理和物理学在科学技术中的初步应用为内容的大学物理课程是高等学校理工科各专业学生一门重要的必修基础课,这些物理基础知识是构成科学素养的重要组成部分,更是一个科学工作者和工程技术人员所必备的。

大学物理课程在为学生较系统地打好必要的物理基础,培养学生的现代科学的自然观、宇宙观和辩证唯物主义世界观,培养学生的探索、创新精神,培养学生的科学思维能力,掌握科学方法等方面,都是有其他课程不能替代的重要作用。通过大学物理课程的教学,应使学生对物理学的基本概念、基本理论、基本方法能够有比较全面和系统的认识和正确的理解,为进一步学习打下坚实的基础。在大学物理的各个教学环节中,都必须注意在传授知识的同时着重培养分析问题和解决问题的能力,努力实现知识、能力、素质的协调发展。

本教材是在编者们原先编写的《大学物理》第1版的基础上,根据教育形势的发展,重新修订而成的。修订中体系未作大的改动,注意保持原有的风格和特点,包括重物理基础理论,重分析问题、解决问题能力的培养和训练,以及结合教学实践经验,使教材便于教和学。在此基础上,力图在不增加教学负担的情况下,多介绍一些新知识,扩大学生的视野,提高学生的科学素养。

修订中,精选和充实了少量例题和习题,对例题的求解过程注意了解题思路和方法的引导;改正了原书中出现的错误和个别表达欠确切的内容和词句,对文字进行了进一步的润色,力求语言流畅,通俗易懂,并按照全国科学技术名词审定委员会公布的《物理学名词》,对全书的物理学名词进行了核实。

修订后,全书仍分上下两册,上册包括力学和电磁学,下册包括振动和波、波动光学、气体动理论及热力学和量子物理基础。书中除阅读材料供学生选读外,凡冠以 ＊ 号的章节供教师根据课时数和专业的需求选用。

本书可作为普通高等院校非物理类专业的本科生教材,也可供相关专业的师生选用和参考。

　　本书由辛勇、骆成洪任主编，刘笑兰、刘崧、徐雪春、李俊彬（江西交通职业技术学院）任副主编。参加本书编写工作的还有吴评、胡爱荣、黄国庆、邓新发、杨蓓、魏昇、于天宝、陈华英、赵书毅、姜卫群、陈国云、章冬英、于洋。

　　本书在编写过程中还参考了大量兄弟院校的教材以及其他相关书籍和文献，在此对相关的作者致以衷心的感谢。

　　由于编者水平有限，书中难免有错漏之处，恳请读者批评指正。

编　者

第1版前言

本书是为适应当前教学改革的需要,参照新颁布的教育部《理工科类大学物理课程教学基本要求》(2008 年版),结合编者多年的教学实践编写而成的,是一套实用、现代的大学物理教材。

"大学物理"课程是高等院校理工科各专业的一门重要必修基础课。学习这门课程不仅能使学生对物理学的基本概念、基本理论和基本方法有比较系统的认识和理解,增强他们分析问题、解决问题的能力,而且能使学生树立科学的世界观,培养其探索精神和创新意识,提高科学素养。

本书是以目前多数高等学校的物理课程教学学时数 64～120 学时为参考配置的,面向新时期应用型人才培养,基本概念、基本规律突出,充分考虑学生学习物理知识的认知规律,构建了合理的知识框架,使读者由浅入深、系统地学习大学物理的基本内容和科学方法,力求便于教、便于学。全书分上下两册,上册包括力学、狭义相对论力学基础和电磁学,下册包括振动和波、波动光学、气体动理论及热力学和量子物理基础。在此基础上,对教学内容作了部分调整。对例题和习题进行了精选,注意了题型的多样化,既注意尽量用到高等数学的知识求解,减少了与中学物理的重复,又能较好地配合理解核心内容。并在不过多增加教学负担的情况下,增加了阅读材料,这些内容对于扩大学生的知识面、激发学生学习物理的兴趣是非常有益的。

本书由吴评、辛勇任主编,刘崧、廖清华、徐雪春任副主编。参加本书编写工作的还有骆成洪、刘笑兰、胡爱荣、黄国庆、邓新发、杨蓓、魏昇、于天宝、陈华英、赵书毅、姜卫群、陈国云、章冬英、于洋。

本书在编写过程中还参考了大量兄弟院校的教材以及其他相关书籍和文献,在此对相关的作者致以衷心的感谢。

由于编者水平有限,书中难免有瑕疵之处,恳请读者批评指正。

编　者

目　　录

第9章 统计物理学基础

宏观物体是由大量微观粒子(分子或其他粒子)组成的,这些微观粒子处于永不停息的无规则运动之中,这种运动称为热运动。热现象就是大量微观粒子热运动的宏观表现,宏观上说就是与温度有关的现象。热学是研究宏观物体各种热现象的性质和变化规律的一门科学。

对热运动宏观效果的研究通常采用两种不同的方法:一种方法是以观察和实验为基础,运用归纳和分析方法总结出热现象的宏观理论,称为热力学。如与热现象有关的能量转化和守恒定律(即热力学第一定律)、描述能量传递方向的热力学第二定律等都是无数实验和经验的总结。另一种方法是从物质的微观结构出发,以每个微观粒子遵循力学规律为基础,运用统计方法,导出热运动的宏观规律,再由实验确认,用这种方法所建立的理论系统称为统计物理学。

本章以气体为研究对象,从气体分子热运动观点出发,运用统计方法来研究大量气体分子的热运动规律。主要内容有理想气体的压强和温度的微观本质、能量均分定理、理想气体的内能、麦克斯韦气体分子速率分布律、玻耳兹曼分布律、分子平均自由程等。

9.1 分子运动论的基本概念

分子运动论从物质的微观结构出发来研究和阐明热现象的规律。在研究分子热运动规律之前,我们先了解一下分子运动论的几个基本概念。

(1)一切宏观物体都是由大量分子组成的,分子间存在间隙。

气体、液体和固体都是由大量分子组成的,分子又由原子组成。分子是保持该物质化学性质的最小微粒。

实验表明,1 mol 任何物质所含分子数相同,这个数目称为**阿伏伽德罗常数**,用符号 N_A 表示。其值为

$$N_A = 6.022\ 136\ 736 \times 10^{23}/\text{mol} \approx 6.022 \times 10^{23}/\text{mol}$$

单位体积内的分子数称为**分子数密度**,用符号 n 表示。实验测得几种物质在常温、常压下的分子数密度值为:氮 $n = 2.47 \times 10^{19}/\text{cm}^3$,水 $n = 3.3 \times 10^{22}/\text{cm}^3$,铜 $n = 7.3 \times 10^{22}/\text{cm}^3$。

以上两个物理量的数值表明,分子的数目是非常大的。

对气体加压,其体积会明显变小;将水和酒精混合,其体积小于混合前水和酒精的体积和;对储存在厚壁钢桶中的油加压,当压强高达 2 000 标准大气压时,油会从筒壁渗出。这些例子生动地表明,气体、液体和固体物质的分子间都是存在间隙的。分子可以分为单原子分子、双原子分子和多原子分子,不同结构的分子其尺度不相同,在标准状态下,分子直径的数量级约为 10^{-10} m,气体分子的间距约是分子直径的 10 倍,即气体每个分子占有的体积约为分子本身体积的 1 000 倍,因此在标准状态下,可以将气体分子当作略去大小及几何形状的质点来处理。

(2) 组成物质的分子(或原子)在永不停息地运动着,这种运动是无规则的,其剧烈程度与物质的温度有关。

1827 年,英国植物学家布朗用显微镜观察到悬浮在水中的花粉不停地做短促跳跃,花粉运动方向不断改变,毫无规则,而且液体温度越高,花粉颗粒越小,花粉颗粒的运动越剧烈。这种悬浮颗粒的运动,称为**布朗运动**。图 9-1 给出布朗运动简图。从图中可以看出,花粉颗粒的运动是杂乱无章的,其速度的大小和方向频繁地发生变化,运动轨迹是无规律的曲线。

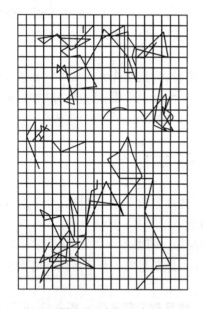

图 9-1 布朗运动

布朗运动是由液体分子碰撞花粉颗粒引起的,花粉颗粒的运动情况在一定程度上反映了液体分子的运动情况。由于分子间的相互碰撞,每个分子的运动方向和速率都在不断改变,由于存在沿各个方向运动的分子,所以每个分子在某一时刻可能受到来自各个方向的碰撞,从而运动轨迹是杂乱无章的。温度越高,分子的无规则运动就越剧烈,这正是无规则运动的一种规律性。正因为分子的无规则运动与物体的温度有关,所以通常就把这种运动叫作**分子热运动**。分子热运动的无规则性是与分子的快速运动和分子之间的频繁碰撞密切相关的。

分子热运动的最大特点是无序性。如果追踪某一个分子的运动,我们会发现它一会儿向这个方向运动,一会儿向那个方向运动,一会儿速率大,一会儿速率小,很难发现它有什么规律性。组成宏观物体的微观粒子数目很大,碰撞很频繁,每一次碰撞后分子速度的大小和方向都发生改变。如果采用经典力学来处理分子的碰撞问题,就必须研究每一个分子的运动情况,即必须求解一个数目庞大的动力学方程组。这样,我们将面临下列困难:第一,无法确定分子运动参量的初始值;第二,无法求解数目庞大的动力学方程组。因此,经典力学(因果律)无法处理分子的热运动。

　　然而,如果我们对大量分子的运动进行统计,却发现存在一定的规律。例如,如果我们对大量分子运动的速率进行测量,并将分子的速率分成一系列等间隔的区间,同时对落在各个速率区间的分子数进行统计,就会发现在一定的平衡态下,各速率区间中的分子数分布总是满足一定的规律。如果进一步求出分子速率的平均值,就会发现只要系统的宏观条件不变,平均速率也是确定的。不但大量分子的速率满足一定的统计规律,描述分子运动的其他微观量(如动能、动量等)对大量分子的统计结果也满足一定的规律性。

　　总之,尽管个别分子的运动是杂乱无章的,但就大量分子运动的集体表现来看,却存在一定的规律性,这种规律性来自大量偶然事件的集合,故称为**统计规律**。这种统计规律表现为:对于处在一定平衡态下的宏观系统,分子数按各个微观量的分布是一定的,各个微观量的统计平均值是一定的。

　　(3) 分子(或原子)之间存在相互作用力。

　　物质内部分子(或原子)之间存在复杂的相互作用力,两分子间的相互作用力 f 与分子之间的距离 r 的关系可用如图 9-2 所示的曲线表示。从图中可以看出,当分子间距离较近($r < r_0$)时,相互作用力表现为斥力,且随着距离的减小,斥力迅速增大。当分子间距离较远($r > r_0$)时,相互作用力表现为引力。此后随着 r 继续增大,引力逐渐减小,并逐渐趋近于零。固体中分子间隙普遍要小些,引力较大,而液体中分子间隙较大,引力较小,所以固体能维持一定的形状,而液体则不能。一般情况下,液体和固体都很难压缩,这说明,外力的挤压使分

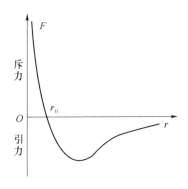

图 9-2　分子间的相互作用力

子间隙减小,分子间的作用力进入斥力范围,这个斥力随分子间距离减小而增大,对外界作用产生较大的抵抗。气体分子之间有较大距离,分子间的引力较小。

　　分子间的相互作用与分子的热运动构成了相互对立的一对矛盾:分子力的作用有使分子聚集在一起,在空间形成某种规则分布的趋势;而分子的热运动则有使分子分散,从而破坏这种规则排列的趋势。事实上,正是由于这两种相互对立因素的作用,使得物质分子在不同的温度下表现为三种不同的聚集态。在较低的温度下,分子的热运动不够剧烈,分子在相互作用力的影响下被束缚在各自的平衡位置附近做微小的振动,这时物质表现为固态;当温度升高,无规则运动剧烈到某一限度时,分子力的作用已不能把分子束缚在固定的平衡位置附近做微小的振动,但分子的无规则热运动还不能使分子分散远离,这样物质便表现为液态;当温度继续升高,热运动进一步剧烈到一定的程度时,分子力不但无法使分子有固定的平衡位置,连分子间一定的距离也不能维持,这时分子互相分散远离,分子的运动近似为自由运动,这样物质便表现为气态。

9.2 平衡态 理想气体状态方程

1. 平衡态

热学的研究对象是大量微观粒子(分子、原子等)组成的宏观物体,通常称为热力学系统,简称**系统**。在研究一个热力学系统的热现象规律时,不仅要注意系统内部的各种因素,同时也要注意外部环境对系统的影响。研究对象以外的物体称为系统的外界(或环境)。一般情况下,系统与外界之间既有能量交换(如做功、传递热量),又有物质交换(如蒸发、凝结、扩散、泄漏)。根据系统与外界交换的特点,通常把系统分为三种:第一种是不受外界影响的系统,称为**孤立系统**,孤立系统是一个与外界既无能量交换,又无物质交换的理想系统;第二种是**封闭系统**,与外界只有能量交换,而无物质交换;第三种是**开放系统**,与外界既有能量交换,又有物质交换。

热力学系统按所处的状态不同,可以区分为平衡态系统和非平衡态系统。对于一个不受外界影响的系统,不论其初始状态如何,经过足够长的时间后,必将达到一个宏观性质不再随时间变化的稳定状态,这样的一个状态称为**热平衡态**,简称**平衡态**。

在此我们必须注意平衡态的条件是:"一个不受外界影响的系统",若系统受到外界的影响,如把一根金属棒的一端置入沸水中,另一端放入冰水中,在这样的两个恒定热源之间,经过长时间后,金属棒也达到一个稳定的状态,称为定态,但不是平衡态,因为在外界影响下,不断地有热量从金属棒高温热源端传递到低温热源端。因此,系统处于平衡态时,必须同时满足两个条件:**一是系统与外界在宏观上无能量和物质的交换;二是系统的宏观性质不随时间变化**。换言之,系统处于热平衡态时,系统内部任一体元均处于力学平衡、热平衡(温度处处相同)、相平衡(无物态变化)和化学平衡(无单方向化学反应)之中。孤立系统的定态就是平衡态。

关于平衡态需要指出以下几点注意事项。

① 平衡态仅指系统的宏观性质不随时间变化。从微观的角度来看,在平衡态下,组成系统的大量粒子仍在不停地、无规则地运动着,只是大量粒子运动的平均效果不变,这在宏观上表现为系统达到平衡,因此这种平衡态又称热动平衡态。

② 热动平衡态是一种理想状态。实际中并不存在孤立系统,但当系统受到的外界影响可以略去,宏观性质只有很小变化时,系统的状态就可以近似地看作平衡态。

反之,如果系统不具备两个平衡条件的任一条件的状态,都叫非平衡态。如果存在未被平衡的力,则会出现物质流动;如果存在冷热不一致(温差),则会出现热量流动;如果存在未被平衡的相(物态),则会出现相变(物态变化);如果存在单方向化学反应,则会出现成分的变化(新物质增加,旧物质减少)。也就是说,系统中存在任何一种流或变化(宏观过程)时,系统的状态都不是平衡状态。

2. 状态参量

如何描述一个热力学系统的平衡状态呢？系统在平衡状态下,拥有各种不同的宏观属性,如几何的(体积)、力学的(压强)、热学的(温度)、电磁的(磁感应强度、电场强度)、化学的(物质的量、摩尔)等。热力学用一些可以直接测量的量来描述系统的宏观属性,这样用来表征系统宏观属性的物理量叫**宏观量**。实验表明,这些宏观量在平衡态下各有确定的值,且不随时间变化。从诸多宏观量中选出一组相互独立的量来描述系统的平衡态,这些宏观量叫系统的**状态参量**。对于给定的气体、液体和固体,常用体积(V)、压强(p)和温度(T)等作为状态参量。

压强是指气体作用于容器器壁并指向器壁单位面积上的垂直作用力,是气体分子对器壁碰撞的宏观表现。在国际单位制中,压强的单位是帕斯卡,简称帕(Pa),它与大气压(atm)和毫米汞柱(mmHg)的关系为

$$1 \text{ atm} = 1.013 \times 10^5 \text{ Pa} = 760 \text{ mmHg}$$

体积是指气体分子热运动所能到达的空间,通常就是容器的容积。应该注意的是,由于气体分子间距较大(相对分子自身尺度而言),气体体积与气体所有分子自身体积的总和是不同的,后者一般仅占前者的几千分之一。在国际单位制中,体积的单位是立方米(m^3),它与升(L)的关系为

$$1 \text{ L} = 10^{-3} \text{ m}^3$$

温度在概念上比较复杂,宏观上,可简单地认为温度是物体冷热程度的量度,它来源于日常生活中人们对物体的冷热感觉,但从分子运动论的观点看,它与物体内部大量分子热运动的剧烈程度有关(这点在后面将给予介绍)。温度的分度方法称为**温标**,常用的温标有两种:在国际单位制中,采用热力学温标(也称开尔文温标),符号是 T,单位是 K;生活中常用摄氏温标,符号是 t,单位是 ℃,二者之间的关系为

$$T = t + 273.15$$

统计物理学是从物质的微观结构和微观运动来研究物质的宏观属性,而每一个运动着的微观粒子(原子、分子等)都有其大小、质量、速度、能量等。这些用来描述单个微观粒子运动状态的物理量称为**微观量**。微观量一般只能间接测量。微观量与宏观量有一定的内在联系,气体动理论的任务之一就是要揭示气体宏观量的微观本质,即建立宏观量与微观量统计平均值之间的关系。

3. 理想气体状态方程

中学讲过的三条实验定律如下。

(1) 玻意耳定律:一定质量的气体在温度保持不变时,其压强和体积的乘积保持不变,即

$$pV = C(\text{常量}) \tag{9-1}$$

(2) 查理定律:一定质量的某种气体在体积不变的情况下,其压强与热力学温度成正比,即

$$\frac{p}{T} = C(常量) \tag{9-2}$$

（3）盖吕萨克定律：一定质量的气体在压强不变的情况下，其体积与热力学温度成正比，即

$$\frac{V}{T} = C(常量) \tag{9-3}$$

在气体压强不太大、温度不太低（接近于标准大气压和室内温度）时，严格遵守上述三个实验定律的气体称为**理想气体**。理想气体是实际气体在一定条件下的近似，是一种理想模型。实验表明，一些实际气体，如氧气、氮气、氦气和空气等，在温度不太低、压强不太大时，可以近似地当作理想气体。

由上述三条实验定律可以导出质量一定的理想气体的三个状态参量 p、V、T 之间的函数关系为

$$\frac{pV}{T} = C(常量) \tag{9-4}$$

由于式（9-4）是法国物理学家克拉珀龙在 1834 年首先推导出来的，因此称为**克拉珀龙方程**。

将克拉珀龙方程应用于气体的标准状态，有

$$\frac{pV}{T} = \frac{p_0 V_0}{T_0}$$

其中，标准状态下的压强和温度分别为 $p_0 = 1.013 \times 10^5$ Pa、$T_0 = 273.15$ K。由于 1 mol 任何理想气体所占的体积为 $V_m = 22.4 \times 10^{-3}$ m³/mol，因此质量为 M、摩尔质量为 M_{mol} 的气体的体积为 $V_0 = \frac{M}{M_{mol}} V_m$，将这些值代入上式得

$$\frac{pV}{T} = \frac{M}{M_{mol}} \frac{p_0 V_m}{T_0}$$

令 $\frac{p_0 V_m}{T_0} = R$，则

$$pV = \frac{M}{M_{mol}} RT \tag{9-5}$$

式（9-5）称为**理想气体状态方程**。R 称为**普适气体常量**，其值为

$$R = \frac{p_0 V_m}{T_0} = \frac{1.013 \times 10^5 \times 22.4 \times 10^{-3}}{273.15} J/(mol \cdot K) = 8.31 \ J/(mol \cdot K)$$

如果用 N 表示体积 V 中的气体分子总数，N_A 为阿伏伽德罗常数，则气体的质量和摩尔质量分别为 $M = Nm_0$、$M_{mol} = N_A m_0$，其中，m_0 为每个气体分子的质量。将它们代入式（9-5）中，得

$$p = \frac{N}{V} \frac{R}{N_A} T = n \frac{R}{N_A} T \tag{9-6}$$

其中,n 为气体分子数密度。由于 R 和 N_A 都是常量,因此 R/N_A 也是常量,称为**玻耳兹曼常数**,用 k 表示,其值为

$$k = \frac{R}{N_A} = \frac{8.31}{6.022 \times 10^{23}} = 1.38 \times 10^{-23} \text{ J/K}$$

式(9-6)可以改写为

$$p = nkT \tag{9-7}$$

式(9-7)为理想气体状态方程的另一种表达形式。

例 9-1　一柴油机的气缸容积为 83 L。压缩前缸内空气的温度为 37 ℃,压强为 0.8 atm,用活塞压缩后,气体体积变为原来的 1/17(此值称为气缸的压缩比),压强变为 4.2×10^6 Pa。试求:

(1) 压缩后气体的温度(假设气体可视为理想气体)。

(2) 如果此时把柴油喷入气缸,将会发生怎样的情况?

解　(1) 根据理想气体状态方程,考虑气体摩尔数不变,对于压缩前后两个状态有

$$\frac{p_1 V_1}{T_1} = \frac{p_2 V_2}{T_2}$$

由已知 $p_1 = 0.8 \text{ atm} = 8.0 \times 10^4 \text{ Pa}$,$T_1 = (273.15 + 37)\text{K} = 310 \text{ K}$,$p_2 = 4.2 \times 10^6 \text{ Pa}$,$\frac{V_2}{V_1} = \frac{1}{17}$,所以

$$T_2 = \frac{p_2 V_2 T_1}{p_1 V_1} = 945.5 \text{ K}$$

(2) 此温度远远超过柴油的燃点,因此若喷入柴油,则柴油将立即燃烧爆炸,形成高压气体,进而推动活塞对外做功。

例 9-2　一钢瓶内装有质量为 0.10 kg 的氧气(可视为理想气体),压强为 1.6×10^6 Pa,温度为 320 K。因为瓶壁漏气,经过一段时间后,瓶内氧气压强降为原来的 5/8,温度为 300 K。试求:

(1) 氧气瓶的容积。

(2) 漏去了多少氧气?

解　(1) 根据理想气体状态方程,对于气体的初始状态,有

$$p_1 V_1 = \frac{M_1}{M_{\text{mol}}} R T_1$$

由已知 $p_1 = 1.6 \times 10^6 \text{ Pa}$,$M_1 = 0.10 \text{ kg}$,$M_{\text{mol}} = 0.032 \text{ kg}$,$T_1 = 320 \text{ K}$,得氧气瓶的容积为

$$V_1 = \frac{M_1}{M_{\text{mol}} p_1} R T_1 = \frac{0.10 \times 8.31 \times 320}{0.032 \times 1.6 \times 10^6} \text{ m}^3 = 5.19 \times 10^{-3} \text{ m}^3$$

(2) 设漏气后瓶内气体质量为 M_2,由已知 $p_2 = \frac{5}{8} p_1$,$T_2 = 300 \text{ K}$,$V_2 = V_1$,有

$$M_2 = \frac{M_{\text{mol}} p_2 V_2}{RT_2} = \frac{0.032 \times \frac{5}{8} \times 1.6 \times 10^6 \times 5.19 \times 10^{-3}}{8.31 \times 300} \text{ kg} = 6.67 \times 10^{-2} \text{ kg}$$

所以,漏去气体的质量为

$$\Delta M = M_1 - M_2 = (0.10 - 6.67 \times 10^{-2}) \text{ kg} = 3.33 \times 10^{-2} \text{ kg}$$

9.3 理想气体的压强公式 温度公式

本节以理想气体为例,说明用分子热运动观点解释系统宏观性质的统计方法。首先,从已有的实验事实出发,建立理想气体的微观模型并提出统计假设;然后,采用统计平均方法求微观量与宏观量之间的联系,从而阐明宏观量的微观本质及统计意义。

1. 理想气体的分子模型

从分子热运动和分子相互作用来看,理想气体的分子模型可表述如下。

（1）分子本身的大小比起它们之间的平均距离可忽略不计,分子可以看作质点。

实验表明,常温常压下气体中各分子之间的距离,平均地说约是分子有效直径的 10 倍,对于三维空间来说,即分子本身体积仅是其活动空间的千分之一。显然,分子可看做质点。

（2）除碰撞外,分子力可忽略。

由于气体分子间距离很大,分子力的作用距离很短,除了碰撞的瞬间外,分子间的相互作用力可以忽略。因此,在两次碰撞之间,分子做匀速直线运动,即自由运动。

（3）分子间的碰撞是完全弹性的。

处于平衡态下气体的宏观性质不变,这表明系统的能量不因碰撞而损失,因此分子间及分子与器壁之间的碰撞是完全弹性碰撞。

综上所述,理想气体分子的微观模型是弹性的自由运动的质点群。这个理想化的微观模型在一定条件下与真实气体的性质相当接近。当然,随着对气体性质更深入的研究,这个模型还需要进行补充和修正。

2. 平衡态气体的统计假设

无外力场作用的情况下,气体处于平衡态时,气体内各处的分子数密度是相同的。由此可以推测出,分子向各个方向运动的机会是均等的,没有任何一个空间方向占有优势。由此可提出如下统计假设:气体内分子速度沿三个坐标轴方向分量平方的平均值是相等的,即

$$\overline{v_x^2} = \overline{v_y^2} = \overline{v_z^2} \tag{9-8}$$

设气体分子总数为 N,根据统计平均值的定义,有

$$\overline{v_x^2} = \frac{v_{1x}^2 + v_{2x}^2 + \cdots + v_{Nx}^2}{N}$$

$$\overline{v_y^2} = \frac{v_{1y}^2 + v_{2y}^2 + \cdots + v_{Ny}^2}{N}$$

$$\overline{v_z^2} = \frac{v_{1z}^2 + v_{2z}^2 + \cdots + v_{Nz}^2}{N}$$

对任意一个分子(比如第 i 个分子),有

$$v_i^2 = v_{ix}^2 + v_{iy}^2 + v_{iz}^2$$

根据统计平均值的定义和统计假设,有

$$\overline{v_x^2} = \overline{v_y^2} = \overline{v_z^2} = \frac{1}{3}\overline{v^2} \tag{9-9}$$

式(9-9)给出的统计假设只适用于大量分子组成的系统。当系统内分子数很少时,谈不上各处分子数密度相等,也谈不上各处分子数密度不随时间变化。因此,无法认为分子沿各方向运动机会均等,式(9-9)也就失去了成立的前提。

3. 理想气体压强公式

从微观上看,器壁受到的压强是气体中大量分子与器壁碰撞的结果。由于分子数目巨大,碰撞非常频繁,可以认为器壁受到持续力的作用。这一认识就是我们推导气体压强公式的出发点。

设有一个任意形状的容器,体积为 V,其中有分子数为 N、分子质量为 m_0,并处于平衡态的一定量理想气体。

由于分子具有各种可能的速度,为便于讨论,我们设想把 N 个分子分成若干组,每组内分子的速度大小和方向都相同,并设速度为 v_i 的一组分子的分子数密度为 n_i,则总的分子数密度为

$$n = \sum_i n_i$$

气体处于平衡态时,器壁上各处的压强是相等的,所以我们可以在垂直于 x 轴的器壁上任意取一小块面积 dA 来计算它所受的压强,如图 9-3 所示。

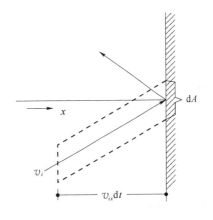

首先考虑速度为 $\boldsymbol{v}_i = v_{ix}\boldsymbol{i} + v_{iy}\boldsymbol{j} + v_{iz}\boldsymbol{k}$ 的单个分子在一次碰撞中对 dA 面积元的作用。由于碰撞是完全弹性的,所以碰撞前后分子在 y 和 z 方向上的速度分量不变,在 x 方向上的速度分量 v_{ix} 变为 $-v_{ix}$,于是分子在碰撞过程中动量增量为 $-m_0 v_{ix} - m_0 v_{ix} = -2m_0 v_{ix}$,根据动量定

图 9-3　压强公式推导用图

理,它等于面积元 dA 施于分子的冲量,而由牛顿第三定律知,分子施于器壁面积元 dA 的

冲量则为 $2m_0v_{ix}$。

其次，确定在 dt 时间内速度为 v_i 的这一组分子施于 dA 的总冲量。在 dt 时间内速度为 v_i 的分子能与 dA 相碰撞的是位于以 dA 为底、$v_{ix}dt$ 为高、以 v_i 为轴线的斜形柱体内的那一部分，该柱体内的分子数目为

$$n_iv_{ix}dAdt$$

因此，速度为 v_i 的这一组分子在 dt 时间内施于 dA 的总冲量是

$$n_iv_{ix}dAdt2m_0v_{ix}$$

最后，计算所有分子在 dt 时间内施于 dA 的总冲量。将上述结果对所有可能的分子速度求和，并注意到 $v_{ix}<0$ 的分子是不会与 dA 相碰撞的，于是求和限制在 $v_{ix}>0$ 的范围内，因此

$$dI = \sum_{i(v_{ix}>0)} 2n_im_0v_{ix}^2\,dAdt$$

根据平衡态气体的统计假设，气体中 $v_{ix}>0$ 的分子数与 $v_{ix}<0$ 的分子数应各占总分子数的一半，于是

$$dI = \sum_i n_im_0v_{ix}^2\,dAdt$$

所有与 dA 相碰撞的分子施于 dA 的合力

$$dF = \frac{dI}{dt}$$

因此，气体对容器壁的压强为

$$p = \frac{dF}{dA} = \frac{dI}{dtdA} = m_0\sum_i n_iv_{ix}^2$$

由于

$$\overline{v_x^2} = \frac{\sum_i n_iv_{ix}^2}{\sum_i n_i} = \frac{1}{3}\overline{v^2}$$

又

$$\sum_i n_i = n$$

所以

$$\sum_i n_iv_{ix}^2 = n\frac{1}{3}\overline{v^2}$$

代入压强表达式，可得

$$p = \frac{1}{3}nm_0\overline{v^2}$$

上式还可写成

$$p = \frac{2}{3}n\left(\frac{1}{2}m_0\overline{v^2}\right) = \frac{2}{3}n\bar{\varepsilon}_k \tag{9-10}$$

其中

$$\overline{\varepsilon_k} = \frac{1}{2} m_0 \overline{v^2} \tag{9-11}$$

是大量分子平均平动动能的统计平均值,称为分子的平均平动动能。式(9-9)就是平衡态下理想气体的压强公式,它把宏观量压强和微观量分子平均平动动能联系起来,从而揭示了压强的本质和统计意义。

气体的压强是由大量分子对器壁碰撞产生的,反映了大量分子对器壁碰撞产生的平均效果,是一个统计平均量。由于单个分子对器壁的碰撞是间断的,施于器壁的冲量是起伏变化不定的,只有在分子数足够大时,器壁所获得的冲量才有确定的统计平均值,所以气体的压强所描述的是大量分子的集体行为,离开了大量分子,压强就失去了意义。从压强公式来看,气体分子平均平动动能 $\overline{\varepsilon_k}$ 是一个统计平均量,单位体积中的分子数 n 也是一个统计平均量,可见理想气体压强公式实际上是表征三个统计平均量 p、n 与 $\overline{\varepsilon_k}$ 之间关系的一个统计规律。

从压强公式的推导过程可以看出,统计规律不是单纯地用力学的概念和方法能够得到的。事实上,在导出压强公式的过程中,我们引用了统计平均的概念和方法,不采用这些概念和方法,理想气体压强公式这个统计规律是不能得到的。

4. 温度的微观意义

前面采用分子动理论的观点推导出的理想气体压强公式是无法直接验证的。因为,我们不可能同时测定大量气体分子的速度或动能,并进而求出其平均值。但以上我们关于压强的理解和定义是毋庸置疑的,因而我们认为这个压强就应该与理想气体物态方程中的压强相等。

将式(9-10)与前面导出的理想气体状态方程式(9-7)相比较,有

$$\overline{\varepsilon_k} = \frac{3}{2} kT \tag{9-12}$$

式(9-12)给出了理想气体分子的平均平动动能与温度的关系。该式表明:处于平衡态的理想气体分子的平均平动动能与气体的温度成正比。气体的温度越高,分子的平均平动动能越大;分子的平均平动动能越大,分子热运动就越剧烈。由此可见,温度是分子热运动剧烈程度的量度,这正是温度的微观意义。

对于上述结论作以下说明。

(1) 温度的微观本质是分子热运动剧烈程度的量度,宏观物体的冷热程度就是分子热运动剧烈程度的反映。

(2) 温度是一个统计物理量,与大量分子的平均平动动能相联系,对少数的几个分子谈其温度是毫无意义的。

(3) 两个理想气体系统温度相等表明两种气体的分子具有相同的平均平动动能。当其通过器壁进行热接触时,没有能量的定向传递;若二者温度不等,就会通过与器壁分子的碰撞,将分子热运动的能量从高温侧传导到低温侧,由此可见,传热实际上传导的是分子热运动的能量。

5. 气体分子的方均根速率

根据气体分子平均平动动能与温度的关系式(9-12)，我们可求出给定气体在一定温度下分子运动速率平方的平均值。如果把这平方的平均值开方，就可得出气体速率的一种平均值，称为气体分子的**方均根速率**。

由
$$\frac{1}{2}m_0\,\overline{v^2}=\frac{3}{2}kT$$

有
$$\sqrt{\overline{v^2}}=\sqrt{\frac{3kT}{M}}=\sqrt{\frac{3RT}{M_{mol}}} \tag{9-13}$$

式中，M 是给定气体的摩尔质量。由式(9-13)可知，方均根速率和气体的热力学温度的平方根成正比，与气体的摩尔质量的平方根成反比。对于同一种气体，温度越高，方均根速率越大。在同一温度下，气体分子质量或摩尔质量越大，方均根速率就越小。在 0 ℃ 时，氢的方均根速率为 1 830 m/s，氮为 491 m/s，空气为 485 m/s，氧为 461 m/s。

例 9-3 试求氮气分子的平均平动动能和方均根速率，设：

(1) 在温度 $t=1\,000$ ℃ 时。

(2) 在温度 $t=0$ ℃ 时。

(3) 在温度 $t=-150$ ℃ 时。

解 (1) $t=1\,000$ ℃ 时，

$$\overline{\varepsilon}_k=\frac{3}{2}kT=\frac{3}{2}\times1.38\times10^{-23}\times1\,273\ \text{J}=2.63\times10^{-20}\ \text{J}$$

$$\sqrt{\overline{v^2}}=\sqrt{\frac{3RT}{M_{mol}}}=\sqrt{\frac{3\times8.31\times1\,273}{28\times10^{-3}}}\ \text{m/s}=1.06\times10^{3}\ \text{m/s}$$

(2) 同理，$t=0$ ℃ 时，有

$$\overline{\varepsilon}_k=\frac{3}{2}kT=\frac{3}{2}\times1.38\times10^{-23}\times273\ \text{J}=5.65\times10^{-21}\ \text{J}$$

$$\sqrt{\overline{v^2}}=\sqrt{\frac{3RT}{M_{mol}}}=\sqrt{\frac{3\times8.31\times273}{28\times10^{-3}}}\ \text{m/s}=493\ \text{m/s}$$

(3) 在温度 $t=-150$ ℃ 时，有

$$\overline{\varepsilon}_k=\frac{3}{2}kT=\frac{3}{2}\times1.38\times10^{-23}\times123\ \text{J}=2.55\times10^{-21}\ \text{J}$$

$$\sqrt{\overline{v^2}}=\sqrt{\frac{3RT}{M_{mol}}}=\sqrt{\frac{3\times8.31\times123}{28\times10^{-3}}}\ \text{m/s}=331\ \text{m/s}$$

9.4 能量按自由度均分原理 理想气体的内能

1. 自由度

（1）自由度的定义

在前面讨论问题时，一直将气体分子视为质点，这种气体分子只有平动。而实际的气

体分子具有一定的形状和大小,因此气体分子的运动除了平动以外,还有转动和分子内原子间的振动。为了用统计的方法计算分子的平均转动动能、平均振动动能以及平均总能量,有必要讨论一下运动自由度的概念。

如果将飞机当作质点看待,飞机在天空中自由飞翔,确定它的位置要用 x、y、z 三个独立坐标,如图 9-4(a)所示。如果将在海面上行驶的轮船也当作质点看待,并且认为海面是平面,即一个质点被限制在平面上运动,确定它的位置要用 x、y 两个独立坐标,如图 9-4(b)所示。一列火车在直线铁轨上从甲地到乙地,同样认为火车是质点,即一个质点被限制在一条直线上运动,这时确定它的位置只要 x 一个独立坐标就够了,如图 9-4(c)所示。

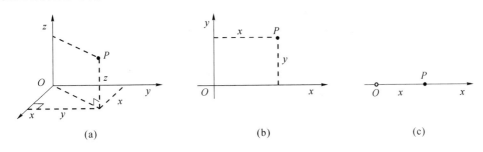

图 9-4　自由度

比较以上三个物体的运动,显然飞机的运动最自由,火车的运动最不自由。确定飞机(质点)的位置需要的独立坐标数目最多,而确定火车(质点)的位置需要的独立坐标数目最少。因此描述一个物体的位置所需要的独立坐标数目越多,这个物体越自由。确定一个物体在空间的位置所需要的独立坐标数目称为**自由度**。自由度是描述物体运动的自由程度的物理量。一般用 i 表示自由度。一个质点在空间运动的自由度 $i=3$,在平面上运动的自由度 $i=2$,在直线上运动的自由度 $i=1$。

(2)刚体的自由度

如图 9-5 所示,设 C 为刚体上的一点,CA 为通过 C 点且固定在刚体上的一条直线,θ 为刚体相对于某一起始位置绕直线 AC 转过的角度。刚体的位置由 C 点的位置确定,AC 的方位和角度 θ 确定。以 O 为原点建立直角坐标系 $Oxyz$,令 α、β、γ 分别为 AC 与 x、y、z 轴的夹角。

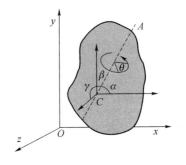

图 9-5　刚体的自由度

C 点的位置由三个坐标 x、y、z 确定,AC 的方位由三个方向角 α、β、γ 确定,由于它们之间存在关系式

$$\cos^2\alpha + \cos^2\beta + \cos^2\gamma = 1$$

因此这三个角中只有两个是独立的,设 α、β 是独立的。整个刚体围绕直线 AC 的转动由角度 θ 确定。

总之，刚体的位置由六个独立坐标 x、y、z、α、β、θ 确定，即刚体的自由度 $i=6$，其中有三个平动自由度，对应于坐标 x、y、z；三个转动自由度，对应于坐标 α、β、θ。

刚体的六个自由度也可以这样去理解，设 α、β、θ 不变，则整个刚体将随 C 点一起作平动，在平动的过程中，刚体的位置由 x、y、z 三个坐标确定，因此刚体有三个平动自由度。设 x、y、z 不变，即 C 点静止，刚体只能围绕 C 点转动，即直线 AC 的绕 C 点的转动和刚体绕直线 AC 的转动。在转动过程中，刚体的位置由 α、β、θ 三个坐标确定，因此刚体有三个转动自由度。

（3）刚性气体分子的自由度

由一个原子构成的分子称为**单原子分子**，如图 9-6(a) 所示。它相当于在空间自由运动的质点，因此确定单原子分子在空间的位置需要三个独立的平动坐标，即单原子分子的自由度 $i=3$。

由距离保持不变的两个原子构成的分子称为**刚性双原子分子**，如图 9-6(b) 所示。它相当于在空间自由运动的刚性直棒，确定这种分子的空间位置时，需要三个平动坐标确定其中心位置，用两个转动坐标确定两个原子连线的位置，即刚性双原子分子的自由度 $i=5$，如 H_2、N_2、O_2 等物质分子。

由彼此之间的距离保持不变的三个或三个以上的原子构成的分子称为**刚性多原子分子**，如图 9-6(c) 所示。它相当于在空间自由运动的刚体，确定这种分子的空间位置时，需要三个平动坐标确定其中心位置，用两个转动坐标确定过中心的直线的位置，用一个转动坐标确定整个分子围绕直线的转动。即刚性多原子分子的自由度 $i=6$，如 H_2O、CH_4 等物质分子。

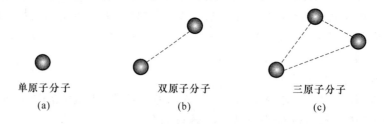

单原子分子 双原子分子 三原子分子
(a) (b) (c)

图 9-6 气体分子的自由度

2. 能量按自由度均分定理

由于

$$\frac{1}{2}m_0\,\overline{v^2}=\frac{3}{2}kT$$

又因 $\overline{v_x^2}=\overline{v_y^2}=\overline{v_z^2}=\frac{1}{3}\overline{v^2}$，则

$$\frac{1}{2}m_0\,\overline{v_x^2}=\frac{1}{2}m_0\,\overline{v_y^2}=\frac{1}{2}m_0\,\overline{v_z^2}=\frac{1}{2}kT \qquad (9\text{-}14)$$

式(9-14)表明，分子的平均平动动能 $\frac{3}{2}kT$ 平均地分配给 3 个平动自由度，每个自由度的

能量都是 $\frac{1}{2}kT$。

这个结论可以推广到分子转动和振动情况,所针对的研究对象也可以推广到温度为 T 的平衡状态下的其他物质(包括气体、液体和固体)。即在平衡态下,分子的每一个自由度都具有相同的平均动能,均为 $\frac{1}{2}kT$,这就是**能量按自由度均分定理**。按照此定理,温度为 T 时,自由度为 i 的气体的**分子平均总动能为**

$$\bar{\varepsilon}_k = \frac{i}{2}kT \tag{9-15}$$

由式(9-15)可知,气体种类不同,分子的自由度不同,因而即使气体的温度相同,分子的平均总动能也是不同的,分子的自由度越大,平均总动能越大。单原子分子、刚性双原子分子、刚性多原子分子的平均总动能分别是 $\frac{3}{2}kT$、$\frac{5}{2}kT$ 和 $\frac{6}{2}kT$。

能量按自由度均分的微观解释为:气体由大量的无规则热运动的分子组成,分子做无规则运动时,彼此之间进行着频繁的碰撞,系统由非平衡态向平衡态的过渡过程中,频繁碰撞实现了能量从一个分子到另一个分子的传递,实现了一种形式的能量向另一种形式能量的转化,实现了一个自由度能量向另一个自由度能量的转移,当系统达到平衡态时,能量就按自由度均匀分配了。

能量按自由度均分定理是对大量分子的统计平均结果,对于单个分子而言,由于它做的是无规则热运动,相应的动能随时间改变,并不一定等于 $\frac{i}{2}kT$,而且它的动能也不一定按自由度均分。因而,对单个分子说能量按自由度均分是没有意义的。

3. 理想气体的内能

热力学系统中,分子热运动能量的总和称为系统的内能。

对理想气体而言,系统的内能包括系统内所有分子热运动的能量。一个总分子数为 N 的理想气体系统,内能可表示为

$$E = \sum \bar{\varepsilon} = N\frac{i}{2}kT \tag{9-16}$$

每摩尔理想气体的内能为

$$E_{mol} = N_A \bar{\varepsilon} = N_A \frac{i}{2}kT = \frac{i}{2}RT \tag{9-17}$$

式中,N_A 为阿伏伽德罗常数,R 是普适气体常数。质量为 M,分子摩尔质量为 M_{mol} 的理想气体的内能为

$$E = \frac{M}{M_{mol}} \frac{i}{2}RT = \nu \frac{i}{2}RT \tag{9-18}$$

式中,ν 为理想气体的摩尔数。式(9-18)表明,理想气体的内能仅与摩尔数、自由度和温度有关。平衡态下一定质量的某种理想气体的内能仅取决于系统的温度,与压强和体积无关。

当气体的温度改变 ΔT 时，内能的变化为

$$\Delta E = \frac{M}{M_{mol}} \frac{i}{2} R \Delta T = \nu \frac{i}{2} R \Delta T \qquad (9\text{-}19)$$

例 9-4 一容器内储有温度为 273 K、质量为 16 g 的氧气。试求：

（1）一个氧气分子的平均平动动能、平均转动动能和平均总动能。

（2）容器内氧气的内能。

解 （1）根据分子平均总动能公式 $\frac{i}{2}kT$，且氧气分子的平动自由度 $t=3$，转动自由度 $r=2$，则平均平动动能、平均转动动能和平均总动能如下。

分子平均平动动能：

$$\bar{\varepsilon}_{kt} = \frac{t}{2}kT = \frac{3}{2} \times 1.38 \times 10^{-23} \times 273 \text{ J} = 5.65 \times 10^{-21} \text{ J}$$

分子平均转动动能：

$$\bar{\varepsilon}_{kr} = \frac{r}{2}kT = \frac{2}{2} \times 1.38 \times 10^{-23} \times 273 \text{ J} = 3.77 \times 10^{-21} \text{ J}$$

分子平均总动能：

$$\bar{\varepsilon}_k = \frac{i}{2}kT = \frac{5}{2} \times 1.38 \times 10^{-23} \times 273 \text{ J} = 9.42 \times 10^{-21} \text{ J}$$

（2）根据理想气体内能公式 $E = \frac{M}{M_{mol}} \frac{i}{2} RT$，有

$$E = \frac{16 \times 10^{-3}}{32 \times 10^{-3}} \times \frac{5}{2} \times 8.31 \times 273 \text{ J} = 2.84 \times 10^3 \text{ J}$$

例 9-5 当温度为 0 ℃ 时，分别求氦、氢、氧气体各 1 mol 的内能。温度升高 1 K 时，内能各增加多少？（双原子分子视为刚性分子。）

解 单原子气体分子有 3 个自由度，双原子气体分子有 5 个自由度。1 mol 理想气体的内能为

$$E_{mol} = \frac{i}{2} RT$$

当温度为 0 ℃，即 273 K 时，1 mol 理想气体的内能分别如下。

氦原子气体：

$$E_{mol} = \frac{3}{2} \times 8.31 \times 273 \text{ J} = 3.41 \times 10^3 \text{ J}$$

氢、氧双原子分子气体：

$$E_{mol} = \frac{5}{2} \times 8.31 \times 273 \text{ J} = 5.68 \times 10^3 \text{ J}$$

由 $E_{mol} = \frac{i}{2} RT$ 可以看到，当温度从 T 增加到 $T + \Delta T$ 时，内能增加为

$$\Delta E_{mol} = \frac{i}{2}R\Delta T$$

所以温度每升高 1 K 时,1 mol 理想气体的内能增加 $\frac{1}{2}iR$。

氦原子气体:

$$\Delta E_{mol} = \frac{3}{2} \times 8.31 \times 1\ \text{J} = 12.5\ \text{J}$$

氢、氧双原子分子气体:

$$\Delta E_{mol} = \frac{5}{2} \times 8.31 \times 1\ \text{J} = 20.8\ \text{J}$$

9.5　麦克斯韦速率分布定律

在前面的讨论过程中,我们一直用分子的方均根速率代替分子的速率,实际上,在平衡态下,气体分子以各种速度运动着,由于分子间的相互碰撞,每个分子速度的大小和方向也都在不断地改变着。若在某一特定的时刻去观察某一个特定分子的速度,由于其大小和方向都具有偶然性,所以这种观察是很难做到的,也是没有意义的。然而对于大量分子的总体来说,它们的速度分布却遵从一定的统计规律,这个规律最早是由英国物理学家麦克斯韦从理论上得到证明,称为**麦克斯韦速度分布律**(此规律现已被实验所证实,在实际中也有广泛的应用),如果不考虑分子的速度方向,则称为**麦克斯韦速率分布律**。为简便起见,在此仅讨论麦克斯韦速率分布律。

1. 速率分布函数

为了研究分子速率分布所遵从的统计规律,设想一定量气体中有 N 个分子,分子速率在 v 到 $v+dv$ 速率区间内的分子个数为 dN,则 $\frac{dN}{N}$ 就表示分布在这一速率区间内的分子数占总分子数的百分比,或分子速率处于 $v \sim v+dv$ 区间内的概率。表 9-1 给出了 0 ℃ 时氧气分子速率分布的情况。

表 9-1　氧分子在 0 ℃ 时速率的分布情况

速率区间/m・s^{-1}	分子数的百分率 $(\Delta N/N)/(\%)$	速率区间/m・s^{-1}	分子数的百分率 $(\Delta N/N)/(\%)$
100 以下	1.4	500～600	15.1
100～200	8.1	600～700	9.2
200～300	16.5	700～800	4.8
300～400	21.4	800～900	2.0
400～500	20.6	900 以上	0.9

显然，这一百分比 $\dfrac{\mathrm{d}N}{N}$ 在各速率区间是不同的（例如，0 ℃时氧气分子速率在 100～200 m/s 和 200～300 m/s 的百分比分别为 8.1% 和 16.5%），即 $\dfrac{\mathrm{d}N}{N}$ 应是速率 v 的函数。同时，可以证明，在 v 确定的情况下，$\dfrac{\mathrm{d}N}{N}$ 与 $\mathrm{d}v$ 成正比，因此，有

$$\frac{\mathrm{d}N}{N} = f(v)\mathrm{d}v \tag{9-20}$$

或

$$f(v) = \frac{\mathrm{d}N}{N\mathrm{d}v} \tag{9-21}$$

式(9-20)叫作麦克斯韦速率分布律。函数 $f(v)$ 叫做分子速率分布函数，它的物理意义是，分子速率在 v 附近单位速率区间内的分子数占总分子数的百分比，或者说，分子处于速率 v 附近单位区间内的概率。

由式(9-21)可知，$f(v)\mathrm{d}v$ 表示分子处于 v 到 $v+\mathrm{d}v$ 速率区间的概率。只要知道 $f(v)$ 函数表达式，就可计算出分子出现在 v_1 到 v_2 速率区间内的概率

$$\int_{v_1}^{v_2} f(v)\mathrm{d}v$$

由于分子速率必然出现在零到无穷大这一速率区间，所以说分子出现在零到无穷大速率区间的概率为 1，因此有

$$\int_0^\infty f(v)\mathrm{d}v = 1 \tag{9-22}$$

上式表明，分子速率分布函数 $f(v)$ 满足归一化条件。

因为 $\mathrm{d}v$ 表示一无穷小量，所以我们可以认为，在 v 到 $v+\mathrm{d}v$ 速率区间的 $\mathrm{d}N$ 个分子的速率都是 v，$v\mathrm{d}N$ 就是 v 到 $v+\mathrm{d}v$ 速率区间的分子的速率之和。因此，$\int_0^\infty v\mathrm{d}N$ 就表示气体中所有分子的速率之和，而气体的总分子数是 N，根据平均速率 $\bar{v}$ 的定义，有

$$\bar{v} = \frac{\int_0^\infty v\mathrm{d}N}{N} = \int_0^\infty vf(v)\mathrm{d}v \tag{9-23}$$

类比于式(9-23)，分子的方均根速率可如下计算：

$$\sqrt{\overline{v^2}} = \left[\int_0^\infty v^2 f(v)\mathrm{d}v\right]^{\frac{1}{2}} \tag{9-24}$$

气体的平均速率和方均根速率是气体动理论中两个重要的统计平均量，只要知道速率分布函数 $f(v)$，就可算出气体的分子平均速率和方均根速率。因此，推导 $f(v)$ 的函数表达式在气体动理论中具有重要意义。

2. 麦克斯韦速率分布律

1859 年，英国物理学家麦克斯韦根据概率论和理想气体分子模型，推导出平衡态下理想气体分子速率分布函数的表达式

$$f(v) = 4\pi \left(\frac{m_0}{2\pi kT} \right)^{\frac{3}{2}} v^2 \mathrm{e}^{-\frac{m_0 v^2}{2kT}} \tag{9-25}$$

式(9-25)给出的函数叫作麦克斯韦速率分布函数,它所反映的气体分子按速率分布的统计规律叫作**麦克斯韦速率函数**。式中,T 是理想气体的热力学温度,m_0 是分子质量,k 是玻耳兹曼常数。

由式(9-25)可以看出,当 m、T 确定后,$f(v)$ 只是 v 的函数,可以画出 $f(v)$ 的函数曲线,如图 9-7 所示。

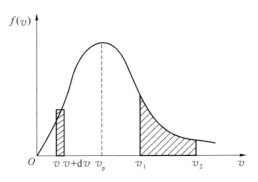

图 9-7　气体分子的速率分布

显然,由式(9-21)可知,图中任一区间 $v \sim v + \mathrm{d}v$ 内曲线下窄条面积表示分布在该区间内的分子数占总分子数的百分比 $\dfrac{\mathrm{d}N}{N} = f(v)\mathrm{d}v = 4\pi \left(\dfrac{m_0}{2\pi kT} \right)^{\frac{3}{2}} v^2 \mathrm{e}^{-\frac{m_0 v^2}{2kT}} \mathrm{d}v$;而任一有限范围 $v_1 \sim v_2$ 曲线下的面积则表示处于该范围内的分子数占总分子数的百分比 $\dfrac{\Delta N}{N}$;曲线下的总面积显然等于 1(即 100%),这正是分布函数的归一化条件。

从图 9-7 中还可以看出,速率很小和速率很大的分子数都很少,在速率 v_{p} 处 $f(v)$ 取极大值,说明分子速率出现在 v_{p} 附近的概率最大,所以把 v_{p} 叫作气体分子的最概然速率。根据高等数学知识,$f(v)$ 在 v_{p} 处取极值,$f(v)$ 在 v_{p} 处的导数必为零,即

$$f'(v_{\mathrm{p}}) = 0$$

把麦克斯韦速率分布函数式(9-25)代入,可得最概然速率为

$$v_{\mathrm{p}} = \sqrt{\frac{2kT}{m_0}} = \sqrt{\frac{2RT}{M_{\mathrm{mol}}}} \approx 1.41 \sqrt{\frac{RT}{M_{\mathrm{mol}}}} \tag{9-26}$$

把麦克斯韦速率分布函数代入式(9-23),积分并利用常用积分公式

$$\int_0^\infty v^3 \mathrm{e}^{-bv^2} = \frac{1}{2b^2}$$

可得平均速率为

$$\bar{v} = \sqrt{\frac{8kT}{\pi m_0}} = \sqrt{\frac{8RT}{\pi M_{\mathrm{mol}}}} \approx 1.60 \sqrt{\frac{RT}{M_{\mathrm{mol}}}} \tag{9-27}$$

同理，可求得方均根速率为

$$\sqrt{\overline{v^2}} = \sqrt{\frac{3kT}{m_0}} = \sqrt{\frac{3RT}{M_{\mathrm{mol}}}} \approx 1.73\sqrt{\frac{RT}{M_{\mathrm{mol}}}} \tag{9-28}$$

显然，分子速率的三种统计平均值 v_p、$\overline{v}$ 和 $\sqrt{\overline{v^2}}$ 都与 $\sqrt{T}$ 成正比，与 $\sqrt{M_{\mathrm{mol}}}$ 成反比，它们的相对大小关系为 $v_p < \overline{v} < \sqrt{\overline{v^2}}$。三种速率各有不同的应用，讨论分子速率分布时用 v_p，讨论分子平均平动动能时用 $\sqrt{\overline{v^2}}$，讨论分子碰撞频率和平均自由程时用 $\overline{v}$。

例 9-6 如图 9-8 所示，设 N 个粒子系统的速率分布函数为

$$\mathrm{d}N_v = \begin{cases} k\mathrm{d}v & (V > v > 0, k \text{ 为常数}) \\ 0 & (v > V) \end{cases}$$

（1）用 N 和 V 定出常数 k。

（2）用 V 表示出算术平均速率和方均根速率。

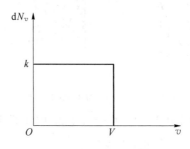

图 9-8 例 9-6 图

解 （1）
$$f(v) = \frac{\mathrm{d}N_v}{N\mathrm{d}v} = \frac{k}{N}$$

$$\int_0^\infty f(v)\mathrm{d}v = \int_0^V f(v)\mathrm{d}v = \int_0^V \frac{k}{N}\mathrm{d}v = \frac{kV}{N} = 1$$

$$k = \frac{N}{V}$$

所以

$$f(v) = \begin{cases} \dfrac{1}{V} & (0 < v < V) \\ 0 & (v > V) \end{cases}$$

（2）
$$\overline{v} = \int_0^\infty v f(v)\mathrm{d}v = \int_0^V \frac{v}{V}\mathrm{d}v = \frac{1}{2}V$$

$$\sqrt{\overline{v^2}} = \left[\int_0^\infty v^2 f(v)\mathrm{d}v\right]^{\frac{1}{2}} = \left[\int_0^V \frac{v^2}{V}\mathrm{d}v\right]^{\frac{1}{2}} = \frac{\sqrt{3}}{3}V$$

例 9-7 由 N 个分子组成的理想气体，其分子速率分布如图 9-9 所示（当 $v > 2v_0$ 时，$f(v) = 0$）。

（1）用 v_0 表示 a 的值。

（2）求速率在 $1.5v_0$ 与 $2.0v_0$ 之间的分子数。

（3）求分子的平均速率。

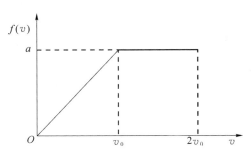

图 9-9　例 9-7 图

解　（1）由分布函数的归一化条件有

$$\int_0^\infty f(v)\mathrm{d}v = \int_0^{2v_0} f(v)\mathrm{d}v = \frac{1}{2}av_0 + av_0 = 1$$

解得

$$a = \frac{2}{3v_0}$$

（2）由速率分布函数 $f(v) = \dfrac{\mathrm{d}N}{N\mathrm{d}v}$ 可得速率在 $1.5v_0$ 与 $2.0v_0$ 之间的分子数为

$$\Delta N = N\int_{1.5v_0}^{2v_0} f(v)\mathrm{d}v = Na(2v_0 - 1.5v_0) = N\frac{2}{3v_0}0.5v_0 = \frac{1}{3}N$$

（3）由平均速率的定义得

$$\bar{v} = \int_0^\infty vf(v)\mathrm{d}v = \int_0^{v_0} v\left(\frac{a}{v_0}v\right)\mathrm{d}v + \int_{v_0}^{2v_0} va\,\mathrm{d}v = \frac{11}{6}av_0^2$$

将 $a = 2/3v_0$ 代入上式，即得平均速率为

$$\bar{v} = \frac{11}{9}v_0$$

3. 麦克斯韦速率分布律的实验验证

因受实验技术条件的限制，麦克斯韦从理论上导出气体分子速率分布律时，尚不能直接进行实验验证。随着真空技术的发展，这种验证才有了可能。下面介绍 1955 年密勒和库什所做的比较精确的验证麦克斯韦速率分布律的实验。

实验装置如图 9-10 所示。图中 O 是开有小孔 O_1 的蒸气源，选用的是钾或铯的蒸气，R 是一个用铝合金制成的圆柱体，柱长为 L，半径为 r，可绕中心轴转动。在柱体表面上刻出一系列斜狭槽。狭槽在圆柱体左右两底面处的半径之间夹角为 φ。在 O 和 R 之间置一隔板，隔板上开一个小孔 O_2，O_1 与 O_2 组成一个原子束准直系统。在 O_1 与 O_2 连线的延长线上放有检测器 D，用它测定通过狭槽的原子射线束的强度，整个装置放在保持较高真空度的容器中。

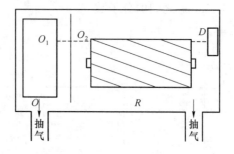

图 9-10　密勒-库什实验装置

当 R 以角速度 ω 转动时,从蒸气源逸出并经 O_1 与 O_2 准直的原子束包含有沿 O_1 和 O_2 连线方向运动的各种速率的原子,但只有速率满足以下条件的原子才能通过狭槽到达探测器 D:

$$\frac{L}{v}=\frac{\varphi}{\omega}$$

即

$$v=L\frac{\omega}{\varphi}$$

而其他速率的原子将在运动过程中沉积在槽壁上,因此 R 实际上是一个速率选择器。由于槽有一定宽度,相当于夹角 φ 有一个 $\Delta\varphi$ 的变化范围。相应地,通过狭槽的分子的速率也有一定的范围 $dv=-\dfrac{\omega L}{\varphi^2}d\varphi$。调节圆柱体转动的角速度,并测定与之相对应的速率在 $v\sim v+dv$ 间的原子数,即可验证速率分布律。

值得说明的是,从小孔 O_1 逸出的射线束中原子速率分布规律与蒸气源 O 中的速率分布律是不同的。另外,通过狭槽打到探测器 D 上的原子数 dN 并不是恒定速率间隔中的原子,而是在恒定狭槽角宽度 $d\varphi$ 条件下的原子数。因此,探测器测定的原子按速率的分布既不是蒸气源中平衡态下原子的速率分布,也不是射线束中原子的速率分布,但三种分布间存在着完全确定的关系,由蒸气源中平衡态下原子的速率分布可以导出另外两种分布。由此可知,密勒-库什实验只是间接地验证了麦克斯韦速率分布律。

9.6　玻耳兹曼分布律

麦克斯韦速率分布律是关于理想气体在平衡状态,且没有外力作用下分子速率的分布规律。在此定律中只考虑了分子速度的大小,而没有考虑分子速度的方向。玻耳兹曼分布律是关于理想气体在平衡状态下,在外力场(如重力场、电场等)作用下分子速度的分布规律。在该定律中,既要考虑分子速度的大小,也要考虑分子速度的方向,同时还要考虑外力场的影响。

1. 玻耳兹曼分布律

玻耳兹曼把麦克斯韦速率分布律推广到系统处于保守力场的情况,他认为:①气体分子不仅有动能 ε_k,还有势能 ε_p,即分子的总能量为 $\varepsilon=\varepsilon_k+\varepsilon_p$,从而把麦克斯韦速率分布函数指数项中 $\frac{1}{2}mv^2$ 修改为 $\varepsilon=\varepsilon_k+\varepsilon_p$;②粒子由于受外力影响,分布不仅与速度区间 $v_x\sim v_x+\mathrm{d}v_x$、$v_y\sim v_y+\mathrm{d}v_y$、$v_z\sim v_z+\mathrm{d}v_z$ 有关,还与空间位置($x\sim x+\mathrm{d}x$、$y\sim y+\mathrm{d}y$、$z\sim z+\mathrm{d}z$)有关。基于以上两点假设,麦克斯韦速率分布函数可修改为

$$\mathrm{d}N'=n_0\left(\frac{m}{2\pi kT}\right)^{\frac{3}{2}}\mathrm{e}^{-\frac{\varepsilon_k+\varepsilon_p}{kT}}\mathrm{d}v_x\mathrm{d}v_y\mathrm{d}v_z\mathrm{d}x\mathrm{d}y\mathrm{d}z \tag{9-29}$$

式(9-29)称为**玻耳兹曼分布律**。式中,n_0 表示 $\varepsilon_p=0$ 处单位体积内具有各种速率值的总分子数。

2. 重力场中微粒按高度分布规律

根据玻耳兹曼分布律及归一化条件 $\int_0^\infty f(v)\mathrm{d}v=1$,由式(9-29)可求得分布在空间间隔 $x\sim x+\mathrm{d}x,y\sim y+\mathrm{d}y,z\sim z+\mathrm{d}z$ 内的分子数为

$$n=n_0\mathrm{e}^{-\frac{\varepsilon_p}{kT}} \tag{9-30}$$

这是玻耳兹曼分布律的一种常用形式,它表明了分子数按势能分布的规律。

式(9-30)是一个普适规律,它对实物微粒(气体、液体和固体的分子、布朗粒子)在任何保守力场中的运动情形都是成立的。粒子处于重力场中,势能 $\varepsilon_p=mgz$,因而分布在高度为 z 处单位体积内的分子数为

$$n=n_0\mathrm{e}^{-\frac{mgz}{kT}} \tag{9-31}$$

式中,n_0 为 $\varepsilon_p=0$(即 $z=0$)处单位体积内的分子数。此式表明,在重力场中,气体分子数密度 n 随高度增加而按指数规律减小。

3. 气压公式

根据式(9-31)及 $p=nkT$ 可有

$$p=p_0\mathrm{e}^{-\frac{mgz}{kT}}=p_0\mathrm{e}^{-\frac{Mgz}{RT}} \tag{9-32}$$

式中,$p_0=n_0kT$,表示在 $z=0$ 处的压强,式(9-32)称为**气压公式**,它表明在温度均匀的情形下,大气压强随高度按指数规律减小。利用它可以近似地估算出不同高处的大气压强,也可以根据测定的大气压强来估测所处位置的高度,这在爬山和航空中经常用到。

例 9-8　青藏高原的海拔约为 1 000 m,设海平面处大气压强为 $p_0=1$ atm。试求温度为 0 ℃时高原上的大气压强。

解　根据气压公式 $p=p_0\mathrm{e}^{-\frac{Mgz}{RT}}$,有

$$p=p_0\mathrm{e}^{-\frac{Mgz}{RT}}=1\times\mathrm{e}^{-\frac{2.9\times10^{-2}\times9.8\times1\,000}{8.31\times273}}\text{ atm}=0.88\text{ atm}$$

9.7　气体分子的平均自由程

室温下氮气和氧气分子的平均速率都大于 400 m/s,这比空气中声音的传播速率(340 m/s)大很多,但生活中如果打碎一瓶香水,则是瓶子的破裂声先于香水的气味传给我们,这是为什么呢？这个问题最早是克劳修斯提出并解决的。他认为,常温常压下气体分子数密度高达 $10^{23} \sim 10^{25}$ 数量级,高速运动的香水分子在运动过程中将不断地与其他气体分子进行碰撞,这种频繁碰撞将不断地改变香水气体分子的运动方向,因此实际上,香水分子是在做一种迂回曲折前进的运动,如图 9-11 所示。图中香水分子运动的起点 A 和终点 B 间的位移(图中虚线长)和路程(图中折线长)相差很大,因此香气的传播速度和分子的运动速度也会相差很大。

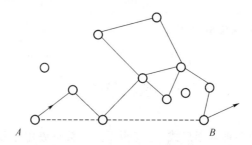

图 9-11　香水分子的运动及香气的传播

如前所述,在气体分子运动过程中,每个分子都要与其他分子频繁碰撞,在连续两次碰撞之间,可以认为分子遵循惯性规律做匀速直线运动,它所经历的这一段直线路程,称为**自由程**。对于单个分子而言,由于碰撞的偶然性,其自由程时长时短,但对于大量气体分子而言,分子的自由程则具有确定的统计规律性,通常把分子在连续两次碰撞之间所经过的自由程的平均值称为**平均自由程**,用 $\bar{\lambda}$ 表示。同时,把单位时间内某个气体分子与其他分子的碰撞次数称为碰撞频率,单个分子的碰撞频率也是时大时小的,但对于大量气体分子而言,分子碰撞频率同样具有确定的统计规律性,每个分子单位时间内与其他分子的碰撞次数的平均值称为**平均碰撞频率**,用 $\bar{z}$ 表示。

1. 平均碰撞频率

为简单起见,假设每个气体分子都是有效直径为 d 的刚性小球,并且假定除了选为研究对象的分子 A,其余分子都静止不动。

分子 A 与其他分子发生弹性碰撞时,两个分子的中心距离等于单个分子的有效直径 d。由于气体分子间的碰撞是频繁的,当分子 A 运动时,其球心轨迹为折线,如果以分子 A 的球心轨迹为轴,以 d 为半径作一曲折形的圆柱空间,则球心位于此空间内的其他分子都将与分子 A 发生碰撞,球心位于此空间之外的其他分子不会与分子 A 发生碰撞,如图 9-12 所示。由前面分析可知,此曲折形圆柱空间的截面积为 πd^2,设气体分子数密度

为 n，分子运动平均速率为 $\bar{v}$，则单位时间内球心位于此空间内的分子数应是 $\pi d^2 \bar{v} n$，这也是单位时间内分子 A 与其他分子的碰撞次数，即平均碰撞频率。考虑到前面我们曾假设除分子 A 外，其余分子都静止不动，而实际上所有的分子都是在永不停息地运动着，所以必须对这个结果加以修正。从理论上可以推导得出分子的平均碰撞频率为(推导过程略)

$$\bar{z} = \sqrt{2}\,\pi d^2 \bar{v} n \tag{9-33}$$

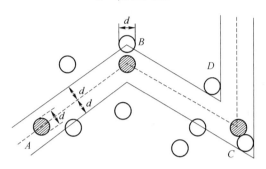

图 9-12　$\bar{z}$ 及 $\bar{\lambda}$ 的计算

2. 平均自由程

根据分子平均碰撞频率式(9-33)及单位时间内分子平均走过的路程为 $\bar{v}$，可求得分子的平均自由程为

$$\bar{\lambda} = \frac{\bar{v}}{\bar{z}} = \frac{1}{\sqrt{2}\,\pi d^2 n} \tag{9-34}$$

从式(9-34)可以看出，气体分子的平均自由程与气体分子的有效直径的平方及分子数密度成反比。这一现象的微观解释为：分子直径越大，则分子运动时越容易与其他分子发生碰撞，两次碰撞间分子运动的自由距离越短，即分子平均自由程越小；气体分子数密度越大，则单位体积内的分子个数越多，同样分子运动时与其他分子碰撞的机会也越多，因而分子的平均自由程也越小。表 9-2 给出了标准状态下几种气体分子的平均碰撞频率、平均自由程和有效直径值。

表 9-2　标准状态下几种气体的平均自由程

参数 气体	氢	氧	氮	二氧化碳
$\bar{z}/\mathrm{Hz}$	1.48×10^{10}	2.58×10^{10}	7.59×10^{9}	9.13×10^{9}
$\bar{\lambda}/\mathrm{m}$	1.13×10^{-7}	0.647×10^{-7}	0.599×10^{-7}	0.397×10^{-7}
d/m	2.72×10^{-10}	3.60×10^{-10}	3.74×10^{-10}	4.59×10^{-10}

根据理想气体状态方程 $p = nkT$，式(9-34)可改写为

$$\bar{\lambda} = \frac{kT}{\sqrt{2}\,\pi d^2 p} \tag{9-35}$$

式中，k 为玻耳兹曼常数。从式(9-35)可以看出，平均自由程与气体的温度成正比，而与气体的压强成反比。此现象的微观解释为：气体的温度高，分子热运动剧烈，则分子热运动的平均速率大，因而分子在两次碰撞之间运动的距离大，相应的平均自由程也大；若气体的压强大，则单位空间内气体分子的个数多，单位时间内分子与其他分子的碰撞机会多，因而两次碰撞之间的时间间隔小，运动的距离短，平均自由程也就小。

例 9-9 已知空气分子的平均摩尔质量为 $M_{mol}=2.9\times10^{-2}$ kg/mol，空气分子的有效直径为 $d=3.5\times10^{-10}$ m。试求：

(1) 标准情况下空气分子的平均自由程。

(2) 标准情况下空气分子的平均碰撞频率。

解 (1) 根据平均自由程公式 $\bar{\lambda}=\dfrac{kT}{\sqrt{2}\pi d^2 p}$，有

$$\bar{\lambda}=\frac{1.38\times10^{-23}\times273}{\sqrt{2}\times3.14\times(3.5\times10^{-10})^2\times1.013\times10^5}\ \text{m}=6.84\times10^{-8}\ \text{m}$$

(2) 根据平均速率公式，有

$$\bar{v}=\sqrt{\frac{8RT}{\pi M_{mol}}}=\sqrt{\frac{8\times8.31\times273}{3.14\times2.9\times10^{-2}}}\ \text{m/s}=4.46\times10^2\ \text{m/s}$$

又根据平均碰撞频率与平均自由程关系 $\bar{\lambda}=\dfrac{\bar{v}}{\bar{z}}$，有分子平均碰撞频率为

$$\bar{z}=\frac{\bar{v}}{\bar{\lambda}}=\frac{4.46\times10^2}{6.84\times10^{-8}}\ \text{Hz}=6.52\times10^9\ \text{Hz}$$

此题还可以有另外一种求解方案：根据理想气体状态方程 $p=nkT$ 得

$$n=\frac{p}{kT}=\frac{1.013\times10^5}{1.38\times10^{-23}\times273}\ \text{m}^{-3}=2.69\times10^{25}\ \text{m}^{-3}$$

平均速率如上面所求，$\bar{v}=4.46\times10^2$ m/s，根据平均碰撞频率公式，有

$$\bar{z}=\sqrt{2}\pi d^2\bar{v}n=\sqrt{2}\times3.14\times(3.5\times10^{-10})^2\times4.46\times10^2\times2.69\times10^{25}\ \text{Hz}$$
$$=6.52\times10^9\ \text{Hz}$$

结果与前一种方法所得结果一致。

阅读材料九

科学家简介：开尔文

开尔文(1824—1907 年)：19 世纪英国卓越的物理学家。

主要成就：发明了电像法；提出绝对热力学温标；是热力学第二定律的两个主要奠基

人之一；装设了大西洋海底电缆；估算了地球的年龄。

开尔文 1824 年 6 月 26 日生于爱尔兰的贝尔法斯特。10 岁时丧母，父亲是格拉斯哥大学的自然哲学教授。他为自己的 6 个子女设计了一套既有广度又有深度的教育方式。从婴儿时期开始，孩子们的成长就与思想的广阔天地结成友谊。他们被地质学和天文学的原理所吸引，而植物则是他们游玩时的小伙伴。他们围坐在桌子四周惊奇地注视着地球仪，他们梦想着到地球上最遥远的地方遨游。之后，他们的眼睛又转移到另外一个更大的球体上，这是他们的父亲为他们购买的天球仪，它讲述了天体的史诗，而地球只不过是这个

伟大史诗中的一个小小音节。开尔文在弟兄中排行最小，但他的思维却是最敏捷的。他发现自己完全被这两个球的故事迷住了，在他 16 岁时曾立志"科学领路到哪里，就在哪里攀登不息"。

开尔文 17 岁进入剑桥大学，18 岁就写出了一篇杰出的热力学论文，还在《剑桥数学学报》上发表了几篇文章。毕业时曾对法国和英国一些一流物理学家们提出了颇有价值的研究建议。22 岁时被任命为格拉斯哥大学教授。开尔文刚刚被选拔到很多白发苍苍的对手们求之不得的光荣职位上，就向几个老前辈申请一间房子，以便进行课堂以外的实验。尽管节约成癖的苏格兰教授们觉得这个要求毫无道理，但是好奇心战胜了他们的反感，还是决定将地窖给他做实验室。这样，英国的第一所现代实验室就在酒窖里诞生了。开尔文在实验室里堆满了各种各样的仪器，有的吊在天花板上，有的挂在墙上，有一套三件的螺旋弹簧振荡器，一座 3.0 英尺长的摆钟，摆的尾巴上悬挂着一个 12 磅重的炮弹，一部怪样子的机器，里面装着许多的弹子球，球不断地向各个方向滚动，借以揭示星云的动力学运动，还有成堆的陀螺仪。他把这些陀螺仪用各种方式放到一起，扭来扭去，借以研究行星的运动。

开尔文在热学、电磁学、流体力学、光学、地球物理、数学、工程应用等方面都作出了贡献。他一生发表论文达 600 余篇，取得 70 种发明专利，在当时科学界享有极高的名望，受到英国本国和欧美各国科学家、科学团体的推崇。他在热学、电磁学及其他工程应用方面的研究最为出色。

在开尔文的那个时代，电磁学刚刚开始发展并在工业中逐步得到应用，开尔文在电机工程等应用方面作出了重要的贡献。此外，开尔文在静电和静磁学的理论方面、交流电方面、静电绝对测量方面、电磁测量方面，大气电学方面，特别是关于莱顿瓶的放电振荡性等方面都作出了重要的贡献。他讨论了法拉第关于电作用传播的概念，分析了振荡电路及由此产生的交变电流。他的文章影响了麦克斯韦，麦克斯韦向他请教，希望能和他研究同一个课题。开尔文的伟大之处在于能把自己的全部研究成果毫无保留地介绍给麦克斯韦，并鼓励麦克斯韦建立电磁现象的统一理论，为麦克斯韦最后完成电磁场理论奠定了基础。电像法是开尔文发明的一种很有效的解决电学问题的方法。

热力学的情况恰好相反，是先有工业后有理论。从 18 世纪到 19 世纪初，蒸汽机已经得到了广泛的应用，然而直到 19 世纪中叶以后，热力学才发展起来。开尔文是热力学的主要奠基者之一。他揭示了傅里叶热传导理论和势理论之间的相似性。开尔文在 1848 年提出、1854 年修改的绝对热力学温标是现在科学上的标准温标。开尔文和克劳修斯是热力学第二定律的两位主要奠基人。他在 1851 年提出的热力学第二定律是"不可能从单一热源取热使之完全变为有用的功而不产生其他影响"，这是公认的热力学第二定律的标准说法。开尔文从热力学第二定律断言，能量耗散是普遍的趋势。开尔文从理论研究上预言一种新的温差电效应，后来称为汤姆孙效应，即当电流在温度不均匀的导体上通过时导体吸收热量的效应。开尔文还和焦耳合作进行了多孔塞实验，通过考察气体通过多孔塞后温度改变的现象来研究实际气体与理想气体的差别，这种方法后来成为制造液态空气工业的重要方法。

装设大西洋海底电缆是开尔文最出名的一项工作。当时由于电缆太长，信号衰减很严重。1855 年，开尔文研究电缆中信号传播的情况，得出了信号传播速度的减慢与电缆长度平方成正比的规律。1851 年，开始有第一条海底电缆，装设在英国与法国相隔的海峡中。1856 年，新成立的大西洋电报公司筹划装设横过大西洋的海底电缆，并委任开尔文负责这项工作。经过两年的努力，几经周折，终于安装成功。除了在工程的设计和制造上花费了很大的力量之外，开尔文的科学研究对此也起了不小的作用。

开尔文为了成功地装设海底电缆，用了很多的精力来研究电工仪器。例如，他发明的镜式电流计可提高仪器测量的灵敏度，虹吸记录器可自动记录电报信号。开尔文在电工仪器上的主要贡献是建立电磁量的精确单位标准和设计各种精密测量的仪器，包括绝对静电计、开尔文电桥、圈转电流计等。根据他的建议，1861 年，英国科学协会设立了一个电学标准委员会，为近代电学单位标准奠定了基础。

思 考 题

9-1　气体在平衡态时有何特征？气体的平衡态与力学中的平衡态有何不同？

9-2　温度概念的适用条件是什么？温度微观本质是什么？

9-3　统计规律有哪些重要特征？为什么统计规律不适用于分子数较少的系统？

9-4　气体分子的平均速率、最概然速率和方均根速率的意义有何不同？最概然速率是否就是速率分布中的最大速率？

9-5　一定量的理想气体在温度不变的条件下，当体积增大时，分子的平均碰撞频率和平均自由程分别怎样变化?

9-6　若某气体分子的自由度是 i,能否说每个分子的能量都等于 $ikT/2$?

练习题

9-1　已知 $f(v)$ 为气体的麦克斯韦速率分布函数,v_p 为分子的最概然速率,则 $\int_0^{v_p} f(v)\mathrm{d}v$ 表示 _____。
速率 $v > v_p$ 的分子的平均速率表达式为 _____。

9-2　习题 9-2 图所示为氢气分子和氧气分子在相同温度下的麦克斯韦速率分布曲线,则氢气分子的最概然速率为 _____,氧分子的最概然速率为 _____。

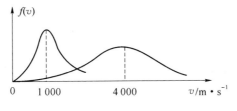

习题 9-2 图

9-3　试说明下列各量的物理意义。

(1) $\dfrac{1}{2}kT$ 　　　　　　　　(2) $\dfrac{3}{2}kT$ 　　　　　　　　(3) $\dfrac{i}{2}kT$

(4) $\dfrac{M}{M_{\mathrm{mol}}}\dfrac{i}{2}RT$ 　　　　(5) $\dfrac{i}{2}RT$ 　　　　　　　(6) $\dfrac{3}{2}RT$

9-4　一个容积为 $10\ \mathrm{cm}^3$ 的电子管,当温度为 300 K 时,用真空泵将管内空气抽成压强为 $5\times10^{-6}\ \mathrm{mmHg}$ 的高真空,试问:此时管内有多少个空气分子? 这些空气分子的平均平动动能的总和是多少? 平均转动动能的总和是多少? 平均动能的总和是多少? 设空气分子为刚性双原子分子。

9-5　一容器内储有氧气,其压强为 $1.01\times10^5\ \mathrm{Pa}$,温度为 $27.0\ ℃$,求:

(1) 气体分子的数密度。

(2) 氧气的密度。

(3) 分子的平均平动动能。

(4) 分子间的平均距离(设分子间均匀等距排列)。

9-6　导体中自由电子的运动类似于气体分子的运动。设导体中共有 N 个自由电子。电子气中电子的最大速率 v_F 叫作费米速率。电子的速率在 $v\sim v+\mathrm{d}v$ 之间的概率为

$$\frac{\mathrm{d}N}{N} = \begin{cases} \dfrac{4\pi v^2 A \mathrm{d}v}{N} & (v_{\mathrm{F}} > v > 0) \\ 0 & (v > v_{\mathrm{F}}) \end{cases}$$

式中，A 为常量。

（1）由归一化条件求 A。

（2）证明电子气中电子的平均动能 $\overline{\varepsilon} = \dfrac{3}{5}\left(\dfrac{1}{2}mv_{\mathrm{F}}^2\right) = \dfrac{3}{5}E_{\mathrm{F}}$，此处 E_{F} 叫作费米能。

9-7　某密封房间的体积为 $5\,\mathrm{m} \times 3\,\mathrm{m} \times 3\,\mathrm{m}$，室温为 $20\,℃$，则室内空气分子热运动的平均平动动能的总和是多少？如果气体的温度升高 $1.0\,\mathrm{K}$，而体积不变，则气体的内能变化多少？气体分子的方均根速率增加多少？（已知空气的密度为 $1.29\,\mathrm{kg/m^3}$，摩尔质量为 $29 \times 10^{-3}\,\mathrm{kg/mol}$，且空气分子可认为是刚性双原子分子。）

9-8　一瓶氢气和一瓶氧气温度相同。若氢气分子的平均平动动能为 $6.21 \times 10^{-21}\,\mathrm{J}$。试求：

（1）氧气分子的平均平动动能和方均根速率。

（2）氧气的温度。

9-9　某些恒星的温度可达到 $1.0 \times 10^8\,\mathrm{K}$，这也是发生核聚变反应（也称热核反应）所需要的温度，在此温度下的恒星可视为由质子组成。问：

（1）质子的平均动能是多少？

（2）质子的方均根速率是多大？

9-10　设有 N 个粒子的系统，其速率分布如习题 9-10 图所示。求：

（1）分布函数 $f(v)$ 的表达式。

（2）a 与 v_0 之间的关系。

（3）速率在 $1.5v_0$ 到 $2.0v_0$ 之间的粒子数。

（4）粒子的平均速率。

（5）$0.5v_0$ 到 v_0 区间内的粒子平均速率。

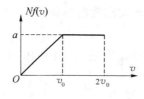

习题 9-10 图

9-11　将氢气视为刚性双原子分子气体，氢气和氦气的压强、体积和温度都相等。

（1）求它们的摩尔质量比 $M(\mathrm{H_2})/M(\mathrm{He})$。

（2）求它们的内能比 $E(\mathrm{H_2})/E(\mathrm{He})$。

9-12 习题 9-12 图中 I、II 两条曲线是两种不同气体(氢气和氧气)在同一温度下的麦克斯韦分子速率分布曲线,试由图中数据求:

(1) 氢气分子和氧气分子的最概然速率。

(2) 气体的温度。

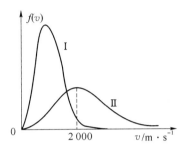

习题 9-12 图

9-13 某气体系统速率分布律为

$$\frac{dN}{N} = \begin{cases} Av^2\,dv & (0 \leqslant v \leqslant v_F) \\ 0 & (v > v_F) \end{cases}$$

式中,A 为常量。

(1) 画出速率分布曲线。

(2) 用 v_F 表示常量 A。

(3) 求气体的最概然速率、平均速率和方均根速率。

9-14 设氮分子的有效直径为 10^{-10} m。

(1) 求氮气在标准状态下的平均碰撞次数。

(2) 如果温度不变,气压降到 1.33×10^{-1} Pa,则平均碰撞次数为多少?

9-15 假设地球大气层由同种分子构成,且充满整个空间,并设各处温度 T 相等。试根据玻耳兹曼分布律计算大气层中分子的平均重力势能。(已知积分公式 $\int_0^\infty x^n e^{-ax}\,dx$ $= \dfrac{n!}{a^{n+1}}$)

9-16 从麦克斯韦速率分布律出发,推导出分子按平动动能 $\varepsilon = \dfrac{1}{2}mv^2$ 的分布规律:

$$f(\varepsilon) = \frac{dN}{N\,d\varepsilon} = \frac{2}{\sqrt{\pi}}(kT)^{-3/2}e^{-\varepsilon/(kT)}\sqrt{\varepsilon}$$

并由此求出分子平动动能的最概然值。

9-17 当温度为 15 ℃、压强为 0.76 mmHg 时,氩分子和氖分子的平均自由程分别为 6.7×10^{-8} m 和 13.2×10^{-8} m,求:

（1）氖分子和氩分子有效直径之比。

（2）当温度为 20 ℃、压强为 0.15 mmHg 时，氩分子的平均自由程。

9-18 有 N 个质量均为 m 的同种气体分子，它们的速率分布如习题 9-18 图所示。

（1）说明曲线与横坐标所包围面积的意义。

（2）由 N 和 v_0 求 a 的值。

（3）求速率在 $\dfrac{v_0}{2} \sim \dfrac{v_0}{3}$ 间隔内的分子数。

（4）求分子的平均平动动能。

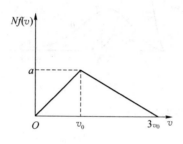

习题 9-18 图

第 10 章　热力学基础

热力学是关于热现象的宏观理论。它从对热现象大量的直观观察和实验研究所总结出来的基本规律出发,经过严密的逻辑推理,建立了系统的、科学的热力学理论。它能够揭示物质各种宏观性质之间的联系,说明各种作用对物体物理性质的影响,确定热力学过程进行的方向和限度。越来越多的事实表明,热力学基本定律是自然界中的普适规律。由于热力学理论以具有普遍意义的能量和熵为核心,基本规律也是关于能量和熵演化的规律,因此热力学理论可以广泛用于诸如天体演化、化学反应、生命活动等过程,而不论它是否涉及力的、电的、磁的等各种相互作用,只要与热运动有关,都必然遵循热力学规律。热力学是涵盖范围最广、适用领域最宽、内容最丰富的物理理论。

本章主要介绍内能、热量和功等基本热力学概念,热力学第一定律及其在理想气体各个等值过程中的应用,循环过程及卡诺循环,热力学第二定律及其统计意义,熵和熵增加原理等。

10.1　热力学第一定律

1. 准静态过程

一个热力学系统在外界影响(做功或传热)下,其状态将发生变化。系统从一个状态变化到另一个状态的过程称为**热力学过程**,简称**过程**。在状态变化过程中的任一时刻,系统的状态并非平衡态,但为了能利用平衡态的性质研究热力学过程,引入准静态过程的概念。

系统从某一平衡态开始,经过一系列变化后到达另一平衡态,如果该过程中所经历的状态全都可以近似地看作平衡态,则这样的过程叫作**准静态过程**(或平衡过程)。如果中间状态为非平衡态(系统无确定的 p、V、T 值),这样的过程称为**非静态过程**(或非平衡过程)。

一系统从某一平衡态变到相邻平衡态时,通常是原来的平衡态遭破坏,出现非平衡态,经过一定时间后达到一个新的平衡态,我们把系统从一个平衡态变到相邻平衡态所经过的时间叫系统的**弛豫时间**。或者说,一个系统由最初的非平衡态过渡到平衡态所经历的时间叫弛豫时间。在实际问题中,一个过程能否看作准静态过程需由具体情况来定。如果系统的外界条件(如压强、容积或温度等)发生一微小变化所经历的时间比系统的弛豫时间长得多，那么在外界条件的变化过程中，系统有充分的时间达到平衡态，因此，这样的过程可以视为准静态过程。例如内燃机气缸中的燃气，在实际过程中，压缩气体的时间约为 10^{-2} s，而该燃气的弛豫时间只有 10^{-3} s，所以内燃机中燃气状态的变化过程可视为准静态过程。

$p-V$ 图上一个点代表一个平衡态，一条连续曲线代表一个准静态过程。图 10-1 中曲线表示由初态 I 到末态 II 的准静态过程，其中箭头方向为过程进行的方向。这条曲线叫过程曲线，表示这条曲线的方程叫**过程方程**。

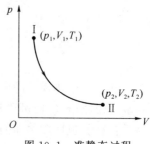

图 10-1　准静态过程

准静态过程是理想化的过程，是实际过程的近似，实际中并不存在。但它在热力学理论研究和对实际应用的指导上均有重要意义。在本章中，如不特别指明，所讨论的过程均视为准静态过程。

2. 准静态过程的功

在力学中，外力对物体做功会改变物体相对于参考系的机械运动状态。在热力学中，功的概念十分广泛，除包括机械功外，还可以有电场功、磁场功等，而且由做功引起的系统状态的变化一般也不再考虑系统整体的机械运动状态的改变，转而讨论系统内部状态的变化。

功的计算方面，在力学中，只要知道力作为位置坐标（表征质点的运动状态）的函数和质点运动的路径，即可通过积分求出力所做的功；在热学中，情况就复杂得多。对非静态过程，系统内部的性质并不均匀一致，系统没有统一的状态参量，也无法把外力表达为状态参量的函数，因而除极特殊情况能定量计算出外界对系统所做的功外，一般只能依靠实验进行测定。而对准静态过程，就很容易把外力表达为状态参量的函数，并能方便地求出外力所做的功。这正是我们讨论准静态过程的主要原因之一。

下面我们讨论气缸内的气体由初始状态 (p_1, V_1) 准静态地膨胀到末了状态 (p_2, V_2) 的过程中，外界对系统及系统对外界所做的功。

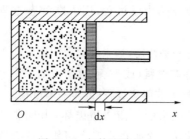

图 10-2　气体膨胀做功

设一定质量的气体用活塞封闭在圆筒形的气缸内，如图 10-2 所示，活塞可以无摩擦地左右移动。设活塞截面积为 S，活塞施于气体的压强为 p_e，则在活塞移动距离 dx 的无限小过程中，活塞对气体做的元功 dA' 为

$$dA' = -Fdx = -p_e Sdx$$

由于在此过程中气体体积的改变 $dV = Sdx$，则上式可以写为

$$dA' = -p_e dV$$

在准静态过程中，系统和外界要始终处于力学平衡，气体的压强 p 与活塞施于气体

的压强 p_e 相等,因此

$$dA' = -pdV \qquad (10\text{-}1a)$$

考虑到活塞施于气体的力与气体施于活塞的力等大、反向,则在该过程中,气体系统对外界做的功 dA 为

$$dA = pdV \qquad (10\text{-}1b)$$

当系统从初始状态 (p_1, V_1) 经准静态过程变化到末了状态 (p_2, V_2) 时,系统在该过程中对外界做的功为

$$A = \int_{V_1}^{V_2} pdV \qquad (10\text{-}2)$$

根据式(10-2)可以得出如下结论。

(1) 准静态过程中系统对外界做的功可以用系统的状态参量 p 对状态参量 V 的积分给出。对于非静态过程,系统内部各点的压强不均匀,式(10-2)不成立,因此该式仅适用于准静态过程。

(2) 该式的积分结果不仅与始末状态有关,还取决于该过程中 p 对 V 的依赖关系,即函数 $p = p(V)$,它表明功是一个和具体过程密切相关的过程量,而不是由系统的状态所确定的状态量。

(3) 对于无限小的过程,若 $dV > 0$,则 $dA > 0$;若 $dV < 0$,则 $dA < 0$;若 $dV = 0$,则 $dA = 0$。表明系统膨胀时,系统对外界做正功;被压缩时,系统对外界做负功;体积不变时,系统不做功。系统对外界是否做功以及做正功还是做负功,完全可根据系统体积的无限小变化确定。但对于有限的热力学过程,不能根据初态体积与末态体积的相对大小来判定系统对外界所做功的正负。因为功与具体过程密切相关,而并非决定于始末状态。这也反映了无限小过程的元功与有限过程的功在性质上的差异。

准静态过程中系统对外界做的功可以在 $p-V$ 图上直观地表示出来,这称为功的图示,如图 10-3 所示。在无限小过程中,元功 dA 的大小等于 $V \sim V + dV$ 之间过程曲线下的"面积",$dV > 0$ 时,功为正,"面积"为正;$dV < 0$ 时,功为负,"面积"为负;整个过程中系统所做功等于 $V_1 \sim V_2$ 之间过程曲线下的"面积"的代数和。对一定的系统,当过程的初态和末态确定时,连接初态和末态的过程曲线可以有无穷多条,不同的过程曲线下的面积不完全相同,从 $p-V$ 图上可以直观地看出功是过程量的特征。

例 10-1　气缸内储有质量为 32 g 的氧气,气体经过过程 abc(如图 10-4 所示)从状态 a 变化到状态 c,设 $p_a = 3.0 \times 10^5$ Pa,$p_c = 1.0 \times 10^5$ Pa,$V_a = 1.0 \times 10^{-2}$ m³,$V_c = 3.0 \times 10^{-2}$ m³。试求:此过程中系统对外界所做的功。

解　此题有两种解法。

方法一:根据式(10-2),考虑此功应分两段计算,有

$$A = \int_a^c dA = \int_a^b pdV + \int_b^c pdV = 0 + p_c(V_c - V_a) = 2 \times 10^3 \text{ J}$$

$A>0$，系统对外做功。

方法二：根据系统对外做功等于对应过程曲线下的面积，有

$$A=p_c(V_c-V_a)=2\times10^3\ \mathrm{J}$$

例 10-2 在例 10-1 中，气体经过图中直线对应过程由 a 态到 c 态。试求：此过程中系统对外界所做的功。

解 方法一：根据图 10-4，可得压强 p 随体积 V 变化的函数关系为

$$p=4\times10^5-1.0\times10^7V$$

此过程系统做功为

$$
\begin{aligned}
A &= \int_a^c p\,\mathrm{d}V = \int_{1.0\times10^{-2}}^{3.0\times10^{-2}}(4\times10^5-1.0\times10^7V)\,\mathrm{d}V \\
&= 4.0\times10^3\ \mathrm{J}
\end{aligned}
$$

方法二：根据系统对外做功等于对应过程曲线下的面积，有

$$
\begin{aligned}
A &= \frac{1}{2}(p_a+p_c)(V_c-V_a)=\frac{1}{2}\times10^5\times10^{-2}\times(3.0+1.0)\times(3.0-1.0) \\
&= 4.0\times10^3\ \mathrm{J}
\end{aligned}
$$

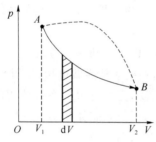

图 10-3　功的图示

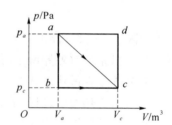

图 10-4　例 10-1 图

3. 热量

要改变一个热力学系统的状态，即改变其内能，除去用外界对系统做功的方式之外，还可以向系统传递热量。例如，两个温度不同的系统热接触以后，热的系统要变冷，冷的系统要变热，最后达到热平衡而具有相同的温度。我们把这种系统与外界之间由于存在温度差而传递的能量叫作**热量**，一般用 Q 表示。如图 10-5(a)所示，将温度为 T_1 的系统 A 放在温度为 T_2 的外界环境 B 之中，若 $T_2>T_1$，则有热量 Q 从 B 传给 A；若 $T_2<T_1$，则有热量 Q 从 A 传给 B，如图 10-5(b)所示。

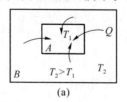
(a)

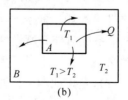
(b)

图 10-5　热量

在国际单位制中,热量与功的单位相同,均为 J(焦耳)。

4. 内能

焦耳的热功当量实验结果表明,在绝热条件下通过各种方式对系统做功,只要系统的初态和末态是一定的,不管通过哪种方式做功,所需做的功都是一样的。这说明系统通过绝热过程从一个状态过渡到另一个状态,做功只与系统的初、末状态有关,而与具体的做功过程和方式无关。由此可引进一由系统状态决定的物理量 E,使得

$$E_2 - E_1 = -A_a$$

式中,$-A_a$ 表示绝热过程中外界对系统所做的功。满足上述关系的物理量 E 称为系统的**内能**。

内能可表示为系统状态参量的函数,对一般的气体系统,可表示为 $E = E(p, V, T)$。而 p、V、T 三个状态参量中只有两个是独立的,所以实际上内能只是其中任意两个独立的状态参量的函数。对于理想气体,焦耳-汤姆孙实验表明,内能只是温度的单值函数。

实验表明,把一杯水从温度 T_1 升高到 T_2,不论搅拌或加热,外界向系统传递的能量都是相同的。这表明热力学系统初、末两态有一定的能量差,换句话说,系统处在一定的状态就具有一定的能量,这个能量就是系统的内能。

内能是由系统状态决定的,并随状态改变而发生改变。一个确定的状态就对应一个确定的能量值,所以内能是状态量,而且是状态的单值函数。

5. 热力学第一定律

当系统状态变化时,做功与传递热量往往是同时进行的。设在某一过程中,系统从外界吸收的热量为 Q,对外界做的功为 A,同时系统内能由初平衡态的 E_1 改变到末平衡态的 E_2。根据能量守恒定律,有

$$Q = E_2 - E_1 + A \tag{10-3}$$

即系统从外界吸收的热量一部分用于增加系统的内能,另一部分用于对外做功,这个规律称为**热力学第一定律**。热力学第一定律是包括热现象在内的能量守恒定律。

如果系统经历了一个微小的变化,热力学第一定律可以表示为

$$dQ = dE + p dV \tag{10-4}$$

其中,$p dV = dA$ 为系统经历微小变化的过程中对外界做的元功。

将式(10-2)代入式(10-3)中,得热力学第一定律的另外一种表达形式为

$$Q = \Delta E + \int_{V_1}^{V_2} p dV \tag{10-5}$$

其中,内能的增量 $\Delta E = E_2 - E_1$ 只与状态的变化有关,与所经历的过程无关。而系统吸收的热量 Q 和对外所做的功 A 都与过程有关。

根据热力学第一定律,要使系统对外做功,系统必然要从外界吸收热量或消耗系统的内能,不消耗任何能量而不断对外做功的机器称为**第一类永动机**,显然第一类永动机是违

反热力学第一定律的,因此它永远也不可能实现。

在热力学第一定律中,Q、A 和 ΔE 统一采用 J 为单位。

例 10-3 如图 10-6 所示,一系统经过程 abc 从 a 态到达 c 态,此过程中系统从外界吸收热量为 300 J,同时对外界做功为 100 J。试求:

(1) 此过程中系统内能的增量。

(2) 若系统从 c 态经 cda 过程返回 a 态,此过程中外界对系统做功为 200 J,系统是吸收热量还是放出热量,热量值是多少?

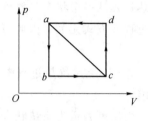

图 10-6　例 10-3 图

解　(1) 根据热力学第一定律 $Q=\Delta E+A$,有

$$\Delta E=Q-A=(300-100)\text{ J}=200\text{ J}$$

$\Delta E>0$,此过程中系统内能增加。

(2) 根据热力学第一定律 $Q=\Delta E+A$ 及(1)的结果 $\Delta E=E_c-E_a=200$ J,有

$$Q'=\Delta E+A'=(E_a-E_c)+A'$$
$$=(-200-200)\text{ J}=-400\text{ J}$$

$Q'<0$,此过程中系统向外界放出热量。

10.2　热力学第一定律在定值过程中的应用

对理想气体的一些典型的等值过程,可以利用热力学第一定律和它的状态方程计算过程中的功、热量和内能的改变量以及它们之间的转换关系。

1. 等体过程　定容摩尔热容

准静态过程的每一个中间状态都是平衡态,但不同的热力学过程中系统状态参量之间的函数关系是不同的,我们把准静态过程中系统状态参量之间的函数关系称为**过程方程**。由于理想气体在平衡态下都遵守理想气体状态方程,因而等值过程的过程方程很容易从状态方程推导出来。

等体过程中,理想气体的体积是恒量,根据理想气体状态方程可得等体过程方程为

$$\frac{p}{T}=常数 \tag{10-6}$$

在等体过程中系统的压强和温度等比例地升高或降低。在 $p-V$ 图上,等体过程是一条平行于 p 轴的直线。

由于等体过程中理想气体的体积保持不变,系统不做功,即

$$\mathrm{d}A=p\mathrm{d}V=0 \tag{10-7}$$

根据热力学第一定律,对无限小热力学过程应有

$$\mathrm{d}Q_V=\mathrm{d}E+\mathrm{d}A=\mathrm{d}E \tag{10-8}$$

而对有限的等体过程,则有

$$Q_V = E_2 - E_1 \tag{10-9}$$

以上公式表明:在等体过程中系统不做功,系统吸收的热量全部用来增加系统的内能,或者是系统减少内能,并将其全部以热量的形式放出。这就是等体过程系统能量转化的特点。

现在我们来讨论理想气体的定体摩尔热容,设有 1 mol 理想气体在等体过程中所吸收的热量为 ΔQ_V,使气体的温度由 T 升高到 $T + \Delta T$,我们把 1 mol 的理想气体在等体过程中吸收的热量 ΔQ_V 与其温度的升高 ΔT 之比当 $\Delta T \to 0$ 时的极限称为**定容摩尔热容**,用 C_V 表示。则气体的定容摩尔热容的定义式为

$$C_V = \lim_{\Delta T \to 0} \frac{\Delta Q_V}{\Delta T} \tag{10-10}$$

也可写成

$$C_V = \frac{\mathrm{d}Q_V}{\mathrm{d}T}$$

定容摩尔热容的单位为焦耳每摩尔开尔文,符号为 J/(mol·K)。不过应特别指出的是,式中 $\mathrm{d}Q_V$ 只是表示在等体条件下系统与外界交换的无限小热量,并不代表 Q_V 的微分,因为热量 Q_V 不是态函数,其微分并不存在。但 1 mol 理想气体当其温度有微小增量 $\mathrm{d}T$ 时系统所吸收的热量仍可写为

$$\mathrm{d}Q_V = C_V \mathrm{d}T \tag{10-11}$$

在等体过程中,质量为 M、摩尔质量为 M_{mol}、定容摩尔热容 C_V 恒定的理想气体,当其温度由 T_1 变为 T_2 的过程中,系统所吸收的热量可通过积分求得:

$$Q_V = \int_{T_1}^{T_2} \frac{M}{M_{\mathrm{mol}}} C_V \mathrm{d}T = \frac{M}{M_{\mathrm{mol}}} C_V (T_2 - T_1) \tag{10-12}$$

根据式(10-8)及式(10-11),对 ν mol 的理想气体有

$$\mathrm{d}E = \nu C_V \mathrm{d}T \tag{10-13}$$

对有限的热力学过程,有

$$E_2 - E_1 = \nu C_V (T_2 - T_1) \tag{10-14}$$

由此式可以看出,对一定量的理想气体,内能的增量仅与系统温度的变化有关,考虑到内能是态函数,在任一平衡态系统的内能都可以表达为状态参量的函数,且应具有相同的形式,因此式(10-14)不仅对等体过程成立,而且对 C_V 为常数的理想气体的任意过程都应成立。这也就是说,理想气体内能的改变只与起始和终了状态的温度有关,而与状态改变的过程无关,一个热力学系统的不同过程,如果起始和终了状态的温度都相同,那么与这两个状态对应的理想气体内能的增量就应相等。若理想气体的定容摩尔热容 C_V 已知,即可根据上述公式计算系统内能的变化。

例 10-4 一容器内储有质量为 32 g 的氧气，经历等体过程后，气体的温度由 300 K 升高到 310 K。试求此过程中：

(1) 系统对外界所做的功。

(2) 气体内能的增量。

(3) 系统从外界吸热还是放热？数值为多大？

解 (1) 根据 $V=$ 常量，或者 $dV=0$，有

$$A=0$$

(2) 根据 $\Delta E=\nu\dfrac{i}{2}R(T_2-T_1)$，并考虑氧气 $i=5$，有

$$\Delta E=\frac{32\times10^{-3}}{32\times10^{-3}}\times\frac{5}{2}\times8.31\times(310-300)\ \text{J}=207.75\ \text{J}$$

(3) 根据热力学第一定律 $Q=\Delta E+A$，有

$$Q=\Delta E+A=(207.75+0)\ \text{J}=207.75\ \text{J}$$

即系统从外界吸收热量，并把热量全部用来增加系统的内能。

2. 等压过程　定压摩尔热容

等压过程的特征是系统的压强保持不变，即 $p=$ 恒量，或 $dp=0$。其 $p-V$ 图如图 10-7 所示。

在等压过程中，向气体传递的热量为 dQ_p，气体对外做功为 pdV，所以热力学第一定律可写成

$$dQ_p=dE+pdV \tag{10-15}$$

对于体积从 V_1 变到 V_2 的有限过程，则有

$$Q_p=E_2-E_1+\int_{V_1}^{V_2}pdV$$

从而

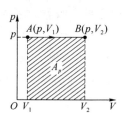

图 10-7　等压过程

$$Q_p=E_2-E_1+p(V_2-V_1) \tag{10-16a}$$

由理想气体状态方程

$$pV_1=\nu RT_1,\ pV_2=\nu RT_2$$

和式(10-14)，式(10-16a)又可写为

$$Q_p=\nu C_V(T_2-T_1)+\nu R(T_2-T_1) \tag{10-16b}$$

上式表明，等压过程中系统吸收的热量一部分用来增加系统的内能，另一部分用来对外做功。

下面介绍理想气体的定压摩尔热容。设有 1 mol 的理想气体，在等压过程中吸热 dQ_p，温度升高 dT，则气体的定压摩尔热容为

$$C_p=\frac{dQ_p}{dT} \tag{10-17a}$$

其单位与 C_V 的单位相同。

对质量为 M、定压摩尔热容恒定的理想气体,在等压过程中吸收的热量为

$$Q_p = \nu C_p (T_2 - T_1) \tag{10-17b}$$

利用式(10-15),式(10-17a)为

$$C_p = \frac{\mathrm{d}E + p\mathrm{d}V}{\mathrm{d}T} = \frac{\mathrm{d}E}{\mathrm{d}T} + p\frac{\mathrm{d}V}{\mathrm{d}T}$$

因为

$$p\mathrm{d}V = R\mathrm{d}T, \quad \frac{\mathrm{d}E}{\mathrm{d}T} = C_V$$

所以

$$C_p = C_V + R \tag{10-18}$$

可见,理想气体的定压摩尔热容与定容摩尔热容之差为普适气体常量 R,上式称为迈耶公式。通常把定压摩尔热容 C_p 与定容摩尔热容 C_V 之比称为比热容比,用符号 γ 表示,即

$$\gamma = \frac{C_p}{C_V} \tag{10-19}$$

在通常的温度范围内,理想气体的 C_V 和 C_p 分别近似为一常数。对于单原子分子气体(如氦、氖、氩等),有 $C_V = \frac{3}{2}R$,$C_p = \frac{5}{2}R$,$\gamma \approx 1.67$;对于双原子分子气体(如氧、氢、氮等),有 $C_V = \frac{5}{2}R$,$C_p = \frac{7}{2}R$,$\gamma \approx 1.40$;对于多原子分子气体(如水蒸气、二氧化碳、甲烷等),有 $C_V = 3R$,$C_p = 4R$,$\gamma \approx 1.33$。

表 10-1 给出了几种气体的 C_p、C_V、γ 的理论值和实验值。

表 10-1 几种气体 C_p、C_V、γ 的理论值和实验值

气体种类		实验值				气体类别	理论值		
		C_p	C_V	$C_p - C_V$	γ		C_p	C_V	γ
单原子分子	He	20.79	12.52	8.27	1.66	单原子分子	20.78	12.47	1.67
	Ne	20.79	12.68	8.11	1.64				
	Ar	20.79	12.45	8.34	1.67				
双原子分子	H_2	28.82	20.44	8.38	1.41	刚性双原子分子	29.09	20.78	1.40
	N_2	29.12	20.80	8.32	1.40				
	O_2	29.37	20.98	8.39	1.40	弹性双原子分子	37.39	29.09	1.39
	CO	29.04	20.74	8.30	1.40				

气体种类		实验值				气体类别	理论值		
		C_p	C_V	C_p-C_V	γ		C_p	C_V	γ
多原子分子	CO_2	36.62	28.17	8.45	1.30	刚性非线性多原子分子	33.24	24.93	1.33
	N_2O	36.90	28.39	8.51	1.31				
	H_2S	36.12	27.36	8.76	1.32	弹性非线性多原子分子	58.17	49.86	1.17
	H_2O	36.21	27.28	8.39	1.30				

例 10-5 气缸内储有质量为 28 g、温度为 27 ℃、1 atm 的氮气，经历一个等压膨胀过程使体积变为原来的两倍。试求此过程中：

(1) 系统对外做的功。

(2) 气体内能的增量。

(3) 系统从外界吸热还是放热，数值为多大？

解 (1) 根据理想气体状态方程 $pV=\dfrac{M}{M_{mol}}RT$，可得初始气体体积为

$$V_1=\frac{M}{M_{mol}}\frac{1}{p}RT_1=\frac{28\times10^{-3}\times8.31\times300}{28\times10^{-3}\times1.013\times10^5}\ \text{m}^3=2.46\times10^{-2}\ \text{m}^3$$

根据等压过程系统对外做功 $A=p(V_2-V_1)$ 及系统体积变化 $V_2-V_1=V_1$，有

$$A=p(V_2-V_1)=1.013\times10^5\times2.46\times10^{-2}\ \text{J}=2.49\times10^3\ \text{J}$$

(2) 由理想气体状态方程 $pV=\dfrac{M}{M_{mol}}RT$ 及 $p=$ 常量，有 $\dfrac{V_1}{T_1}=\dfrac{V_2}{T_2}$。根据已知 $V_2=2V_1$，有

$$T_2=2T_1=600\ \text{K}$$

根据 $\Delta E=\dfrac{M}{M_{mol}}\dfrac{i}{2}R(T_2-T_1)$，并考虑氧气 $i=5$，有

$$\Delta E=\frac{28\times10^{-3}}{28\times10^{-3}}\times\frac{5}{2}\times8.31\times(600-300)\ \text{J}=6.23\times10^3\ \text{J}$$

(3) 根据热力学第一定律 $Q=\Delta E+A$，有

$$Q=\Delta E+A=(6.23\times10^3+2.49\times10^3)\ \text{J}=8.72\times10^3\ \text{J}$$

即系统从外界吸收热量，并把一部分用来增加系统的内能，另一部分用来转化为系统对外界做的功。

3. 等温过程

等温过程是系统温度保持不变的过程。设有一气缸，内装有一定量的理想气体，物质的量为 $\nu=\dfrac{M}{M_{mol}}$。气缸壁保持与一恒温热源相接触，使气缸活塞上的外界压强无限缓慢地减小（或增大），缸内气体经历一准静态等温过程从状态 1(p_1,V_1,T_1) 过渡到状态 2

(p_2,V_2,T_1)。由于温度保持不变,由理想气体状态方程可知等温过程的 $p-V$ 曲线是一条双曲线,称为**等温线**,如图 10-8 所示。等温线把 $p-V$ 图分为两个区域,等温线 T 以上区域气体的温度大于 T_1,等温线以下的区域气体的温度小于 T_1。其过程方程为

$$T_1=C_1 \quad 或 \quad pV=C_2 \tag{10-20}$$

理想气体的内能只与温度有关,所以内能的增量 $\Delta E=0$。根据过程方程,

$$p=\frac{C_2}{V}=\frac{\nu RT_1}{V}$$

所以等温过程系统做功

$$A_T=\int_{V_1}^{V_2}p\mathrm{d}V=\int_{V_1}^{V_2}\frac{\nu RT_1}{V}\mathrm{d}V=\nu RT_1\ln\frac{V_2}{V_1}=\nu RT_1\ln\frac{p_1}{p_2} \tag{10-21}$$

根据热力学第一定律,系统吸收的热量

$$Q_T=A_T=\nu RT_1\ln\frac{V_2}{V_1}=\nu RT_1\ln\frac{p_1}{p_2} \tag{10-22}$$

在等温过程中,系统从外界吸收的热量全部用来对外界做功。

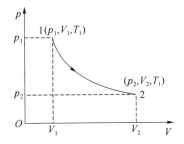

图 10-8　等温线

例 10-6　容器内储有质量为 44 g、温度为 300 K 的二氧化碳气体,经历等温压缩过程,使体积变为原来的一半。试求:

(1) 外界对系统做的功。

(2) 系统内能的增量。

(3) 系统吸收的热量。

解　(1) 根据等温过程系统对外做功的公式 $A=\dfrac{M}{M_{\mathrm{mol}}}RT\ln\dfrac{V_2}{V_1}$,有

$$A=1\times 8.31\times 300\times\ln\frac{1}{2}\,\mathrm{J}=-1.73\times 10^3\,\mathrm{J}$$

式中的负号表示在此过程中外界对系统做功。

(2) 根据等温过程特点 $T=$ 常量,有

$$\Delta E=\frac{M}{M_{\mathrm{mol}}}\frac{i}{2}R(T_2-T_1)=0$$

（3）根据热力学第一定律 $Q=\Delta E+A$，有

$$Q=\Delta E+A=-1.73\times10^{3}\text{ J}$$

即外界对系统做功，系统把这部分功转化为向外界放出的热量。

例 10-7 将 500 J 的热量传给标准状态下 2 mol 的氢，试问：

（1）如果体积 V 不变，热量如何转化？此时氢的温度为多少？

（2）如果温度 T 不变，热量如何转化？此时氢的压强和体积各为多少？

（3）如果压强 p 不变，热量如何转化？此时氢的温度和体积各为多少？

解 在标准状态下，理想气体的体积为 $V_0=\nu V_{\text{mol}}(V_{\text{mol}}=22.4\times10^{-3}\text{ m}^3/\text{mol})$，压强为 $p_0=1.013\times10^5\text{ Pa}$，温度为 $T_0=273\text{ K}$。

（1）体积 V 不变意味着系统对外不做功。根据热力学第一定律，热量转化为内能增量。

$$Q_V=\Delta E$$

由于氢为双原子分子气体，因此

$$C_V=\frac{5}{2}R$$

$$\Delta E=Q_V=\nu C_V(T-T_0)=\nu\times\frac{5}{2}R(T-T_0)$$

$$T=\frac{2Q_V}{5\nu R}+T_0=\left(\frac{2\times500}{5\times2\times8.31}+273\right)\text{ K}=285\text{ K}$$

（2）温度 T 不变，意味着系统的内能不变，即 $\Delta E=0$。根据热力学第一定律，热量转化为系统对外做功，即

$$Q_T=A$$

$$Q_T=A=\nu RT\ln\frac{p_0}{p}$$

由上式解出压强 p 为

$$p=p_0\text{e}^{-\frac{Q_T}{\nu RT_0}}=1.013\times10^5\times\text{e}^{-\frac{500}{2\times8.31\times273}}\text{ Pa}=9.07\times10^4\text{ Pa}$$

$$V=\frac{p_0V_0}{p}=\frac{1.013\times10^5\times2\times22.4\times10^{-3}}{9.07\times10^4}\text{ m}^3=50\times10^{-3}\text{ m}^3$$

（3）压强 p 不变，根据热力学第一定律，系统吸收的热量一部分用于对外做功，另一部分增加了系统的内能，即

$$Q_p=A+\Delta E$$

$$Q_p=\nu C_p(T-T_0)=\nu\times\frac{7}{2}R(T-T_0)$$

求解出温度 T 为

$$T = \frac{2Q_p}{7R\nu} + T_0 = \left(\frac{2 \times 500}{7 \times 8.31 \times 2} + 273 \right) K = 281.6 \text{ K}$$

由等压过程方程,求得

$$V = \frac{V_0 T}{T_0} = \frac{2 \times 22.4 \times 10^{-3} \times 281.6}{273} \text{ m}^3 = 0.046 \text{ m}^3$$

10.3　理想气体的绝热过程

在气体状态变化的过程中,如果它与外界之间没有热量交换,这种过程称为**绝热过程**。绝热过程是一种理想化的过程,在实际中,如果系统与外界传递的热量小到可以忽略不计,或者过程进行得非常快,以致与周围环境之间来不及作更多的热量交换,这样的过程可以近似地当作绝热过程看待。绝热过程曲线如图 10-9 所示。

在绝热过程中 $Q=0$,热力学第一定律可以写为

$$E_2 - E_1 + A_Q = 0 \qquad (10\text{-}23)$$

热力学第一定律的微分形式变为

$$dE + p dV = 0 \qquad (10\text{-}24)$$

式(10-23)也可以写为

$$A_Q = -(E_2 - E_1) \qquad (10\text{-}25)$$

即系统做绝热膨胀时,对外做功是以消耗系统本身的内能为代价的。

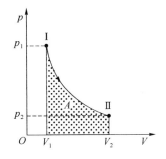

图 10-9　绝热过程

对理想气体而言,其内能 $E = \nu \frac{i}{2} RT = \nu C_V T$,因此

绝热过程中的内能增量为

$$E_2 - E_1 = \nu C_V (T_2 - T_1) \qquad (10\text{-}26)$$

将式(10-26)代入式(10-25)得绝热过程中系统对外界所做的功为

$$A_Q = -(E_2 - E_1) = -\nu C_V (T_2 - T_1) \qquad (10\text{-}27)$$

即气体做绝热膨胀对外做功时,它的内能减少,温度降低,而气体做绝热压缩时,外界对气体做功,气体的内能增加,温度升高。

由理想气体状态方程 $pV = \nu RT$ 得

$$\frac{p_1 V_1}{R} = \nu T_1$$

$$\frac{p_2 V_2}{R} = \nu T_2$$

将以上两式代入式(10-27)得绝热过程中系统对外做功的另一种表达形式为

$$A_Q = \frac{C_V}{R}(p_1 V_1 - p_2 V_2) \tag{10-28}$$

由 $C_p = C_V + R$ 和 $\gamma = C_p / C_V$ 得

$$\frac{C_V}{R} = \frac{1}{\gamma - 1}$$

将上式代入式(10-28)中，绝热过程中系统对外界所做的功也可以写为

$$A_Q = \frac{p_1 V_1 - p_2 V_2}{\gamma - 1} \tag{10-29}$$

用打气筒给轮胎打气的过程可以当作绝热过程看待，迅速压缩气体时，人对筒内的气体做了功，气体内能增加，温度升高，筒壁会发热；压缩空气从细管中急速喷出时，气体绝热膨胀，对外界做功，内能减少，温度急剧降低。

在绝热过程中，压强 p、体积 V 和温度 T 三个变量同时发生变化，它们中的任意两个之间的关系为

$$pV^{\gamma} = 常量 \tag{10-30}$$

$$V^{\gamma-1} T = 常量 \tag{10-31}$$

$$p^{\gamma-1} T^{-\gamma} = 常量 \tag{10-32}$$

式(10-26)～式(10-28)统称为**绝热方程**，其中 γ 为气体的比热容比，这三个公式中的常量值各不相同，由气体的初始状态决定。

现在来推导绝热方程。首先对理想气体的内能公式 $E = \nu C_V T$ 两边微分，得

$$dE = \nu C_V dT$$

在绝热过程中，$dE = -pdV$，将该式代入上式，整理得

$$\nu C_V dT + pdV = 0 \tag{10-33}$$

再对理想气体状态方程 $pV = \nu RT$ 两边微分，得

$$pdV + Vdp = \nu RdT \tag{10-34}$$

将式(10-33)×R 与式(10-33)×C_V 相加后，整理得

$$C_V V dp + (C_V + R) p dV = 0$$

在上式中，$C_V + R = C_p$，因此

$$C_V V dp + C_p p dV = 0$$

在上式两边同除以 $C_V pV$，并注意到 $\frac{C_p}{C_V} = \gamma$，得

$$\frac{dp}{p} + \gamma \frac{dV}{V} = 0$$

对上式作不定积分，整理后即得

$$pV^{\gamma} = 常量$$

上式就是绝热方程式(10-30)。

　　一定质量的某种理想气体在绝热过程中,M 和 M_{mol} 均为不变量,将理想气体状态方程 $pV = \dfrac{M}{M_{mol}}RT$ 与绝热方程式(10-30)联立求解。即得绝热方程式(10-31)和式(10-32)。

　　将绝热线与等温线进行比较,我们会发现它们的形状很相似,只不过绝热线比等温线更陡一些。为了解释这个问题,将一定质量的某种理想气体的绝热线和等温线画在同一个 $p-V$ 图上,如图 10-10 所示。这两条曲线相交于一点 A,设该点对应的体积和压强分别为 V_A、p_A。下面来考察绝热线和等温线在 A 点的切线斜率的绝对值 K_Q 和 K_T,如果 $K_Q > K_T$,就说明绝热线比等温线更陡。

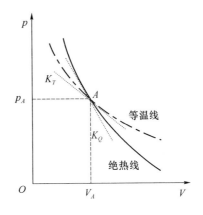

图 10-10　绝热线比等温线陡

　　在等温过程中,理想气体状态方程 $pV = \dfrac{M}{M_{mol}}RT$ 中温度 T 为恒量,对该方程两边微分,得

$$p\mathrm{d}V + V\mathrm{d}p = 0$$

因此,等温线在 A 点的切线斜率的绝对值为

$$K_T = \left| \left(\frac{\mathrm{d}p}{\mathrm{d}V} \right)_T \right| = \frac{p_A}{V_A}$$

　　理想气体在绝热过程中满足绝热方程 $pV^{\gamma} = $ 常量,对该方程两边微分,得

$$p\gamma V^{\gamma-1}\mathrm{d}V + V^{\gamma}\mathrm{d}p = 0$$

因此,绝热线在 A 点的切线斜率的绝对值为

$$K_Q = \left| \left(\frac{\mathrm{d}p}{\mathrm{d}V} \right)_Q \right| = \gamma \frac{p_A}{V_A}$$

　　由于 $\gamma > 1$,因此 $K_Q > K_T$,即绝热线要比等温线陡。

　　也可以从另一个角度来说明绝热线比等温线更陡的原因。由理想气体状态方程可以解得

$$p = \nu R \frac{T}{V}$$

　　如图 10-11 所示,设等温过程和绝热过程都从状态 A 开始膨胀相同的体积 ΔV,在等温过程中压强的降低只是由气体体积的增大而引起;而在绝热过程中,除了体积增大了相同的值外,其温度还要降低,所以在气体膨胀相同体积的情况下,绝热过程比等温过程的压强降低得更多。

例 10-8 如图 10-12 所示，5 mol 的氢气（视为理想气体）原来的压强为 1 atm、温度为 20 ℃，分别作等温和绝热压缩至体积为原来体积的 0.1 倍，分别求氢气在这两个过程中所做的功和末态的压强。

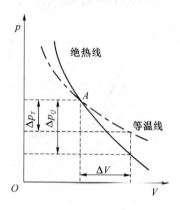

图 10-11　绝热过程与等温过程

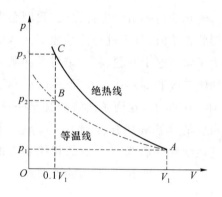

图 10-12　例 10-8 图

解 （1）对等温过程应用理想气体状态方程，得

$$p_1 V_1 = p_2 V_2$$

因此，氢气经等温压缩到末状态 B 时的压强为

$$p_2 = \frac{p_1 V_1}{V_2} = \frac{1}{0.1} \text{ atm} = 10 \text{ atm}$$

将氢气由状态 A 等温压缩到状态 B 的过程中，氢气对外界所做的功为

$$A_T = \nu RT \ln \frac{V_2}{V_1} = 5 \times 8.31 \times 293 \times \ln 0.1 \text{ J} = -2.80 \times 10^4 \text{ J}$$

式中，负号表示外界对气体做功。

（2）由绝热方程式（10-26）得

$$p_1 V_1^\gamma = p_3 V_2^\gamma$$

对氢气而言，热容比 $\gamma = 1.40$。因此，氢气经绝热压缩到末状态 C 时的压强为

$$p_3 = p_1 \left(\frac{V_1}{V_2} \right)^\gamma = 1 \times 10^{1.4} \text{ atm} = 25.1 \text{ atm}$$

由理想气体状态方程得初状态 A 的体积为

$$V_1 = \nu R \frac{T_1}{p_1} = \frac{5 \times 8.30 \times 293}{1.013 \times 10^5} \text{ m}^3 = 0.12 \text{ m}^3$$

由式（10-27）得氢气由状态 A 经绝热压缩到状态 C 的过程中，氢气对外界所做的功为

$$A_Q = \frac{p_1 V_1 - p_3 V_2}{\gamma - 1} = \frac{1.013 \times 10^5 \times 0.12 \times (1 - 25.1 \times 0.1)}{1.40 - 1} \text{ J} = -4.59 \times 10^4 \text{ J}$$

式中,负号表示外界对气体做功。

将理想气体准静态过程的相关知识总结于表 10-2 中。

表 10-2　理想气体准静态过程的相关知识

过程名称　　相关知识	等体过程	等压过程	等温过程	绝热过程
过程特征	$V=$常量 或 $dV=0$	$p=$常量 或 $dp=0$	$T=$常量 或 $dT=0$	$Q=0$ 或 $dQ=0$
过程曲线				
对外做功	0	$p(V_2-V_1)$	$\nu RT\ln\dfrac{V_2}{V_1}$	$-\nu C_V\Delta T$
内能增量	$\nu\dfrac{i}{2}R\Delta T$	$\nu\dfrac{i}{2}R\Delta T$	0	$\nu C_V\Delta T$
吸收热量	$\nu\dfrac{i}{2}R\Delta T$	$\nu\left(\dfrac{i}{2}R+R\right)\Delta T$	$\nu RT\ln\dfrac{V_2}{V_1}$	0

10.4　循环过程　卡诺循环

1. 循环过程及其效率

历史上热力学理论是在研究热机做功和提高热机效率的过程中发展起来的。热机泛指能不断地将热转化为功的机器,如蒸汽机、汽轮机、内燃机等。在热机中用来吸收热量并对外做功的物质叫作**工作物质**,简称**工质**,如蒸汽机、汽轮机中的水,内燃机中的油、汽等。热机中工质都是利用循环过程而吸热做功的。我们把系统经过一系列状态变化后又回到初始状态的过程叫作**循环过程**,简称**循环**。研究循环过程的规律,无论在理论上还是实践中都具有非常重要的意义。

一般热机的工作原理都有共同之处,我们以蒸汽机为例简单介绍它的工作过程。如图 10-13 所示,水泵 B 将水池 A 中的水泵入加热器 C 后,吸热变成高温高压的水蒸气,水蒸气导入气缸 D 推动活塞对外做功,然后成为低压的废气排出,在冷凝器 E 处放热凝结为水,最后经水泵 F 将其泵回水池 A 中,完成整个循环。

蒸汽机的工作过程概括了各种热机的共同特点,那就是在把热转变为功的循环中,必须具有至少两个不同温度的热源,工质从高温热源吸热以增加其内能,增加的内能一部分转化为功,另一部分以热量的形式在低温热源处放出。

准静态的循环过程可以在 $p-V$ 图上表示出来(图 10-14)。根据循环过程进行的方向可将循环分为两类。在 $p-V$ 图上循环过程进行的方向是顺时针方向的称为**正循环**，否则称为**逆循环**。

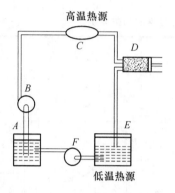
高温热源
低温热源

图 10-13　蒸汽机工作循环过程

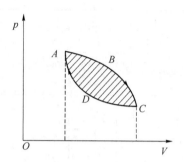

图 10-14　循环过程

对于正循环，系统在一个循环中对外界做正功，其数值等于循环过程曲线 $ABCDA$ 所包围的面积。而在整个循环中，系统始、末两态内能相同，根据热力学第一定律可知，系统从外界净吸收的热量 Q 必等于系统对外做的功 A。考虑到在循环进行的不同阶段，系统可能时而吸热，时而放热，可设系统在一个循环中吸收热量的总和为 Q_1，放出热量的总和为 Q_2，显然有 $Q=Q_1-|Q_2|=A$。从能量转化的角度看，在循环中系统把从高温处吸收的热量 Q_1 的一部分转化为对外界做的功，其余的以热量的形式在低温热源处放出，这正是热机能量转化的共同特征。

热机性能的重要指标是它的效率。热机效率的定义为一个循环中系统对外界所做的功与系统吸收热量的比，即

$$\eta=\frac{A}{Q_1}=\frac{Q_1-|Q_2|}{Q_1}=1-\frac{|Q_2|}{Q_1} \qquad (10-35)$$

热机的循环过程不同，热机效率亦可能不同。

逆循环过程反映了制冷机的工作特点。仍如图 10-14 所示，当过程按逆时针方向进行时，循环中外界对系统做正功，系统从低温处吸热，而向高温处放热，使低温物体温度更低，并以此获得低温。

制冷机性能的重要指标是其制冷系数。一个循环中系统从低温处吸收的热量 Q_2，向高温处放热 Q_1，外界对系统做功 A。制冷系数定义为

$$\varepsilon=\frac{Q_2}{|A|}=\frac{Q_2}{|Q_1|-Q_2} \qquad (10-36)$$

显然，制冷循环过程不同，制冷机的制冷系数也可能不同。

2. 卡诺循环及其效率

19 世纪初，蒸汽机在工业上的应用越来越广，但当时蒸汽机的效率很低，只有 3%～5%，为了进一步提高热机效率，许多科学家和工程师开始从理论上研究热机的效率。1824

年,年仅 28 岁的法国青年工程师卡诺提出了一种理想热机:假设工作物质只与两个恒温热源交换热量,没有散热、漏气等因素存在,这种热机称为卡诺热机,其工作物质的循环过程叫作卡诺循环。图 10-15 表示卡诺热机在一个循环过程中能量的转化情况。

下面讨论以理想气体为工质,循环过程是准静态过程的卡诺循环的效率。

显然,卡诺循环由两个等温过程和两个绝热过程组成,在 $p-V$ 图上分别由温度 T_1 和 T_2 两条等温线和两条绝热线组成的封闭曲线,如图 10-16 所示。

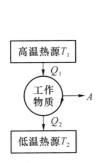

图 10-15　卡诺热机

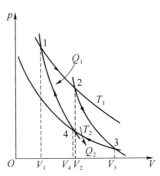

图 10-16　正向卡诺循环

状态 1 到状态 2 的过程是等温膨胀过程,气体从高温热源(T_1)吸收热量 Q_1,对外界做功 A_1(等于 Q_1),由式(10-22)得到

$$Q_1 = \nu R T_1 \ln \frac{V_2}{V_1}$$

式中,V_1 和 V_2 分别为状态 1 和状态 2 的体积。

状态 2 到状态 3 是绝热膨胀过程,该过程气体与高温热源分开,没有热量交换,但对外界做功,温度降到 T_2,体积变为 V_3。

状态 3 到状态 4 是等温压缩过程,气体向低温热源(T_2)放热的绝对值为 $|Q_2|$,外界对气体做功 A_2(数值为 Q_2),由式(10-22)得到

$$|Q_2| = \nu R T_2 \ln \frac{V_3}{V_4}$$

式中,V_3 和 V_4 分别为状态 3 和状态 4 的体积。

状态 4 到状态 1 是绝热压缩过程,该过程气体与低温热源分开,没有热量交换,外界对气体做功,使气体回到状态 1,完成了一次循环。

在整个循环过程中气体内能不变,气体对外做的净功为

$$A = Q_1 - Q_2$$

根据循环效率定义,可以得到以理想气体为工质的卡诺循环的效率

$$\eta = \frac{A}{Q_1} = 1 - \frac{Q_2}{Q_1} = 1 - \frac{T_2 \ln \dfrac{V_3}{V_4}}{T_1 \ln \dfrac{V_2}{V_1}}$$

上式可用绝热过程的过程方程式(10-31)来化简。对绝热过程 2→3 和 4→1,分别应用绝热方程,有

$$T_1 V_2^{\gamma-1} = T_2 V_3^{\gamma-1}$$

$$T_1 V_1^{\gamma-1} = T_2 V_4^{\gamma-1}$$

两式相比,则有

$$\frac{V_2}{V_1} = \frac{V_3}{V_4}$$

代入效率表示式后,可得

$$\eta = 1 - \frac{T_2}{T_1} \qquad (10\text{-}37)$$

由此可见,理想气体准静态过程的卡诺循环效率只与高、低温热源的温度有关。两个热源的温度差越大,卡诺循环的效率越高。

若卡诺循环按逆时针方向进行,则构成卡诺制冷机,其 $p-V$ 图和能量转化情况分别如图 10-17 和图 10-18 所示。

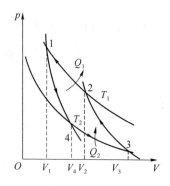

图 10-17　逆向卡诺循环

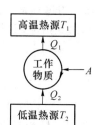

图 10-18　卡诺制冷机

借助正向卡诺循环类似的推导,不难得到理想气体准静态过程逆向卡诺循环的制冷系数为

$$\varepsilon = \frac{Q_2}{A} = \frac{Q_2}{Q_1 - Q_2} = \frac{T_2}{T_1 - T_2} \qquad (10\text{-}38)$$

可见,当高温热源的温度 T_1 一定时,理想气体卡诺逆循环的制冷系数只取决于冷库的温度 T_2,T_2 越低,则制冷系数越小。

在一般的制冷机中,高温热源的温度 T_1 就是大气温度,所以卡诺逆循环的制冷系数 ε 取决于所希望达到的制冷温度 T_2。假设家用电冰箱冷库的温度为 $-18\,^{\circ}\!C$,室温为 $35\,^{\circ}\!C$,按式(10-38)计算,得

$$\varepsilon = \frac{T_2}{T_1 - T_2} = \frac{273 - 18}{(273 + 35) - (273 - 18)} = 4.8$$

假定室温不变,即 T_1 不变,则期望 T_2 越低,那么从冷库中吸取相等的热量需要做的功就越多。

例 10-9　如图 10-19 所示为 1 mol 双原子分子理想气体的循环过程。求:

(1) 状态 a 的状态参量。

(2) 循环效率。

解　由图 10-19 可知, $a{\to}b$ 为一等压压缩过程, $b{\to}c$ 为一等容升温过程, $c{\to}a$ 为一等温膨胀过程。

(1) 状态 a 的状态参量:

$$T_a = 600 \text{ K}$$

$$p_a = p_b = \frac{RT_b}{V_b} = \frac{8.31 \times 300}{20 \times 10^{-3}} \text{ Pa} = 1.25 \times 10^5 \text{ Pa}$$

$$V_a = \frac{T_a}{T_b} V_b = \frac{600 \times 20}{300} \times 10^{-3} \text{ m}^3 = 0.04 \text{ m}^3$$

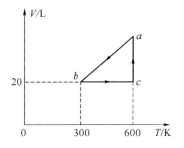

图 10-19　例 10-9 图

(2) 分别计算系统在各分过程中的吸热或放热。按题意,理想气体由双原子分子组成,认为是刚性分子,故 $i = 5$, $C_V = 5R/2$, $C_p = 7R/2$。

$a{\to}b$(等压降温过程):

$$Q_{ab} = C_p(T_b - T_a) = \frac{7 \times 8.31}{2} \times (300 - 600) \text{ J} = -8\,725.5 \text{ J},放热$$

$b{\to}c$(等容升温过程):

$$Q_{bc} = C_p(T_c - T_b) = \frac{5 \times 8.31}{2} \times (600 - 300) \text{ J} = 6\,232.5 \text{ J},吸热$$

$c{\to}a$(等温膨胀过程):

$$Q_{ca} = A_{ca} = RT_a \ln\frac{V_a}{V_c} = 3\,455.3 \text{ J},吸热$$

故在一次循环中系统的总吸热和总放热分别为

$$Q_1 = Q_{bc} + Q_{ca}, \quad Q_2 = |Q_{ab}|$$

所以效率

$$\eta = 1 - \frac{Q_2}{Q_1} = 9.9\%$$

例 10-10　一卡诺热机高温热源的温度为 400 K,低温热源的温度为 300 K。试求:

(1) 此热机的效率。

(2) 若此热机循环一次对外做的净功为 3×10^3 J,工作物质需要从高温热源吸收多少热量? 向低温热源放出多少热量?

(3) 若保持低温热源的温度不变,且仍使热机工作在与上面相同的两条绝热线之间,但希望此热机循环一次对外做的净功为 4×10^3 J,那么应该如何调整高温热源的温度?

解　(1) 根据卡诺热机效率 $\eta = 1 - \frac{T_2}{T_1}$,由已知 $T_1 = 400$ K、$T_2 = 300$ K,有

$$\eta = 1 - \frac{300}{400} = 25\%$$

（2）根据热机效率定义式 $\eta = \frac{A_净}{Q_1}$，由已知 $A_净 = 3 \times 10^3$ J，得吸收热量为

$$Q_1 = \frac{A_净}{\eta} = \frac{3 \times 10^3}{25\%} \text{J} = 1.2 \times 10^4 \text{ J}$$

根据热机循环过程能量关系 $Q_1 = Q_2 + A_净$，得向低温热源放出热量为

$$Q_2 = Q_1 - A_净 = (1.2 \times 10^4 - 3 \times 10^3) \text{ J} = 9 \times 10^3 \text{ J}$$

（3）由已知保持低温热源温度不变，保持两条绝热线不变，可知循环一次热机向低温热源放出的热量应保持不变，即 $Q'_2 = Q_2 = 9 \times 10^3$ J；根据 $Q_1 = Q_2 + A_净$，得新的热机循环一次从高温热源吸收的热量为

$$Q'_1 = Q'_2 + A'_净 = (9 \times 10^3 + 4 \times 10^3) \text{ J} = 1.3 \times 10^4 \text{ J}$$

因此新的热机效率为

$$\eta' = \frac{A'_净}{Q'_1} = \frac{4 \times 10^3}{1.3 \times 10^4} = 30.8\%$$

根据卡诺热机 $\eta' = 1 - \frac{T_2}{T'_1}$ 及已知 $T_2 = 300$ K，得新的热机高温热源的温度为

$$T'_1 = \frac{T_2}{1 - \eta'} = 434 \text{ K}$$

10.5　热力学第二定律

在 19 世纪初期，蒸汽机在工业、航海等领域已经得到了广泛的使用。随着技术水平的提高，蒸汽机的效率也不断地提高，于是人们自然会想到，蒸汽机的效率是否可以无限地提高呢？如果能从单一热源吸取热能，并使这些热能全部用来对外做功，热机的效率就可以达到 100%，这样的热机能否实现呢？使热能从低温物体传到高温物体通过外界对系统做功是可以实现的。但这样太浪费能源了，能不能只需外界对系统做功，就使热能从低温物体传到高温物体？上述几个过程并不违背热力学第一定律，但在自然界中并非只要符合热力学第一定律的过程就能发生，原因在于自然界自动进行的过程是具有方向性的。

自然界中的热力学过程总是向一个方向可以自动进行，而相反的方向却不会自动进行。例如，使两个温度不同的物体相互接触，热量会自动地从高温热源传向低温热源，最终使两个物体的温度相等，这就是人们熟悉的热传导现象。但是人们从来没有看到热量会自动地从低温物体传向高温物体，使两个物体的温差越来越大，即**热传导是有方向性的**。再有功可以自动地转换成热，而热却不能自动地转换成功。用筷子搅动鸡蛋液时，鸡蛋液的温度会自动升高，但是人们从来没有见过鸡蛋液的温度自动降低，而筷子自动地动起来，即**热功转换是有方向性的**。如图 10-20 所示，一个密闭容器被一块隔板分为 A、B

两部分,A 中充满了气体,而 B 为真空。将隔板打开,气体分子会自动地向 B 中移动,最后密闭容器的各处气体密度相同,这就是人们熟悉的扩散现象。但是人们从来没有见过 B 内的气体分子自动返回 A 中来,最后所有的气体分子都集中到 A 中,即**扩散是有方向性的**。这样的例子还可以举出很多。总之,自然界发生的实际热力学过程总是自动地向一个方向进行,而其逆过程不会自动地进行。

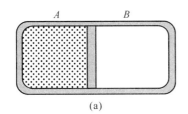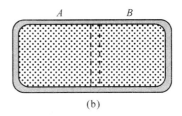

(a)　　　　　　　　　　　　　　　　(b)

图 10-20　扩散是有方向性的

热机的效率公式 $\eta = 1 - Q_2/Q_1$ 表明,当 $Q_2 = 0$ 时,热机有最大的效率 $\eta = 100\%$,但是经过许多科学家的努力,最终也没有能制造出效率为 100% 的热机。

在这个事实的基础上,英国物理学家开尔文总结出一条重要原理:不可能制造出这样一种循环工作的热机,它只从单一热源吸收热量使之完全变为有用的功,而不使外界发生任何变化。这就是**热力学第二定律的开尔文表述**。

其中,外界变化是指热源和做功对象以外的物体的变化。效率为 100% 的热机称为**第二类永动机**,尽管它不违背能量守恒与转化定律,但热力学第二定律指出,第二类永动机不可能实现。

在热传导具有方向性这个事实的基础上,德国理论物理学家克劳修斯指出:热量不可能自动地从低温物体流向高温物体。这就是**热力学第二定律的克劳修斯表述**。

热力学第二定律的开尔文表述与克劳修斯表述尽管表述不同,但是它们却是等效的。其等效性在于,如果认为克劳修斯表述不正确,那么开尔文表述也是不正确的。反之,如果认为开尔文表述不正确,则克劳修斯表述也不正确。

设克劳修斯表述不成立,开尔文表述成立。即热量 Q 可以从低温热源 T_2 传到高温热源 T_1,而不引起其他变化,如图 10-21(a)所示。则可以使卡诺热机工作于 T_1 和 T_2 之间,使它从高温热源 T_1 吸收热量 $Q_1 = Q$,其中一部分对外做功 A,另一部分传给低温热源 Q_2。其总效果是,从低温热源 T_2 吸收热量 $Q_1 - Q_2$,使它完全变为有用功而没有引起其他变化,如图 10-21(b)所示。这是违反开尔文表述的。也就是说,承认了开尔文表述成立,就必须承认克劳修斯表述也成立。

设开尔文表述不成立,克劳修斯表述成立。即可以从高温热源 T_1 吸收热量 Q_1,使它完全变为有用功 A 而不引起其他变化,如图 10-22(a)所示。利用这个功 $A = Q_1$ 带动一部制冷机,使它从低温热源 T_2 吸收热量 Q_2,向高温热源 T_1 放出热量 $Q_1 + Q_2$。其总的效果是，热量 Q_2 从低温热源 T_2 传到高温热源 T_1，而没有引起其他变化，如图 10-22(b)所示，这是违反克劳修斯表述的。也就是说，承认了克劳修斯表述成立，就必须承认开尔文表述也成立。

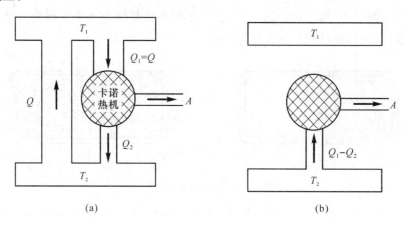

(a)   (b)

图 10-21　违反克劳修斯表述，则一定违反开尔文表述

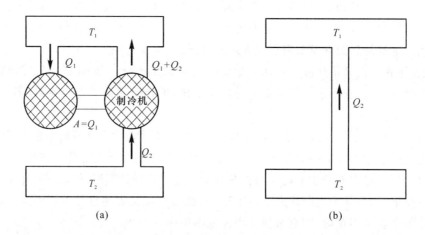

(a)   (b)

图 10-22　违反开尔文表述，则一定违反克劳修斯表述

克劳修斯表述指出了热传导是具有方向性的，而开尔文表述指出热功转换是具有方向性的，前面的证明说明两种表述是等效的。

热力学第一定律只要求在过程中能量守恒，对过程进行的方向没有任何限制，而热力学第二定律则指出热力学过程进行的方向。在循环过程中，热力学第一定律指出 $\eta \leqslant 100\%$，而第二定律则指出 $\eta < 100\%$。

总之，热力学第二定律是大量实验和经验的客观总结，表明了自然界中过程进行的方向性。该定律本身蕴含了系统内在的微观统计规律。

10.6　可逆与不可逆过程　卡诺定理

1. 可逆过程与不可逆过程

从前面的讨论可知,热力学第二定律实质上反映了自然界中与热现象有关的一切实际过程都是沿一定方向进行的。为了进一步研究热力学过程的方向性问题,需要介绍可逆过程与不可逆过程的概念。

设想系统经历一个过程,如果过程的每一步都可沿相反的方向进行,同时不引起外界的任何变化,那么这个过程就称为**可逆过程**。显然,在可逆过程中,系统和外界都恢复到原来状态。

反之,如果对于某一过程,用任何方法都不能使系统和外界恢复到原来的状态,该过程就是**不可逆过程**。

热力学第二定律两种表述的等价性表明,热功转换过程的不可逆性必然导致热传导过程的不可逆性,而热传导过程的不可逆性也必然导致热功转换过程的不可逆性。不仅如此,可以证明自然界中各种不可逆过程都具有等价性和内在的联系,由一种过程的不可逆性可以推断出其他过程的不可逆性。下面,以理想气体自由膨胀为例来说明这一点。

理想气体向真空自由膨胀后,不可能存在一个使外界不发生任何变化,而气体都收缩到原来状态的过程,即理想气体自由膨胀过程是不可逆的。我们采用反证法说明,如果认为气体能够自动收缩到原来状态,则可以设计如图 10-23 所示的过程,使理想气体和一恒温热源接触(如图 10-23(b)所示),从热源吸收热量 Q 进行等温膨胀而对外做功 $A = Q$,然后气体自动收缩回原来状态(如图 10-23(c)所示),整个过程所产生的唯一效果是从单一热源吸热全部变成功而没有任何其他影响,这违反了热力学第二定律的开尔文表述。这也就是说,若理想气体自由膨胀过程的不可逆性消失了,那么热功转换的不可逆性也消失了。因此,由热功转换的不可逆性可以推断气体自由膨胀的不可逆性;反之,由自由膨胀的不可逆性也可以推断热功转换过程的不可逆性。这一证明留给读者去完成。

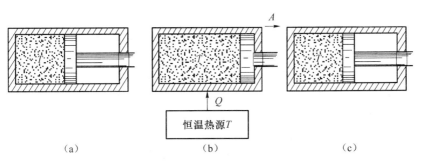

(a)　　　　　　　(b)　　　　　　　(c)

图 10-23　热功转换的不可逆性

大量的事实告诉我们,与热现象有关的实际宏观过程都是不可逆的,而每一个不可逆过程都可以作为表述热力学第二定律的基础,因而热力学第二定律可以有多种不同的表述方法。但是,不管具体表述方法如何,热力学第二定律的实质在于,一切与热现象有关的实际宏观过程都是单方向进行的不可逆过程。

可逆过程是理想的过程,无摩擦的准静态过程是可逆过程。而在实际过程中,如果摩擦可以忽略不计,并且过程进行得足够缓慢就可以近似地当作可逆过程。可逆过程的概念在理论研究上、计算上有着重要意义。

2. 卡诺定理

卡诺在研究热机循环效率时,得到一个在热机理论中非常重要的定理——**卡诺定理**,其内容如下。

(1) 在相同的高温热源与相同的低温热源之间工作的一切可逆热机,其效率相等,与工作物质无关。

(2) 在相同的高温热源与相同的低温热源之间工作的一切不可逆热机,其效率不可能大于可逆热机的效率。

这里所谓的可逆热机是指工作物质的循环是由可逆过程构成的,不可逆热机是指其工作物质的循环中包含不可逆过程。

如果我们在可逆热机中选取一个以理想气体为工作物质的卡诺机,那么由卡诺定理(1)可得

$$\eta = 1 - \frac{Q_2}{Q_1} = 1 - \frac{T_2}{T_1} \tag{10-39}$$

同样,若以 η' 表示不可逆热机的效率,那么由卡诺定理(2)可得

$$\eta' \leqslant 1 - \frac{T_2}{T_1} \tag{10-40}$$

式中,等号适用于可逆热机,小于号适用于不可逆热机。

卡诺定理指出了提高热机效率的途径,即为了提高热机效率,应当使实际的不可逆热机尽量接近可逆热机。

10.7 热力学第二定律的统计意义

物质的状态和结构的无序程度(简称无序度)是指其内部微观上的混乱程度,微观上的混乱程度越高,无序度越大。在一个孤立系统内,热功转换、热传导、扩散等自然过程具有方向性,这种自然过程的不可逆性是与系统无序度的增加密切相关。将几滴蓝墨水滴入清水中,开始时蓝墨水只存在于局部空间,蓝墨水在清水中不是均匀分布的,其混乱程度比较低,无序度较小。由于分子无规则的热运动,蓝墨水逐渐扩散到整个清水中,随着时间的推移,蓝墨水在空间的分布逐渐趋于均匀,混乱程度逐渐提高,无序度增大。当蓝墨水在清水中达到均匀分布时,其混乱程度最高,无序度最大。总之,在孤立系统中,当系

统处于平衡态时,系统的无序度最大。热功转换、热传导、扩散等自然过程所进行的方向是使系统从非平衡态过渡到平衡态的方向,也就是系统从比较有序的状态过渡到最无序的状态的方向。

也可以用数量关系来描述系统的无序度,为此首先引入宏观状态的微观状态数的概念,进一步导出微观状态数与无序度的关系。下面从一个特例出发,对这个问题作简略介绍。

如图 10-24 所示,将容器用隔板分为大小相等的 A、B 两个部分。在 A 部分中有四个可以分辨的气体分子 a、b、c、d。当隔板抽去后,在任一瞬时每个分子出现在 A、B 两部分的机会是均等的,它们在两部分的分布情况有 16 种可能,如表 10-3 中 I 所示。这样的每一种可能的分布称为一个**微观状态**。如果不考虑具体分子,只考虑出现在 A、B 两部分的分子数目,这样的分布情况有 5 种可能,如表 10-3 中 II 所示,每一种可能的分布称为**宏观状态**,宏观状态就是指微观态数目。

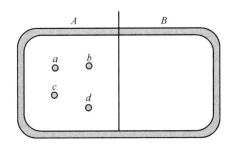

图 10-24　分子在容器中的分布

表 10-3　四个分子在容器中的分布

I	微观状态	A 部分	abcd	abc	abd	acd	bcd	ab	ac	ad	cd	bd	bc	a	b	c	d	
		B 部分		d	c	b	a	cd	bd	bc	ab	ac	ad	bcd	acd	abd	abc	abcd
II	宏观状态	A 部分	4	3				2						1				0
		B 部分	0	1				2						3				4
III	每一宏观态包含的微观态数		1	4				6						4				1

可见,分子在容器中的分布共有五种可能的宏观状态,它们对应 16 个微观状态。如表 10-3 中 III 所示,第一、二、三、四、五种宏观状态各有 1、4、6、4、1 个微观状态。在孤立系统中,由于每一个微观状态出现的概率都是相同的,因此将与某一个宏观状态相对应的微观状态数目称为**热力学概率**,用符号 W 表示。第一、二、三、四、五种宏观状态的热力学概率 W 分别等于 1、4、6、4、1。系统的微观状态数越多,无序度越大,热力学概率越大。

第一、五两种宏观状态的微观状态数均为 1,其热力学概率最小;而第三种宏观状态的微观状态数为 6，其热力学概率最大，分子的分布最均匀，无序度最高。孤立系统从非平衡态过渡到平衡态，是从热力学概率较小的状态向热力学概率较大的状态过渡，系统的无序度增大。因此热力学概率 W 是系统内分子热运动无序度的量度。

热力学第二定律的统计意义：一个不受外界影响的孤立系统，其内部的自发过程总是由热力学概率小的状态向热力学概率大的状态进行。

应该注意的是，热力学第二定律是一个统计规律，只适用于由大量分子构成的孤立系统。

10.8 熵

1. 熵

热力学第二定律也是有关自发过程进行方向的规律，它指出一切与热现象有关的自发过程都是不可逆的，由此可见，热力学系统所进行的不可逆过程的始、末两态必然有某种性质上的差异，正是这种差异决定了过程的方向。由此可以断定，应该存在着一个与系统状态有关的态函数，可以利用该态函数在始、末两态的差异判定过程进行的方向，这个态函数就是克劳修斯所定义的熵 S。为引入态函数熵，我们首先介绍克劳修斯等式。

克劳修斯是在卡诺定理的基础上引入态函数熵的。他在研究可逆卡诺循环时注意到，热力学系统（工作物质）跟两个热源交换的热量与热源热力学温度的比值相等，即

$$\frac{Q_1}{T_1} = \frac{Q_2}{T_2}$$

式中，Q_1 和 Q_2 是系统与高、低温热源交换热量的绝对值。若虑及我们关于系统与外界交换热量 Q 的符号规定，吸热取正，放热为负，把 Q_1 和 Q_2 作为代数量，则无论对正卡诺循环或逆卡诺循环都有

$$\frac{Q_1}{T_1} + \frac{Q_2}{T_2} = 0 \tag{10-41}$$

我们注意到卡诺循环中系统只是在两个等温过程与热源有热交换，而在两个绝热过程中与外界没有热交换。因此，上式可以理解为，热力学系统（工作物质）在经历一个可逆卡诺循环的过程中，系统跟热源交换的热量与热源温度之比的代数和为零。

克劳修斯把上述结论推广到了任意可逆过程。如图 10-25 所示，在 $p-V$ 图上画出任一封闭曲线表示一个可逆循环过程，然后作出一系列绝热线和等温线，这些绝热线和等温线构成一系列很小的可逆卡诺循环。很容易看出，任意两个相邻的微小卡诺循环总有一段绝热线是共同的，但对这两个小卡诺循环而言，在该绝热线上过程进行的方向是相反的，从而效果相互抵消，这些微小的可逆卡诺循环的总效果就是围绕原循环的锯齿状路径所表示的循环过程。毫无疑问，如果每个卡诺循环都无限小，从而使微小卡诺循环的数目趋于无穷大，在极限情况下，锯齿状路径所表示的循环将与原可逆循环重合。换言之，我

们总可以用无穷多个微可逆卡诺循环代替任意的可逆循环。对于任一微小卡诺循环都有式(10-41)所示的关系成立,则对一系列 n 个微小可逆卡诺循环,应有

$$\sum_{i=1}^{2n}\left(\frac{\Delta Q_i}{T_i}\right) = 0$$

当 $n \to \infty$ 时,则对任意的可逆循环过程有

$$\oint \frac{dQ}{T} = 0 \qquad\qquad (10\text{-}42)$$

该式称**克劳修斯等式**。它表明,对任意可逆循环,系统跟温度为 T 的热源交换的热量 dQ 与该热源的热力学温度 T 之比对整个循环过程的积分恒等于零。

如图 10-26 所示,在系统所经历的可逆循环中任意取两个中间状态 A 和 B,则循环可视为由过程 ACB 和 BDA 构成。根据克劳修斯等式,应有

$$\oint \frac{dQ}{T} = \int_{ACB} \frac{dQ}{T} + \int_{BDA} \frac{dQ}{T} = 0$$

即

$$\int_{ACB} \frac{dQ}{T} = -\int_{BDA} \frac{dQ}{T}$$

考虑到循环为可逆循环,BDA 过程也是可逆过程,必然有 $\int_{ADB} \frac{dQ}{T} = -\int_{BDA} \frac{dQ}{T}$,故有

$$\int_{ACB} \frac{dQ}{T} = \int_{ADB} \frac{dQ}{T}$$

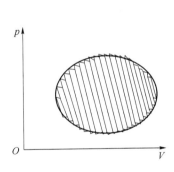

图 10-25　任意可逆循环过程

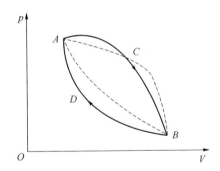

图 10-26　熵函数的引入

该式表明,连接系统 A 和 B 两态的两个不同的可逆过程中系统热温比的积分相等。实际上,对于该热力学系统,在 p—V 图上可以画出任意多个经过状态 A 和 B 的可逆循环(封闭曲线),对每一个循环都有上述关系成立,即

$$\int_{IA}^{B} \frac{dQ}{T} = \int_{IIA}^{B} \frac{dQ}{T} = \cdots = \int_{A}^{B} \frac{dQ}{T}$$

这意味着对连接 A、B 两态的任意可逆过程的热温比 $\frac{dQ}{T}$ 的积分只与系统的始、末两

态有关，而与具体的热力学过程（路径）无关。

在力学中我们知道，保守力沿任意闭合路径所做的功为零，表明保守力的功与路径无关，而仅由质点的始、末位置所决定，由此我们引入了质点的势能，并规定质点势能的增量等于保守力在该过程中做功的负值。仿保守力势能的定义，我们可以引入热力学系统的态函数**熵** S，并定义

$$S_B - S_A = \int_A^B \frac{\mathrm{d}Q}{T} \text{（可逆过程）} \qquad (10\text{-}43)$$

该式表明：系统熵的增量等于系统由初态到末态沿任意可逆过程的热温比的积分。同时应注意以下几点。

（1）熵是态函数。当系统状态确定后，系统在该状态的熵就确定了。当系统经历任一热力学过程从确定的初始状态到确定的末了状态，系统熵的变化也就确定了，而不论该过程是否可逆。不过，可逆过程系统热温比的积分等于系统熵的增量，不可逆过程系统热温比的积分（如果存在的话）却没有任何意义。

（2）上述熵的定义实质上定义的是两个状态的熵差，熵的数值包含一个任意可加常数，在热力学中有意义的就是熵差。至于熵的物理意义和微观本质只有统计物理才能揭示。

（3）熵差的计算可以采用两种方法。一般利用上面的定义式，选择一个可逆过程将始、末两态连接起来，该可逆过程的热温比的积分就等于始、末两态熵的增量。采用这种方法要根据始、末两态状态参量的特点，选择合适的可逆过程以简化计算。若始、末两态温度相等，可选择可逆等温过程；若始、末两态体积相等，可选择可逆等体过程。另一种方法是将已知系统的熵作为状态参量的函数表达式，则直接代入始、末两态的状态参量，即可方便地求出系统始、末两态的熵变。

（4）熵是广延量。这从式(10-43)可以看出，当系统的摩尔数增加时，dQ 也按相同的比例增加。它与系统的体积、内能一样，都与系统的总质量成正比，且系统在某一状态下的熵等于该状态下系统各部分熵之和。根据熵的广延性，我们可以把熵的概念推广到非平衡态。比如，系统整体上不处于平衡态，但系统可分为几个部分，而每个部分都处于局域平衡，则系统的熵就等于这几部分熵的代数和。

2. 熵变的计算

在应用式(10-43)计算一个系统初、末两态的熵变时，要注意下列几点：第一，熵是状态的函数，初、末两平衡态的熵差仅由初、末两态决定，与过程无关。第二，式(10-43)为可逆过程的熵变计算公式，计算初、末两态之间的熵差时，必须沿着连接初、末两态的可逆过程进行计算。如果实际过程是不可逆过程，由于熵差与过程无关，则可以选择一个能够连接初、末两态的可逆过程，然后进行计算。第三，如系统分为几个部分，由于系统的熵是各个部分熵之和，因此系统的熵变是各个部分熵变之和。

例 10-11 1 mol 理想气体由初态 (p_1, V_1, T_1) 经某一过程到达末态 (p_2, V_2, T_2)，求

熵变(设气体的 C_V 为恒量)。

解　设计一个如图 10-27 所示的可逆过程将初态与末态连接起来,这个过程由两个可逆分过程构成:一是等容降压降温过程 R_1,系统从状态 1 变到与末状态温度相同的状态 $3(p_3,V_1,T_2)$;二是等温增容降压过程 R_2,系统从状态 3 变到状态 2。

根据式(10-43)有

$$S_2 - S_1 = (S_2 - S_3) + (S_3 - S_1)$$
$$= \int_{(R_2)3}^{2} \frac{\mathrm{d}Q}{T} + \int_{(R_1)1}^{3} \frac{\mathrm{d}Q}{T} = \int_{3}^{2} \frac{p\mathrm{d}V}{T} + \int_{1}^{3} \frac{C_V \mathrm{d}T}{T}$$
$$= R \int_{V_1}^{V_2} \frac{\mathrm{d}V}{V} + \int_{T_1}^{T_2} \frac{C_V \mathrm{d}T}{T} = R \ln \frac{V_2}{V_1} + C_V \ln \frac{T_2}{T_1}$$

计算结果表明,在系统状态变化的过程中,系统不是孤立系统,系统的熵变可正可负。

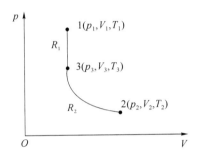

图 10-27　例 10-11 图

我们还可选择沿着能连接初态和末态的其他可逆过程(如由等压可逆过程和等容可逆过程组成的过程)进行计算,也能得到相同的结果。

例 10-12　一个系统由两部分不同温度的水构成,一部分为 $M_1 = 0.4$ kg 的水,温度为 $T_1 = 90$ ℃,另一部分为 $M_2 = 0.6$ kg 的水,温度为 $T_2 = 10$ ℃。将它们放置在一绝热的容器内,混合后达到热平衡。水的定压比热容为 $C_p = 4.18 \times 10^3$ J/(kg·K),求混合前后系统的熵变。

解　由于系统与外界间既没有热量传递,也没有做功,因此系统可以看作孤立系统。水由温度不均匀达到均匀的过程是一个不可逆过程。设热平衡后水的温度为 T_e,则由能量守恒定律有

$$M_1 C_p (T_1 - T_e) = M_2 C_p (T_e - T_2)$$

解上式,得 $T_e = 315$ K。由式(10-43)可分别得到热水的熵变

$$\Delta S_1 = \int_{T_1}^{T_e} \frac{\mathrm{d}Q}{T} = M_1 C_p \int_{T_1}^{T_e} \frac{\mathrm{d}T}{T} = M_1 C_p \ln \frac{T_e}{T_1} = -237 \text{ J/K}$$

和冷水的熵变

$$\Delta S_2 = \int_{T_2}^{T_e} \frac{\mathrm{d}Q}{T} = M_2 C_p \int_{T_2}^{T_e} \frac{\mathrm{d}T}{T} = M_2 C_p \ln \frac{T_e}{T_2} = 269 \text{ J/K}$$

系统的熵变是这两部分水的熵变之和，即

$$\Delta S = \Delta S_1 + \Delta S_2 = 32\ \text{J/K}$$

计算结果表明，虽然系统内各部分的熵变有正有负，但总的熵是在增加的。

3. 熵增加原理

当引入态函数熵 S 后，热力学第二定律可以用熵增加原理来描述。

设 $A\,\mathrm{I}\,B$ 是不可逆过程，$B\,\mathrm{II}\,A$ 是可逆过程，这两个过程构成一不可逆循环。如图 10-28 所示，根据克劳修斯不等式 $\oint \dfrac{\mathrm{d}Q}{T} \leqslant 0$，有

$$\oint \frac{\mathrm{d}Q}{T} = \int_A^B \frac{\mathrm{d}Q_{\mathrm{I}}}{T} + \int_B^A \frac{\mathrm{d}Q_{\mathrm{II}}}{T} = \int_A^B \frac{\mathrm{d}Q_{\mathrm{I}}}{T} - \int_A^B \frac{\mathrm{d}Q_{\mathrm{II}}}{T} < 0$$

$$\int_A^B \frac{\mathrm{d}Q_{\mathrm{I}}}{T} < \int_A^B \frac{\mathrm{d}Q_{\mathrm{II}}}{T}$$

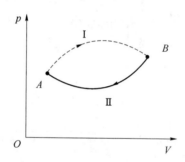

图 10-28　不可逆过程熵变

$A\,\mathrm{II}\,B$ 可逆过程，可积分得熵增

$$S_B - S_A = \int_A^B \frac{\mathrm{d}Q_{\mathrm{II}}}{T}$$

因此

$$S_B - S_A > \int_A^B \frac{\mathrm{d}Q_{\mathrm{I}}}{T} \tag{10-44}$$

对于孤立系统，系统与外界无热量交换，在任一微小过程中 $\mathrm{d}Q=0$，因此

$$\int_A^B \frac{\mathrm{d}Q_{\mathrm{I}}}{T} = 0$$

则

$$S_B - S_A > 0 \tag{10-45}$$

上式表明孤立系统中的不可逆过程，其熵要增加。

对于孤立系统中的可逆过程，则取等式有

$$S_B - S_A = \int_A^B \frac{\mathrm{d}Q_{\mathrm{I}}}{T} = 0 \tag{10-46}$$

综合式（10-45）和式（10-46）可知，于孤立系统中的任一热力学过程，总是有

$$S_B - S_A \geqslant 0 \qquad\qquad (10\text{-}47)$$

式(10-47)就是热力学第二定律的数学表达式,表明孤立系统中所发生的一切不可逆过程的熵总是增加,可逆过程熵不变,这就是**熵增加原理**。

因为自然界实际发生的过程都是不可逆的,故根据熵增加原理可知:孤立系统内发生的一切实际过程都会使系统的熵增加。这就是说,在孤立系统中,一切实际过程只能朝熵增加的方向进行,直到熵达到最大值为止。

按照热力学概率与宏观状态出现概率的对应关系,在孤立系统中所进行的自然过程总是沿着熵增大的方向进行,平衡态是对应于熵最大的状态,而对于在孤立系统中所进行的可逆过程,系统总是处于平衡态,熵为最大值,熵值不变。

熵增加原理初看起来是对孤立系统来说的,实际上,这是一个十分普遍的规律。因为对于任何一个热过程,只要把过程所涉及的物体都看作是系统的一部分,那么该系统对于该过程来说就变成了孤立系统,过程中该系统的熵变就一定满足熵增加原理。例如,温度不同的 A、B 两物体,温度分别为 T_1 和 $T_2(T_1 > T_2)$,相互接触后发生热量从 A 物体流向 B 物体的热传导过程。如果单把物体 A(或物体 B)看成所讨论的系统,则系统是非孤立系统。比如物体 B,因为吸收热量,它的熵增加;对物体 A,因为放热,它的熵减少。但是如果把物体 A、B 合起来作为所讨论的系统,这就成了孤立系统,对该孤立系统来说,热传导过程一定使系统的熵增加。因此,熵增加原理中的熵增加是指组成孤立系统的所有物体的熵之和的增加。而对于孤立系统内的个别物体来说,在热力学过程中它的熵增加或者减少都是可能的。

由于熵增加原理与热力学第二定律都是表述热力学过程自发进行的方向和条件,所以,熵增加原理是热力学第二定律的数学表达式。它为我们提供了判别一切过程进行方向的准则。

4. 熵和熵增加原理的统计意义

根据熵增加原理,孤立系统所发生的实际的热力学过程总是向着使系统的熵增大的方向进行,那么不可逆过程的初态和末态间究竟存在着什么区别呢?

玻耳兹曼通过深入的研究认为,孤立系统在总能量、体积、分子数不变的宏观条件下,可以处于不同的宏观态,而系统任一宏观态可以具有不同的微观态数,而系统的任一微观态出现的概率都相等。显然,具有较多微观态数的宏观态出现的概率就越大。玻耳兹曼把系统一个宏观态所包含的微观态数 Ω 称为该宏观态的热力学概率,并定义该宏观态的熵为

$$S = k\ln\Omega$$

式中,k 为玻耳兹曼常数,上式又称为玻耳兹曼关系。

根据玻耳兹曼关系可知,系统的熵与该宏观态的热力学概率的对数成正比。一个宏观态包含的微观态越多,其熵就越大。另外,当一个宏观态所包含的微观态越多时,系统在该宏观态下就能够呈现出更多不同的微观状态,我们就说该宏观态越混乱、越无序。因此,熵是系统混乱度或无序度的量度。这就是熵的统计意义。

孤立系统中进行的热力学过程的熵永不减少，表明系统是由包含微观态数较少的宏观态向包含微观态数较多的宏观态过渡，从混乱度或无序度较小的状态向混乱度或无序度较大的状态过渡，这就是熵增加原理的统计意义。

克劳修斯引入的热力学熵和玻耳兹曼引入的统计熵实际上是相通的。可以证明，对于理想气体的自由膨胀，两种定义所给出的系统熵的变化是完全相等的，有兴趣的读者可查阅相关资料。

 阅读材料十

科学家简介：焦耳

詹姆斯·普雷斯科特·焦耳（1818—1889 年）：英国物理学家。

主要成就：确立热和机械功之间的当量关系——热功当量，证明热和机械能及电能的转化关系，为能量守恒定律的建立打下坚实的实验基础，是能量守恒定律发现者之一；研究电流热效应，给出焦耳-楞次定律，并否定了"热质说"，指出热本质问题的研究方向；研究空气膨胀和压缩时的温度变化规律，发现焦耳-汤姆孙效应，是从分子动力学的立场出发深入研究气体规律的先驱者之一。

1818 年 12 月 24 日，焦耳出生于英国曼彻斯特。他的父亲是一个酿酒厂主，焦耳自幼跟随父亲参加酿酒劳动，没有受过正规的教育。因而，可以说焦耳是一个自学成才的物理学家。青年时期，在别人的介绍下，焦耳认识了著名的化学家道尔顿，并得到道尔顿的热情教导。焦耳从道尔顿那里学习了数学、哲学和化学知识，对化学和物理学产生了浓厚的兴趣，这一时期的学习也为焦耳日后的研究奠定了理论基础。

焦耳最初的研究动力来自于提高他父亲酿酒厂工作效率的想法。他想将父亲的酿酒厂中应用的蒸汽机替换成电磁机。1837 年，焦耳终于装成了用锌电池驱动的电磁机，但由于当时锌的价格昂贵，用电磁机虽然提高了工作效率，但经济上还不如用蒸汽机合算。虽然焦耳的初衷没有实现，但他从实验中发现电流可以做功，并激发了进行深入研究的兴趣，转而研究电流的热效应问题。经过多次试验，1840 年焦耳总结出：导体在一定时间内放出的热量与导体的电阻及电流强度的平方之积成正比。1840—1841 年，在《论伏打电流产生的热》和《电的金属导体产生的热和电解时电池组所放出的热》的两篇论文中，他发表了上述结论。4 年之后，俄国物理学家楞次通过自己的试验也证明了同一个结论。因此，该定律称为焦耳-楞次定律。

18 世纪，人们对热本质的研究走了一条弯路，认为热是一种物质。"热质说"在物理学史上统治了一百多年。虽然曾有一些科学家对这种错误理论产生过怀疑，但找不到证据加以证明。焦耳总结出焦耳-楞次定律以后，进一步设想电池电流产生的热与电磁机的感生电流产生的热在本质上应该是一致的。1843 年，焦耳设计了一个新实验，将一个小线圈绕在铁心上，用电流计测量感生电流，把线圈放在装水的容器中，测量水温以计算热量。这个电路是完全封闭的，没有外界电源供电，水温的升高只是机械能转换为电能、电能又转换为热的结果，整个过程不存在热质的转移。因而，这个实验结果完全否定了热质说，使人们对于热本质的研究走上了一条正确的道路。

上述实验使焦耳想到了另一个问题——机械功与热的联系。因而他又做了大量的实验来探求二者之间的关系，并测出了热功当量。1843 年 8 月 21 日在英国学术会上，焦耳报告了他的论文《论电磁的热效应和热的机械值》，他在报告中说 1 kcal 的热量相当于 460 kg·m 的功。遗憾的是，他的报告没有得到支持和强烈的反响。但焦耳没有因此放弃，而是继续努力，改进实验方案，以提高测量的精确度。1847 年，焦耳做了迄今认为是设计思想最巧妙的实验：他在量热器里装了水，中间安上带有叶片的转轴，然后让下降重物带动叶片旋转，由于叶片和水的摩擦，水和量热器都变热了。根据重物下落的高度，可以算出转换的机械功；根据量热器内水升高的温度，就可以计算水的内能的升高值。把两数进行比较就可以求出热功当量的准确值来。他给出热功当量的平均值为 423.9 kg·m/kcal，此值比现在公认的 J 值——427 kg·m/kcal——仅小约 0.7%！在当时的条件下，能作出这样精确的实验来，足以证明焦耳实验技能的高超。然而，当焦耳在英国科学学会的会议上再次公布自己的研究成果时，还是没有得到支持，很多科学家都怀疑他的结论，认为各种形式的能之间的转换是不可能的。直到 1850 年，其他一些科学家用不同的方法获得了能量守恒定律和能量转化定律，他们的结论和焦耳相同，这时焦耳的工作才得到承认。这一年，32 岁的焦耳成为英国皇家学会会员，两年后他接受了皇家勋章。从 1847 年至 1878 年之间，焦耳先后用各种方法进行了 400 多次的实验，每次实验结果都惊人的相同。一个重要的物理常数的测定能保持如此长时间不作较大的更正，在物理学史上是极为罕见的事，焦耳坚持不懈的精神也令世人敬佩。

在进行热功当量测量实验的同时，1844 年开始，焦耳研究空气在膨胀和压缩过程中温度的变化规律，并取得了一些研究成果。计算出了气体分子的热运动速度值，从理论上奠定了玻意耳-马略特和盖吕萨克定律的基础，并解释了气体对器壁压力的实质。1845 年，焦耳完成了气体自由膨胀时降温的实验。1852 年，焦耳和著名物理学家威廉·汤姆孙（后来受封为开尔文勋爵）合作，改进实验。1865 年两人共同发表的论文中提出：当自由扩散气体从高压容器进入低压容器时，大多数气体和空气的温度都要下降。这一现象后来被称为焦耳-汤姆孙效应。这一实验结论广泛地应用于低温和气体液化等领域，因而可以说，焦耳是从分子动力学的立场出发进行深入研究的先驱者之一。焦耳和汤姆孙的合作时间很长，在焦耳一生发表的 97 篇科学论文中有 20 篇是他们的合作成果。

55 岁时，焦耳的健康状况恶化，研究工作减慢了。60 岁时，焦耳发表了他的最后一篇论文。1889 年 10 月 11 日,71 岁的焦耳在索福特逝世。后人为了纪念焦耳,把功和能的单位定为焦耳。

焦耳是一个谦虚的人。在去世前两年,他对他的弟弟说:"我一生只做了两三件事,没有什么值得炫耀的。"

科学家简介:卡诺

萨迪·卡诺(1796—1832 年):法国青年工程师、热力学的创始人之一。

主要成就:提出卡诺循环和卡诺热机的概念,提出卡诺定律,建立热力学基础。

卡诺 1796 年 6 月 1 日在巴黎小卢森堡宫降生,当时正是法国资产阶级大革命之后和拿破仑夺取法国政权之前的动乱年月。卡诺的艾亲拉扎尔·卡诺在法国大革命和拿破仑第一帝国时代担任要职。当拿破仑帝国在 1815 年被倾覆后,拉扎尔被流放国外,直至 1832 年病死于马格德堡。拉扎尔的民主共和的思想给卡诺打上了深深的烙印。拉扎尔也是一位科学家,在热学及能量守恒与转化定律的发现上均有所贡献。1807 年,他辞去战争部长的职务,专注于对卡诺和卡诺的弟弟进行科学教育。

1812 年,卡诺考入巴黎理工学院,在读书期间曾先后受教于泊松、盖吕萨克、安培和阿拉果等一批卓有成就的老师。他主要攻读分析数学、分析力学、画法几何和化学。

1819 年,他考上了巴黎总参谋军团。那时该军团正处于初创期,组织十分松散,卡诺借此机会一边进行科学研究,一边在法兰西学院听一些新课程。这时他对工业经济产生了浓厚兴趣,并走访了许多工厂,发现热机效率低是当时工业的一个难题。这个问题导致他走上了热机理论研究的道路。当时的热机工程师只是就事论事,他们曾盲目采用空气、二氧化碳等来代替蒸汽,试图找到一种最佳的工作物质。这种研究只具有针对性,而不具备普遍性。而卡诺则采用了截然不同的途径,他不是研究个别热机,而是要寻求一种一般热机,一种比较标准的理想热机。卡诺在其弟弟的协助下,完成了《关于火的动力》一书的写作工作,并在 1824 年 6 月 12 日发表。卡诺在这部著作中提出了"卡诺热机"和"卡诺循环"的概念,提出了"卡诺原理"。

卡诺辞去部队的职务以后,到巴黎他父亲遗留下来的私寓里长期定居下来。卡诺性格孤僻而清高,他一生只有可数的几位好友。他父亲的革命思想对他的影响很深,使他不满时局,厌世情绪严重。七月革命爆发时,他一度表现积极,但很快又失望了。1832 年 6 月,他患了猩红热,不久后转为脑炎,他的身体受到了致命的打击。后来又染上了流行性霍乱,于同年 8 月 24 日被疾病夺去了生命。

卡诺去世时年仅 36 岁,按照当时的防疫条例,霍乱病者的遗物一律焚毁。卡诺生前所写的大量手稿被烧毁,幸亏他的弟弟将一小部分手稿保留了下来。在这些手稿中,有一篇仅有 21 页纸的题为《关于适合于表示水蒸气的动力的公式的研究》的论文,其余的是卡诺在 1824—1826 年间写下的 23 篇论文,它们的论题主要集中在关于绝热过程的研究、关于用摩擦产生热源和关于抛弃"热质"学说三个方面。卡诺的这些遗作直到 1878 年才由他的弟弟整理发表出来。

在卡诺去世两年后,《关于火的动力》才有了第一个认真的读者,他就是卡诺的巴黎理工学院师弟克拉珀龙。1834 年,克拉珀龙在学院杂志上发表了题为《论热的动力》的论文,用 $p—V$ 曲线解释了卡诺循环,但并没有引起当时学术界的注意。10 年以后,英国青年物理学家开尔文在法国学习时,偶尔读到克拉珀龙的文章,才知道有卡诺的热机理论。然而他找遍了各图书馆和书店,都无法找到卡诺 1824 年的论著。开尔文在 1848 年发表的《建立在卡诺热动力理论基础上的绝对温标》论文实际上是参考了克拉珀龙介绍的卡诺理论。直到 1849 年,开尔文才弄到一本他盼望已久的卡诺著作。10 余年后,德国物理学家克劳修斯也遇到了同样的困难,他一直没有弄到卡诺的原著,只是通过克拉珀龙和开尔文的论文熟悉了卡诺理论。

这些事实表明,在 1824—1878 年间,卡诺的热机理论一直没有得到广泛传播。直到 1878 年他的《关于火的动力》第 2 版和他生前遗稿发表后,物理学界才普遍知道了卡诺和他的理论。不过,那时热力学已经有了迅速发展,他的著作就成了历史遗物。卡诺生前的一位好友曾在一篇文章中写道:卡诺孤独地生活、凄凉地死去,他的著作无人阅读,无人承认。

卡诺的理论不仅是热机的理论,它还涉及热量和功的转化问题,因此也就涉及热功当量、热力学第一定律及能量守恒与转化等问题,可以设想,如果卡诺的理论在 1824 年就开始得到公认或推广的话,这些定律的发现可能会提前许多年。这种估计不算过分,根据前面的分析,卡诺最迟在 1824—1826 年间就计算过热功当量,这比焦耳的工作要早 17～19 年。虽然他的计算不够精确,但他的理论见解是正确的。我们有理由相信,在他那些被烧毁的手稿中可能还有关于热功当量的更精确的计算。

英国著名物理学家麦克斯韦对卡诺理论作过高度评价。他说:卡诺的理论是"一门具有可靠的基础、清楚的概念和明确的边界的科学"。可是,这个理论的创立者不论在法国学术界还是在法国社会里都未曾获得多数人的支持。

卡诺理论的蒙难历史告诉我们,为了科学技术的迅速发展,我们不仅要加倍注意人才的开发,而且要给予那些还没有确定社会地位的人才以热情的支持和鼓励。社会还要切实注意中青年科学家的身体状况。各学术团体、各位有声望的科学家,要克服门户之见,推荐和提拔卓有贡献的青年科学家,对他们的成果作出及时的鉴定、宣传和推广,以促进科学事业的不断蓬勃发展。

思 考 题

10-1 做功和传递热量都能增加系统的内能,但又如何理解它们在本质上的差异呢?

10-2 "理想气体与单一热源接触做等温膨胀时,吸收的热量全部用来对外做功。"试问:这种说法是否违反热力学第一定律和热力学第二定律?

10-3 一系统能否吸收热量仅使其内能变化?一系统能否吸收热量而不使其内能变化?

10-4 一定量的理想气体向真空中做绝热自由膨胀,体积由 V_1 增至 V_2,试问:在此过程中气体的内能和熵如何变化?

10-5 可逆过程必须同时满足哪些条件?

练 习 题

10-1 下列表述是否正确?为什么?并将错误更正。

(1) $\Delta Q = \Delta E + \Delta A$ (2) $Q = E + \int p \mathrm{d}V$

(3) $\eta \neq 1 - \dfrac{Q_2}{Q_1}$ (4) $\eta_{不可逆} < 1 - \dfrac{Q_2}{Q_1}$

10-2 如习题 10-2 所示,一个气缸内盛有一定量的刚性双原子分子理想气体,气缸活塞的面积为 $0.05\ \mathrm{m}^2$,活塞与气缸壁之间不漏气,摩擦可以忽略不计。活塞左侧通大气,大气压强为 $1.0 \times 10^5\ \mathrm{Pa}$。劲度系数为 $5 \times 10^4\ \mathrm{N/m}$ 的弹簧的两端分别固定于活塞和固定物上。开始时气缸内气体处于压强为 $1.0 \times 10^5\ \mathrm{Pa}$、体积为 $0.015\ \mathrm{m}^3$ 的状态。然后缓慢加热气缸,使缸内气体缓慢地膨胀到 $0.02\ \mathrm{m}^3$,在此过程中气体从外界吸收了多少热量?

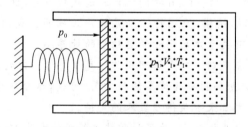

习题 10-2 图

10-3 一定量的单原子分子理想气体从 A 态出发经等压过程膨胀到 B 态,又经绝热过程膨胀到 C 态,如习题 10-3 图所示。试求该过程中气体对外所做的功、内能的增量和吸收的热量。

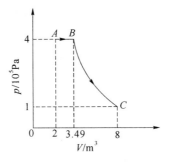

习题 10-3 图

10-4　如习题 10-4 图所示,一定量的理想气体开始在状态 A,其压强为 2.0×10^5 Pa,体积为 2.0×10^{-3} m³,沿直线 AB 变化到状态 B 后,压强变为 1.0×10^5 Pa,体积变为 3.0×10^{-3} m³,求此过程中气体所做的功。

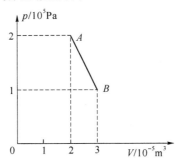

习题 10-4 图

10-5　1 mol 理想气体在 400 K 与 300 K 之间完成一个卡诺循环,在 400 K 的等温线上,起始体积为 0.001 0 m³,最后体积为 0.005 0 m³。试计算气体在此循环中所做的功以及从高温热源吸收的热量和传给低温热源的热量。

10-6　一定量的单原子分子理想气体从初态 A 出发,沿习题 10-6 图所示的直线过程变到另一个状态 B,又经过等容和等压过程回到状态 A。

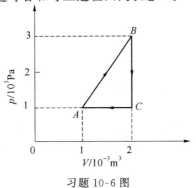

习题 10-6 图

（1）求 $A{\rightarrow}B$、$B{\rightarrow}C$、$C{\rightarrow}A$ 各过程中系统对外所做的功 A、内能的增量 ΔE 和所吸收的热量 Q。

（2）整个循环过程中系统对外所做的总功和从外界吸收的总热量。

10-7 某系统在某个准静态过程中按照 $p=3V$ 的规律变化，式中各量采用国际单位制。试求：系统体积从 1 L 变化到 3 L 过程中对外界做的功。

10-8 1 mol 单原子分子气体经下列过程温度由 300 K 升高到 350 K。试求：在每个过程中气体内能增加量、吸收的热量、对外界做的功。①等体过程；②等压过程。

10-9 在标准情况下，经历等温过程使 1 mol 的氮气体积压缩为原来的一半。试求：①系统内能的增量；②系统对外做的功；③系统从外界吸收的热量。

10-10 在标准情况下，经历等压过程使 1 mol 的氮气体积压缩为原来的一半。试求：①系统内能的增量；②系统对外做的功；③系统从外界吸收的热量。

10-11 在标准情况下，经历绝热过程使 1 mol 的氮气体积压缩为原来的一半。试求：①系统内能的增量；②系统对外做的功；③系统从外界吸收的热量。

10-12 0.01 m³ 氮气在温度为 300 K 时，由 1 MPa（即 1 atm）压缩到 10 MPa。试分别求氮气经等温及绝热压缩后的体积、温度、过程对外所做的功。

10-13 如习题 10-13 图所示，一个四周用绝热材料制成的气缸，中间有一块用导热材料制成的固定隔板 C，它将气缸分成 A、B 两部分。A 中盛有 1 mol 氦气，B 中盛有 1 mol 氮气，这两种气体均视为刚性分子的理想气体。D 是一个绝热的活塞。加外力缓慢地移动活塞 D，在压缩 A 部分的气体的过程中，外力对气体做功为 A，试求在此过程中 B 部分气体内能的增量。

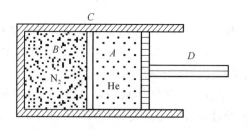

习题 10-13 图

10-14 1 mol 氢在压强为 1.0×10^5 Pa、温度为 20 ℃时，其体积为 V_0。今使它经以下两种过程到达同一状态。

（1）先保持体积不变，加热使其温度升高到 80 ℃，然后令它做等温膨胀，体积变为原体积的 2 倍。

（2）先使它做等温膨胀至原体积的 2 倍，然后保持体积不变，加热使其温度升到 80 ℃。

试分别计算以上两种过程中吸收的热量、气体对外做的功和内能的增量；并在 $p{-}V$ 图上表示此两种过程。

10-15 1 mol 的理想气体的 $T{-}V$ 图如习题 10-15 图所示，ab 为直线，延长线通过

原点 O。求 ab 过程气体对外做的功。

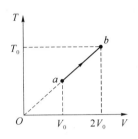

习题 10-15 图

10-16　某容器内储有 $1.25\ \text{kg}$ 的氮气。在保持气体压强为 $1\ \text{atm}$ 的前提下,给气体缓缓加热,使其温度升高 $1℃$。试求:①加热过程中,气体由于体积膨胀而对外界做的功;②气体内能的增加量;③系统从外界吸收的热量。

10-17　$1\ \text{mol}$ 压强为 $1.013×10^5\ \text{Pa}$、温度为 $293\ \text{K}$ 的氢气,先在体积保持不变的情况下使温度变为 $353\ \text{K}$,然后再保持温度不变而使体积变为原来的 2 倍。试求整个过程中系统:①内能的增量;②对外做的功;③从外界吸收的热量。

10-18　某理想气体在 $p—V$ 图上的等温线与绝热线相交于 A 点,如习题 10-18 图所示。已知 A 点的压强为 $2×10^5\ \text{Pa}$、体积为 $0.5×10^{-3}\ \text{m}^3$,并且 A 点处的等温线斜率与绝热线斜率之比为 0.714。现使气体从 A 点绝热膨胀至 B 点,B 点体积为 $1×10^{-3}\ \text{m}^3$,求:

（1）B 点处的压强。

（2）在此过程中气体对外做的功。

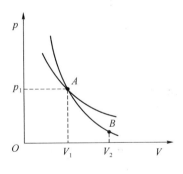

习题 10-18 图

10-19　一定量的某种理想气体开始时处于压强、体积和温度分别为 $1.2×10^6\ \text{Pa}$、$8.31×10^{-3}\ \text{m}^3$ 和 $300\ \text{K}$ 的初态,然后经过一个等体过程温度升高到 $450\ \text{K}$,再经过一个等温过程压强降回到 $1.2×10^6\ \text{Pa}$。已知该理想气体的定压摩尔热容与定容摩尔热容之比为 $5:3$。求:

（1）该理想气体的定压摩尔热容和定容摩尔热容。

（2）气体从初态到末态的全过程中从外界吸收的热量。

10-20 如习题 10-20 图所示，使 1 mol 氧气：①由 A 等温地变到 B；②由 A 等体地变到 C，再由 C 等压地变到 B，试分别计算氧气所做的功和吸收的热量；③若一热机按路径 $ABCA$ 进行循环，计算热机的效率。

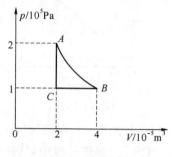

习题 10-20 图

10-21 以理想气体为工作物质的热机循环，如习题 10-21 图所示。试证明其效率为

$$\eta = 1 - \gamma \frac{\left(\dfrac{V_1}{V_2}\right) - 1}{\left(\dfrac{p_1}{p_2}\right) - 1}$$

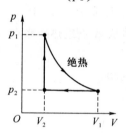

习题 10-21 图

10-22 一循环过程如习题 10-22 图所示，试指出：

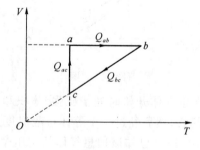

习题 10-22 图

（1）ab、bc、ca 各是什么过程。

（2）画出对应的 p—V 图。

（3）该循环是否是正循环？

（4）该循环做的功是否等于直角三角形面积？

（5）用图中的热量 Q_{ab}、Q_{bc}、Q_{ac} 表述其热机效率或制冷系数。

10-23　如习题 10-23 图所示是一理想气体所经历的循环过程，其中 AB 和 CD 是等压过程，BC 和 DA 为绝热过程，已知 B 点和 C 点的温度分别为 T_2 和 T_3，求此循环效率。这是卡诺循环吗？

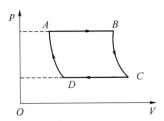

习题 10-23 图

10-24　一内燃机按照卡诺循环工作，高温热源的温度为 700 K，低温热源的温度为 300 K。试求：①内燃机的效率；②如果欲使热机对外输出功率为 5.0×10^6 W，则热机每秒需从外界吸收多少热量？

10-25　一定量的某种理想气体进行如习题 10-25 图所示的循环过程。已知气体在状态 A 的温度为 300 K，求：

（1）气体在状态 B、C 的温度。

（2）各过程中气体对外所做的功。

（3）气体从外界吸收的总热量。

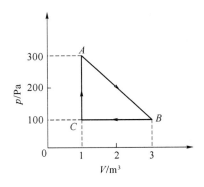

习题 10-25 图

10-26　1 mol 单原子分子理想气体的循环过程如习题 10-26 图所示，其中 c 点的温度为 $T_c = 600$ K，试求：

（1）ab、bc、ca 各个过程系统吸收的热量。

（2）经一循环系统所做的净功。

（3）循环的效率。

（注：循环效率 $\eta = A/Q_1$，A 为循环过程系统对外做的净功，Q_1 为循环过程系统从外界吸收的热量，$\ln 2 = 0.693$。）

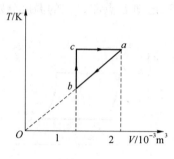

习题 10-26 图

10-27 两个卡诺循环如习题 10-27 图所示，它们的循环面积相等，试问：

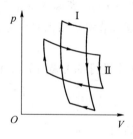

习题 10-27 图

（1）它们吸热和放热的差值是否相同？

（2）对外做的净功是否相等？

（3）效率是否相同？

10-28 如习题 10-28 图所示，有 3 个循环过程，指出每一循环过程所做的功是正的、负的还是零？说明理由。

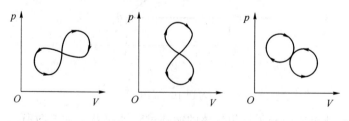

习题 10-28 图

10-29 如习题 10-29 图所示，$ABCDA$ 为 1 mol 单原子分子理想气体的循环过程，求：

（1）气体循环一次在吸热过程中从外界吸收的热量。

（2）气体循环一次对外做的净功。

（3）证明气体在 A、B、C 和 D 状态的温度的关系为 $T_A T_C = T_B T_D$。

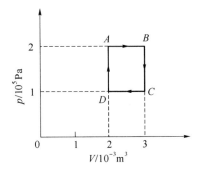

习题 10-29 图

10-30　如习题 10-30 图所示,一系统由状态 a 沿 acb 到达状态 b 的过程中,有 350 J 热量传入系统,而系统做功 126 J。

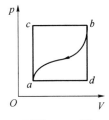

习题 10-30 图

（1）若沿 adb 时,系统做功 42 J,问有多少热量传入系统?

（2）若系统由状态 b 沿曲线 ba 返回状态 a 时,外界对系统做功为 84 J,试问系统是吸热还是放热? 热量传递是多少?

10-31　有 25 mol 的双原子理想气体按照如习题 10-31 图所示的循环过程工作,图中 ca 段为等温压缩过程。已知 $V_a = 20$ L、$p_a = 4.15 \times 10^5$ Pa、$V_c = 30$ L。试求:①各过程中系统内能的增量、对外的做功、从外界吸收的热量;②此循环的热机效率。

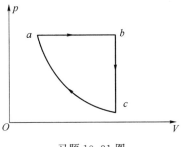

习题 10-31 图

10-32　如习题 10-32 图所示,有一定量的双原子理想气体,从状态 $A(p_1,V_1)$ 开始,经过一个等体过程达到压强为 $0.25p_1$ 的状态 B,再经过一个等压过程达到状态 C,最后经过一个等温过程完成整个循环。求在该循环过程中系统对外做的功 A 和从外界吸收的热量 Q。

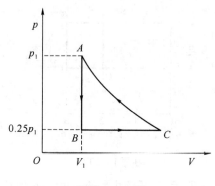

习题 10-32 图

第 11 章 机械振动

振动是遍及自然界和社会科学界最普遍的一种运动形式。例如,行星的运动、动物的心跳、固体原子的振动、生态的循环、股票指数的振荡等。从更宏大的范围来看,一些宇宙学家认为,整个宇宙可能正在做两次振动间隔为数百亿年的振动。这里所说的振动是一种周期性的运动,指在时间上具有重复性或往复性的一种运动。如果物体在平衡位置附近做往复的周期性运动,称为机械振动。电流、电压、电场强度和磁场强度围绕某一数值周期性变化,称为电磁振动或电磁振荡。在物理学中,一般地说,任何一个物理量在某一数值附近周期性的变化,都可称作该物理量在振动。尽管这些物理现象的具体机制各不相同,但作为振动这种运动的形式,它们具有共同的特征。

最基本、最简单的振动是简谐运动,一切复杂的振动都可以分解为若干个简谐运动。因此,本章从讨论简谐运动的基本规律入手,进而讨论振动的合成,并简要介绍阻尼振动、受迫振动和共振现象等。

11.1　简谐振动的描述

1. 简谐振动的特征

如图 11-1 所示,弹性系数为 k 的轻质弹簧一端固定,另一端系一质量为 m 的物体,弹簧和物体构成的系统称为**弹簧振子**。把弹簧振子置于光滑的水平面上。物体所受的阻力忽略不计。设在 O 点弹簧没有形变,此处物体所受的合力为零,称 O 点为**平衡位置**。如果把物体略加移动然后释放,物体就在平衡位置 O 点附近做来回往复的周期性运动。按照胡克定律,物体所受的弹性力 F 与物体相对于平衡位置的位移 x 成正比,即

$$F = -kx \tag{11-1}$$

式中,k 为弹簧的弹性系数;"—"号表示力 F 与位移 x(相对 O 点)反向。弹性力 F 的方向始终指向平衡位置,因此又称为回复力。物体受力 F 与位移 x 成正比且反向的运动称为**简谐振动**。

根据牛顿第二定律,物体的加速度为

$$a = \frac{\mathrm{d}^2 x}{\mathrm{d} t^2} = \frac{F}{m} = -\frac{k}{m} x \tag{11-2}$$

对于一个给定的弹簧振子，k 和 m 都是正值常量，它们的比值可以用一个常量 ω^2 表示，即

$$\frac{k}{m} = \omega^2 \tag{11-3}$$

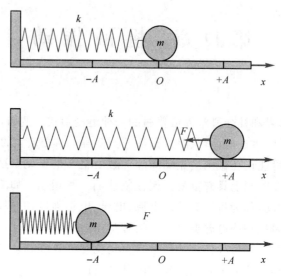

图 11-1　弹簧振子的振动

代入式(11-2)，得

$$\frac{\mathrm{d}^2 x}{\mathrm{d}t^2} = -\omega^2 x \tag{11-4}$$

上式是简谐振动物体的微分方程。它是一个常系数的齐次二阶的线性微分方程，它的解为

$$x = A\cos(\omega t + \varphi) \tag{11-5}$$

式中 A 是常数，式(11-5)描绘了弹簧振子在振动过程中的运动规律，是**简谐振动的运动方程**。式(11-4)反映了弹簧振子振动过程中的动力学特征，它是**简谐振动的动力学方程**。在一个系统所进行的物理过程中，动力学特征支配运动规律以及能量变化，因此式(11-4)反映的是简谐振动本质。当任何物理系统做简谐振动时，描述系统的物理量（如电流、电场强度等）都会满足式(11-4)，因此式(11-4)也是简谐振动的定义式。如果一个物体的运动满足式(11-4)或式(11-5)，那么就可以判定这个物体做简谐振动。

根据速度和加速度的定义，简谐振动物体的速度为

$$v = \frac{\mathrm{d}x}{\mathrm{d}t} = -\omega A\sin(\omega t + \varphi) \tag{11-6}$$

$$v = \frac{\mathrm{d}^2 x}{\mathrm{d}t^2} = -\omega^2 A\cos(\omega t + \varphi) = -\omega^2 x \tag{11-7}$$

式(11-5)～式(11-7)都是周期函数，可见当物体做简谐振动时，位移、速度、加速度呈现周期性变化，并且物体加速度的大小总是和位移的大小成正比，方向相反，位移、速度、加速度随时间变化的关系可以用图 11-2 表示，其中表示 $x-t$ 关系的曲线称为**振动曲线**。

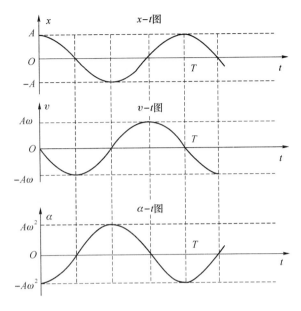

图 11-2　简谐振动的位移、速度、加速度

例 11-1　单摆是一个理想化的振动系统：它是由一根不可伸长的轻绳挂一个很小的重物构成的。若把重物从平衡位置略微移开，那么重物就在重力的作用下，在竖直平面内来回摆动。如图 11-3 所示，如果忽略空气阻力，且摆动的角位移 θ 很小（$\theta < 5°$），试证明单摆做简谐振动。

解　摆锤所受的力有重力 mg、绳的拉力 T。取逆时针方向为角位移 θ 的正方向，当摆线与竖直方向成 θ 角时，忽略空气阻力，摆球所受的合力沿圆弧切线方向的分力，即重力在这一方向上的分力为

$$F_\tau = -mg\sin\theta$$

当 θ 很小（$\theta < 5°$）时，$\sin\theta \approx \theta$，所以

$$F_\tau = -mg\theta$$

由牛顿第二定律，在切线方向上

$$F_\tau = ma_\tau = ml\beta = ml\frac{\mathrm{d}^2\theta}{\mathrm{d}t^2} = -mg\theta$$

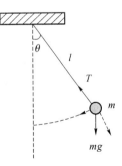

图 11-3　例 11-1 图

即

$$\frac{\mathrm{d}^2\theta}{\mathrm{d}t^2} + \frac{g}{l}\theta = 0 \tag{11-8}$$

由于 g 和 l 都是正值，因此可设

$$\omega^2 = \frac{g}{l} \tag{11-9}$$

上式变为

$$\frac{\mathrm{d}^2\theta}{\mathrm{d}t^2}+\omega^2\theta=0 \tag{11-10}$$

上式与式(11-4)形式相同,因此在角位移很小的情况下,单摆的振动是简谐振动。

2. 描述简谐振动的物理量

从简谐振动的振动表达式 $x=A\cos(\omega t+\varphi)$ 可以看出,描述简谐振动的物理量包括振幅、周期和频率、相位和相位差。

(1) 振幅

在简谐运动表达式 $x=A\cos(\omega t+\varphi)$ 中,因为 $|\cos(\omega t+\varphi)|\leqslant 1$,所以物体的运动范围在 $+A$ 和 $-A$ 之间,我们把简谐运动物体离开平衡位置最大位移的绝对值 A,称作振幅。

(2) 周期和频率

① 周期 T

物体做一次完全振动所经历的时间叫作周期,用 T 表示,其单位是秒(s)。

从周期的定义可知,每隔一个周期,物体的振动状态就完全重复一次,即

$$x=A\cos(\omega t+\varphi)=A\cos[\omega(t+T)+\varphi]=A\cos(\omega t+\varphi+\omega T)$$

由余弦函数的周期性,满足上述方程的 T 最小值应为 $\omega T=2\pi$,所以

$$T=\frac{2\pi}{\omega} \tag{11-11}$$

因为弹簧振子的 $\omega=\sqrt{\dfrac{k}{m}}$,所以其周期为

$$T=2\pi\sqrt{\frac{m}{k}}$$

② 频率和角频率

单位时间内物体所做的完全振动的次数称作频率,用 ν 表示,它的单位是赫兹(Hz)。

显然,频率和周期之间有

$$\nu=\frac{1}{T}=\frac{\omega}{2\pi} \tag{11-12}$$

因此

$$\omega=2\pi\nu \tag{11-13}$$

可见 ω 表示物体在 2π 秒内所做的完全振动的次数,称 ω 为角频率(或圆频率),它的单位是弧度每秒(rad/s)。

对于弹簧振子,其频率

$$\nu=\frac{1}{2\pi}\sqrt{\frac{k}{m}}$$

因为弹簧振子的角频率 $\omega=\sqrt{\dfrac{k}{m}}$ 是由其质量 m 和劲度系数 k 决定的,所以周期和频率完

全决定于振动系统本身的物理性质。这种仅由振动系统本身的固有性质所决定的周期和频率称为振动的固有周期和固有频率

利用式(11-11)～式(11-13),简谐运动表达式还可写为

$$x = A\cos\left(\frac{2\pi}{T}t + \varphi\right)$$

$$x = A\cos(2\pi\nu t + \varphi)$$

③ 相位

在角频率和振幅已知的简谐振动中,由式(11-5)～式(11-7)可知,振动物体在任意时刻 t 的运动状态都由 $\omega t + \varphi$ 决定,$\omega t + \varphi$ 称为**相位**。常量 φ 是 $t = 0$ 时的相位,称为**初相位**,简称**初相**。初相的数值取决于初始条件。

简谐振动的状态仅随相位的变化而变化,因而相位是描述简谐振动的状态的物理量。相位是一个非常重要的概念,它在振动、波动、光学、无线电技术等方面都有广泛应用。关于相位,有两点需要注意。

a. 相位与时间一一对应,相位不同是指时间先后不同。相位对时间求导,可得 ω,故角频率表示相位变化的速率,是描述简谐振动状态变化快慢的物理量。ω 是一个常量表示相位是匀速变化的。

b. 相位的一般表达式中的初相 φ 即 $t = 0$ 时的相位,描述的是简谐振动的初始状态。在时间从 t_1～t_2 变化的过程中,相位从 $\omega t + \varphi_1$ 变化到 $\omega t + \varphi_2$,相位变化为

$$\Delta\varphi = (\omega t + \varphi_2) - (\omega t + \varphi_1) = \varphi_2 - \varphi_1$$

它和相应的时间变化 $\Delta t = t_2 - t_1$ 的关系为

$$\Delta\varphi = \omega\Delta t \tag{11-14}$$

其直观的物理意义是:相位变化等于相位变化的速率与变化的时间之积。式(11-14)也可写为

$$\Delta\varphi = \omega\Delta t = \frac{2\pi}{T}\Delta t \tag{11-15}$$

该式表明,时间每过一个周期 $\Delta t = T$,则相位增加 $\Delta\varphi = 2\pi$。相位差与时间差的关系还常常用于讨论两个振动的同步问题。例如,有下列两个简谐振动:

$$x_1 = A_1\cos(\omega t + \varphi_1)$$

$$x_2 = A_2\cos(\omega t + \varphi_2)$$

它们的相位差(简称相差)为

$$\Delta\varphi = (\omega t + \varphi_2) - (\omega t + \varphi_1) = \varphi_2 - \varphi_1 \tag{11-16}$$

相差描述同一时刻两个振动的状态差。从上式可以看出,两个连续进行的同频率的简谐振动在任意时刻的相位差都等于其初相位差而与时间无关。由这个相位差的值可以分析它们的"步调"是否相同。如果 $\Delta\varphi$ 等于 0 或 2π 的整数倍,两振动质点将同时到达各自的极大值,同时越过原点并同时到达极小值,它们的步调始终相同,这种情况称二者同

相。如果 $\Delta\varphi$ 等于 π 或 π 的奇数倍，两振动质点中的一个到达极大值时，另一个同时到达极小值，并且将同时越过原点并同时到达各自的另一个极值，它们的步调恰好相反。这种情况称二者**反相**。当 $\Delta\varphi$ 为其他值时，一般称二者不同相。例如，对于下面两个简谐振动：

$$x_1 = A_1 \cos \omega t$$

$$x_2 = A_2 \cos\left(\omega t + \frac{\pi}{2}\right) = A_2 \cos\left(\omega t + \frac{\pi}{4}\right)$$

它们的相位差为 $\Delta\varphi = \frac{\pi}{2}$，即 x_2 振动的相位始终要比 x_1 振动的相位大 $\frac{\pi}{2}$。图 11-4 所示为这两个振动的振动曲线。为了便于讨论相位差，把两个振动的振幅设为相同，图中实线表示 x_1 振动，虚线表示 x_2 振动。从图 11-4 中可以看出，在 $t=0$ 时，x_1 振动的相位为 0，x_2 振动的相位为 $\frac{\pi}{2}$；在 $t=\frac{T}{4}$ 时，x_1 振动的相位变为 $\frac{\pi}{2}$，而 x_2 振动的相位则变为 π。对于这种情况，称 x_2 振动在相位上超前 x_1 振动 $\frac{\pi}{2}$，或 x_1 振动落后于 x_2 振动 $\frac{\pi}{2}$，即两个振动比较，相位大的一个称为超前，相位小的一个称为落后。从时间上看，称 x_2 振动超前 x_1 振动 $\frac{T}{4}$，即 x_1 振动必须在 $\frac{T}{4}$ 后才能到达 x_2 振动现在的状态。也就是说，两个振动比较，时间因子大的一个称为超前，时间因子小的一个称为落后。

对于一个简谐振动，如果 A、ω 和 φ 都已知，这个振动也就完全确定了。因此，这三个量称为**描述简谐振动的三个特征量**。

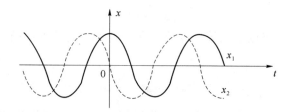

图 11-4 两个同频率的简谐振动的振动曲线

3. 振幅 A 和初相 φ 的确定

若初始时物体的位置及速度分别为 x_0、v_0，根据简谐振动的表达式 $x = A\cos(\omega t + \varphi_0)$ 和速度表达式 $v = -A\omega\sin(\omega t + \varphi_0)$，以及 $t=0$ 可得

$$\begin{cases} x_0 = A\cos\varphi_0 \\ v_0 = -A\omega\sin\varphi_0 \end{cases}$$

求解上述方程组，不难看出

$$A = \sqrt{x_0^2 + \left(\frac{v_0}{\omega}\right)^2} \tag{11-17}$$

$$\varphi_0 = \arccos \frac{x_0}{A} \tag{11-18}$$

可见,振幅和初相位由初始条件 x_0、v_0 决定。

必须注意,由于 φ_0 取值范围一般在 $-\pi \sim +\pi$,所以根据式(11-18)求得的 φ_0 可能有两个值,而初相位仅能有一个值,因此必须对两个 φ_0 值进行取舍,具体的方法为:将 φ_0 的两个值分别代入 $v_0 = -A\omega\sin\varphi_0$ 中,比较所得 v_0 的正负与已知情况(若 v_0 方向沿 x 轴正向则为正,反之则为负)是否一致,从而决定 φ_0 值的取舍,一致者为所求。

例 11-2　一个理想的弹簧振子系统,弹簧的劲度系数 $k = 0.72$ N/m,振子的质量为 0.02 kg。在 $t = 0$ 时,振子在 $x_0 = 0.05$ m 处,初速度为 $v_0 = 0.30$ m/s,且沿着 x 轴正向运动,求:

(1) 振子的振动表达式。

(2) 振子在 $t = \dfrac{\pi}{4}$ s 时的速度和加速度。

解　(1) 因为振子做沿 x 轴方向的简谐振动,所以可设它的振动表达式为

$$x = A\cos(\omega t + \varphi_0)$$

根据弹簧振子振动系统的固有条件,可求得角频率为

$$\omega = \sqrt{\frac{k}{m}} = 6.0 \text{ rad/s}$$

由 $x_0 = 0.05$ m、$v_0 = 0.30$ m/s 及式(11-17)可得振幅为

$$A = \sqrt{x_0^2 + \left(\frac{v_0}{\omega}\right)^2} = 0.07 \text{ m}$$

所以

$$\varphi_0 = \arccos\frac{x_0}{A} = \arccos\frac{0.05}{0.07} = \pm\frac{\pi}{4}$$

将初相位 $\varphi_0 = \pm\dfrac{\pi}{4}$ 代回到 $v_0 = -A\omega\sin\varphi_0$ 中,由于在 $t = 0$ 时,质点沿 x 轴正向运动,即 $v_0 > 0$,所以只有 $\varphi_0 = -\dfrac{\pi}{4}$ 满足要求,于是所求的振动表达式为

$$x = 0.07\cos\left(6t - \frac{\pi}{4}\right) \text{ m}$$

(2) 当 $t = \dfrac{\pi}{4}$ s 时,质点的振动相位为:$\varphi = \omega t + \varphi_0 = \dfrac{5}{4}\pi$,则质点的速度和加速度分别为

$$v = -A\omega\sin\varphi = -0.07 \times 6 \times \sin\frac{5}{4}\pi \text{ m/s} = 0.297 \text{ m/s}$$

$$a = -A\omega^2\cos\varphi = -0.07 \times 6^2 \times \cos\frac{5}{4}\pi \text{ m/s}^2 = 1.78 \text{ m/s}^2$$

例 11-3 一质点沿 x 轴做简谐振动,其角频率 $\omega=10$ rad/s。试分别写出以下两种初始状态下的振动方程：

（1）其初始位移 $x_0=7.5$ cm,初始速度 $v_0=75.0$ cm/s。

（2）其初始位移 $x_0=7.5$ cm,初始速度 $v_0=-75.0$ cm/s。

解 设振动方程为

$$x=A\cos(\omega t+\varphi)$$

则

$$v=\frac{\mathrm{d}x}{\mathrm{d}t}=-A\sin(\omega t+\varphi)$$

（1）$t=0$ 时,有

$$x_0=A\cos\varphi=0.075$$
$$v_0=-A\omega\sin\varphi=0.75$$

联立得

$$\begin{cases} A=\sqrt{x_0^2+\dfrac{v_0^2}{\omega^2}}\approx10.6\times10^{-2}\ \mathrm{m} \\ \varphi=\arctan\left(-\dfrac{v_0}{\omega x_0}\right)=-\dfrac{\pi}{4} \end{cases}$$

因此振动方程为

$$x=10.6\times10^{-2}\cos\left(10t-\frac{\pi}{4}\right)\ \mathrm{m}$$

（2）$t=0$ 时,有

$$x_0=A\cos\varphi=0.075$$
$$v_0=-A\omega\sin\varphi=-0.75$$

联立得

$$\begin{cases} A=\sqrt{x_0^2+\dfrac{v_0^2}{\omega^2}}\approx10.6\times10^{-2}\ \mathrm{m} \\ \varphi=\arctan\left(-\dfrac{v_0}{\omega x_0}\right)=\dfrac{\pi}{4} \end{cases}$$

因此振动方程为

$$x=10.6\times10^{-2}\cos\left(10t+\frac{\pi}{4}\right)\ \mathrm{m}$$

例 11-4 有一个质量为 0.25 kg 的物体在弹簧弹力作用下沿着 x 轴运动,平衡位置在 x 轴的坐标原点。已知弹簧的劲度系数为 25 N/m。

（1）求振动角频率和周期。

（2）如果振幅等于 0.15 m,开始时物体位于 0.075 m 处,并且物体沿着 x 轴的反向运动,求初速度和初相。

（3）写出简谐振动方程。

解 (1)简谐振动的角频率为

$$\omega = \sqrt{\frac{k}{m}} = 10 \text{ rad/s}$$

简谐振动的周期为

$$T = \frac{2\pi}{\omega} = 0.63 \text{ s}$$

(2)由式 $A = \sqrt{x_0^2 + \frac{v_0^2}{\omega^2}}$ 得

$$v_0 = \pm \omega \sqrt{A^2 - x_0^2}$$

由题意可知,$A = 0.15$ m,在 $t = 0$ 时,$x_0 = 0.075$ m,$v_0 < 0$,因此初速度为

$$v_0 = -1.3 \text{ m/s}$$

由于

$$\cos \varphi = \frac{x_0}{A} = \frac{1}{2}$$

因此

$$\varphi = \pm \frac{1}{3}\pi$$

由于 $v_0 < 0$,$\sin \varphi = -\frac{v_0}{A\omega} > 0$,因此初相为

$$\varphi = \frac{1}{3}\pi$$

(3)简谐振动方程为

$$x = 0.15\cos\left(10t + \frac{1}{3}\pi\right) \text{m}$$

4. 简谐振动的旋转矢量描述法

简谐运动除了用余弦函数表示外,也常采用旋转矢量来描述,这样一方面有助于形象地了解振幅、相位和角频率等物理量的意义,另一方面也有助于简化在简谐运动研究中的数学处理。

如图 11-5 所示是一个旋转矢量图。其中 **A** 称为旋转矢量(或振幅矢量),它的长度等于振幅,并以角速度 ω 绕 O 点做逆时针方向旋转;角度 φ 代表 $t = 0$ 时刻,矢量 **A** 与 x 轴的夹角。在 t 时刻,矢量 **A** 与 x 轴的夹角为 $\omega t + \varphi$,因此矢量 **A** 在 x 轴上的投影为

$$x = A\cos(\omega t + \varphi)$$

这正是简谐运动的表达式。在旋转矢量图上,可以确定简谐运动的三个特征量:旋转矢量 **A** 的长度代表振幅;**A** 的旋转角速度 ω 代表角频率;$t = 0$ 时 **A**

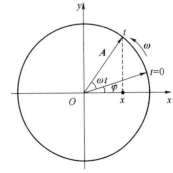

图 11-5 旋转矢量图

与 x 轴的夹角 φ 代表初相位。由此可见，从旋转矢量 $\boldsymbol{A}$ 可给出 A、ω 和 φ，所以旋转矢量可以表示简谐运动。

利用旋转矢量还可以比较两个同频率简谐运动步调上的关系。设有如下两个简谐运动

$$x_1 = A_1 \cos(\omega t + \varphi_1)$$
$$x_2 = A_2 \cos(\omega t + \varphi_2)$$

它们的相位差为

$$\Delta\varphi = (\omega t + \varphi_2) - (\omega t + \varphi_1) = \varphi_2 - \varphi_1$$

这说明两个同频率简谐运动任意时刻的相位差就是它们初相位的差。

当 $\Delta\varphi = \varphi_2 - \varphi_1 = 0$（或者 2π 的整数倍）时，在同一时刻 x_1 和 x_2 表达式中的余弦函数取相同值，两振动物体同时到达正最大位移处，同时到达平衡位置，又同时到达负最大位移处；在旋转矢量图上看，旋转矢量 $\boldsymbol{A}_1$ 和 $\boldsymbol{A}_2$ 始终同向。在这种情况下，x_1 和 x_2 的振动步调完全一致，所以称它们同相。

当 $\Delta\varphi = \pi$（或者 π 的奇数倍）时，x_1 和 x_2 的符号相反，其中一个到达正最大位移处，另一个却到达负最大位移处，并且同时通过平衡位置但向相反方向运动；在旋转矢量图上看，旋转矢量 $\boldsymbol{A}_1$ 和 $\boldsymbol{A}_2$ 始终反向。在这种情况下，x_1 和 x_2 的振动步调完全相反，所以称它们反相。同相和反相的旋转矢量及位移 x 随时间 t 变化的曲线如图 11-6 所示。

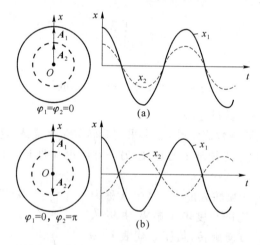

图 11-6 同相和反相的旋转矢量及 $x-t$ 曲线

当 $\Delta\varphi$ 取其他值时，称两个振动不同相，$\Delta\varphi$ 就是旋转矢量 $\boldsymbol{A}_1$ 和 $\boldsymbol{A}_2$ 的夹角。如果 $\Delta\varphi = \varphi_2 - \varphi_1 > 0$，则称 x_2 振动超前 x_1 振动 $\Delta\varphi$；如果 $\Delta\varphi = \varphi_2 - \varphi_1 < 0$，则称 x_2 振动落后 x_1 振动 $\Delta\varphi$。由于 $\Delta\varphi$ 的周期是 2π，所以我们把 $|\Delta\varphi|$ 的值说成 $\leqslant \pi$ 的值。例如，当 $\Delta\varphi = \varphi_2 - \varphi_1 = \dfrac{3}{2}\pi$ 时，一般不说 x_2 振动超前 x_1 振动 $\dfrac{3}{2}\pi$，而说 x_2 振动落后于 x_1 振动 $\dfrac{\pi}{2}$。

与上述相类似,我们还可以从相位上来比较简谐运动的位移、速度和加速度之间步调上的关系,从式(11-5)～式(11-7)可见,加速度与位移反相,速度比位移超前 $\frac{\pi}{2}$ 而比加速度落后 $\frac{\pi}{2}$。

例 11-5 一物体沿 x 轴做简谐运动,振幅 $A=0.12$ m,周期 $T=2$ s。当 $t=0$ 时,物体的位移 $x=0.06$ m,且向 x 轴正方向运动。求:

(1) 此简谐运动的表达式。

(2) $t=\frac{T}{4}$ 时,物体的位置、速度和加速度。

(3) 物体从 $x=-0.06$ m 向 x 轴负方向运动,第一次回到平衡位置所需的时间。

解 (1) 设这一简谐运动的表达式为

$$x=A\cos(\omega t+\varphi)$$

现在,$A=0.12$ m,$T=2$ s,$\omega=\frac{2\pi}{T}=\pi$ s^{-1}。由初始条件:$t=0$ 时,$x_0=0.06$ m,可得

$$0.06=0.12\cos\varphi$$

或

$$\cos\varphi=\frac{1}{2},\quad \varphi=\pm\frac{\pi}{3}$$

根据初始速度条件 $v_0=-\omega A\sin\varphi$,取舍 φ 值。因为 $t=0$ 时,物体向 x 轴正方向运动,即 $v_0>0$,所以

$$\varphi=-\frac{\pi}{3}$$

这样,此简谐运动的表达式为

$$x=0.12\cos\left(\pi t-\frac{\pi}{3}\right)\text{m}$$

利用旋转矢量法来求解 φ 是很直观方便的。根据初始条件就可画出振幅矢量的初始位置,如图 11-7 所示,从而得 $\varphi=-\frac{\pi}{3}$。

(2) 由(1)中简谐运动表达式,得

$$v=\frac{\mathrm{d}x}{\mathrm{d}t}=-0.12\pi\sin\left(\pi t-\frac{\pi}{3}\right)\text{m/s}$$

$$a=\frac{\mathrm{d}v}{\mathrm{d}t}=-0.12\pi^2\cos\left(\pi t-\frac{\pi}{3}\right)\text{m/s}$$

在 $t=\frac{T}{4}=0.5$ s 时,从上列各式求得

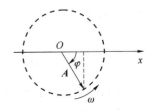

图 11-7 例 11-5 用图一

$$x = 0.12 \times \cos\left(\pi \times 0.5 - \frac{\pi}{3}\right) \text{m} = 6\sqrt{3} \times 10^{-2} \text{ m} = 0.104 \text{ m}$$

$$v = -0.12 \times \pi \sin\left(\pi \times 0.5 - \frac{\pi}{3}\right) \text{m/s} = -0.06\pi \text{ m/s} = -0.18 \text{ m/s}$$

$$a = -0.12 \times \pi^2 \cos\left(\pi \times 0.5 - \frac{\pi}{3}\right) \text{m/s}^2 = -6\sqrt{3}\,\pi^2 \text{ m/s}^2 = -1.03 \text{ m/s}^2$$

（3）当 $x = -0.06$ m，设该时刻为 t_1，得

$$-0.06 = 0.12\cos\left(\pi t_1 - \frac{\pi}{3}\right)$$

$$\cos\left(\pi t_1 - \frac{\pi}{3}\right) = -\frac{1}{2}$$

$$\pi t_1 - \frac{\pi}{3} = \frac{2\pi}{3}$$

因为物体向 x 轴负向运动，$v < 0$，所以不取 $\frac{4\pi}{3}$。求得

$$t_1 = 1 \text{ s}$$

当物体第一次回到平衡位置，设该时刻为 t_2，由于物体向 x 轴正向运动，所以此时物体在平衡位置处的相位为 $\frac{3\pi}{2}$，则由

$$\pi t_2 - \frac{\pi}{3} = \frac{3\pi}{2}$$

求得

$$t_2 = \frac{11}{6}\text{s} = 1.83 \text{ s}$$

所以，从 $x = -0.06$ m 处第一次回到平衡位置所需时间为

$$\Delta t = t_2 - t_1 = 0.83 \text{ s}$$

由振幅矢量图 11-8 可知，$x = -0.06$ m 向 x 轴负方向运动，第一次回到平衡位置时，振幅矢量转过的角度为 $\frac{3\pi}{2} - \frac{2\pi}{3} = \frac{5\pi}{6}$，这就是两者的相位差，由于振幅矢量的角速度为 ω，所以可得到所需的时间

$$\Delta t = \frac{\frac{5\pi}{6}}{\omega} = 0.83 \text{ s}$$

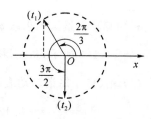

图 11-8 例 11-5 用图二

例 11-6 已知如图 11-9 所示的谐振动曲线，试写出振动方程。

解 设谐振动方程为

$$x = A\cos(\omega t + \varphi_0)$$

从图中易知 $A = 4$ cm，下面只要求出 φ_0 和 ω 即可。从图中分析知，$t = 0$ 时，$x_0 = -2$ cm，

且 $v_0 = \dfrac{\mathrm{d}x}{\mathrm{d}t} < 0$（由曲线的斜率决定），代入振动方程，有

$$-2 = 4\cos\varphi_0$$

故 $\varphi_0 = \pm\dfrac{2}{3}\pi$，又由 $v_0 = -\omega A\sin\varphi_0 < 0$，得 $\sin\varphi_0 > 0$，因此只能取 $\varphi_0 = \dfrac{2}{3}\pi$。

再从图中分析，$t = 1\ \mathrm{s}$ 时，$x = 2\ \mathrm{cm}$，$v > 0$，代入振动方程有

$$2 = 4\cos(\omega + \varphi_0) = 4\cos\left(\omega + \dfrac{2}{3}\pi\right)$$

即

$$\cos\left(\omega + \dfrac{2}{3}\pi\right) = \dfrac{1}{2}$$

所以 $\omega + \dfrac{2}{3}\pi = \dfrac{5}{3}\pi$ 或 $\dfrac{7}{3}\pi$（应注意这里不能取 $\pm\dfrac{\pi}{3}$）。

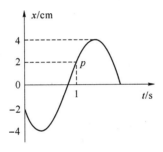

图 11-9　例 11-6 用图一

同时因要满足 $v = -\omega A\sin\left(\omega + \dfrac{2}{3}\pi\right) > 0$，即 $\sin\left(\omega + \dfrac{2}{3}\pi\right) < 0$，故应取 $\omega + \dfrac{2}{3}\pi = \dfrac{5}{3}\pi$，即 $\omega = \pi$，所以振动方程为

$$x = 4\cos\left(\pi t + \dfrac{2}{3}\pi\right)\mathrm{cm}$$

用旋转矢量法也可以简单地求出谐振动的 φ_0 和 ω。如图 11-10 所示，在 $x-t$ 曲线的左侧作 Ox 轴与位移坐标轴平行，由振动曲线可知，a、b 两点对应于 $t = 0\ \mathrm{s}$，$1\ \mathrm{s}$ 时刻的振动状态，可确定这两个时刻旋转矢量的位置分别为 $\overrightarrow{Oa}$ 和 $\overrightarrow{Ob}$。下面作详细说明：由 a 向 Ox 轴作垂线，其交点就是 $t = 0$ 时刻旋转矢量端点的投影点。已知该处 $x_0 = -2\ \mathrm{cm}$，且此时刻 $v_0 < 0$，故旋转矢量应在 Ox 轴左侧，它与 Ox 轴正向的夹角 $\varphi_0 = \dfrac{2}{3}\pi$，就是 $t = 0$ 时刻的振动位相，即初相；又由 $x-t$ 曲线中 b 点向 Ox 轴作垂线，其交点就是 $t = 1\ \mathrm{s}$ 时刻旋转矢量端点的投影点，该处 $x = 2\ \mathrm{cm}$ 且 $v > 0$，故此时刻旋转矢量应在 Ox 轴的右侧，它与 Ox 轴的夹角 $\varphi = \dfrac{5}{3}\pi$ 就是该时刻的振动位相，即 $\omega t + \dfrac{2}{3}\pi = \dfrac{5}{3}\pi$，解得 $\omega = \pi$。

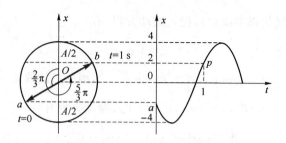

图 11-10 例 11-6 用图二

11.2 简谐振动的能量

我们以弹簧振子为例来说明谐振动的能量。

设振子质量为 m，弹簧的劲度系数为 k，在某一时刻的位移为 x，速度为 v，即

$$x = A\cos(\omega t + \varphi_0)$$

$$v = -\omega A\cos(\omega t + \varphi_0)$$

于是振子所具有的振动动能和振动势能分别为

$$E_k = \frac{1}{2}mv^2 = \frac{1}{2}m\omega^2 A^2 \sin^2(\omega t + \varphi_0) = \frac{1}{2}kA^2 \sin^2(\omega t + \varphi_0) \tag{11-19}$$

$$E_p = \frac{1}{2}kx^2 = \frac{1}{2}kA^2 \cos^2(\omega t + \varphi_0) \tag{11-20}$$

这说明弹簧振子的动能和势能是按余弦或正弦函数的平方随时间变化的。图 11-11 表示初位相 $\varphi_0 = 0$ 时，动能、势能和总能量随时间变化的曲线，显然，动能最大时，势能最小，而动能最小时，势能最大。简谐振动的过程正是动能和势能相互转换的过程。

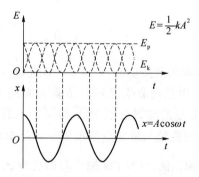

图 11-11 谐振子的动能、势能和总能量随时间的变化曲线

将式（11-19）和式（11-20）两式相加，即得谐振动的总能量为

$$E = \frac{1}{2}kA^2 = \frac{1}{2}m\omega^2 A^2 = \frac{1}{2}mv_m^2 \tag{11-21}$$

即简谐振动系统在振动过程中机械能守恒。从力学观点看,这是因为做简谐振动的系统都是保守系统。此外,式(11-21)还说明谐振动的能量正比于振幅的平方、正比于系统固有角频率的平方。式(11-21)还说明简谐振动是等幅振动。

动能和势能在一个周期内的平均值为

$$\overline{E_k} = \frac{1}{T}\int_0^T E_k(t)\,\mathrm{d}t = \frac{1}{T}\int_0^T \frac{1}{2}kA^2\sin^2(\omega t + \varphi_0)\,\mathrm{d}t = \frac{1}{4}kA^2$$

同理,有

$$\overline{E_p} = \frac{1}{4}kA^2$$

即

$$\overline{E_k} = \overline{E_p} = \frac{1}{4}kA^2 = \frac{1}{2}E \tag{11-22}$$

动能和势能在一个周期内的平均值相等,且均等于总能量的一半。

上述结论虽是从弹簧振子这一特例推出,但具有普遍意义,适用于任何一个谐振系统。

例 11-7　如图 11-12 所示,光滑水平面上的弹簧振子由质量为 M 的木块和劲度系数为 k 的轻弹簧构成。现有一个质量为 m、速度为 u_0 的子弹射入静止的木块后陷入其中,此时弹簧处于自然伸长状态。

(1) 试写出该谐振子的振动方程。

(2) 求出 $x = \dfrac{A}{2}$ 处系统的动能和势能。

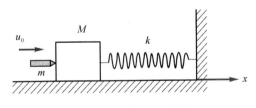

图 11-12　例 11-7 图

解　(1) 子弹射入木块过程中,水平方向动量守恒。设子弹陷入木块后两者的共同速度为 v_0,则有

$$mu_0 = (m+M)v_0$$

$$v_0 = \frac{m}{m+M}u_0$$

取弹簧处于自然伸长状态时,木块的平衡位置为坐标原点,水平向右为 x 轴正方向,并取木块和子弹一起开始向右运动的时刻为计时起点。因此初始条件为 $x_0 = 0, u_0 = v_0 > 0$,而子弹射入木块后谐振系统的圆频率为

$$\omega = \sqrt{\frac{k}{m+M}}$$

设谐振动系统的振动方程为 $x = A\cos(\omega t + \varphi_0)$，将初始条件代入得

$$\begin{cases} 0 = A\cos\varphi_0 \\ v_0 = -\omega A\sin\varphi_0 > 0 \end{cases}$$

联立求出

$$\varphi_0 = \frac{3}{2}\pi$$

$$A = -\frac{v_0}{\omega\sin\varphi_0} = \frac{mu_0}{\sqrt{k(m+M)}}$$

所以谐振子的振动方程为

$$x = A\cos(\omega t + \varphi_0) = \frac{mu_0}{\sqrt{k(m+M)}}\cos\left(\sqrt{\frac{k}{m+M}}t + \frac{3}{2}\pi\right)$$

（2）$x = \dfrac{A}{2}$ 时，谐振系统的势能和动能分别为

$$E_p = \frac{1}{2}kx^2 = \frac{1}{2}k\left(\frac{A}{2}\right)^2 = \frac{m^2u_0^2}{8(m+M)}$$

$$E_k = E - E_p = \frac{1}{2}kA^2 - \frac{1}{8}kA^2 = \frac{3}{8}kA^2 = \frac{3m^2u_0^2}{8(m+M)}$$

11.3　阻尼振动　受迫振动　共振

1. 阻尼振动

前面讨论的简谐振动是振动系统在振动过程中不受阻力作用的情况，这只是一种理想的运动状态。实际上振动系统在振动过程中总是要受到各种阻力的，振动系统在克服阻力做功的过程中能量逐渐减少，振幅越来越小，最终会停止振动。这种振动能量逐渐减少、振幅越来越小的振动称为**阻尼振动**或**减幅振动**。

振动能量减少的原因主要有两种，一是存在各种摩擦阻力（如振动系统与接触面、与空气之间的摩擦）；二是振动物体会引起周围介质的振动，使得能量向周围辐射。在讨论振动问题时，将这两种使振动能量减少的因素统称为**阻尼**或**阻尼力**。为了讨论问题方便，本节只讨论阻尼力与速率成正比的情况。

实验指出，在物体运动速度不太大的情况下，物体所受到的阻尼力与其运动的速率成正比，即

$$F_r = -bv$$

式中，比例系数 b 称为**阻力系数**，负号表示阻力与速度方向相反。水平弹簧振子受到的合力等于弹性力 F 和阻尼力 F_r 之和，根据牛顿第二定律得

$$-kx - bv = ma$$

其中 $v = \dfrac{\mathrm{d}x}{\mathrm{d}t}$，$a = \dfrac{\mathrm{d}^2x}{\mathrm{d}t^2}$，因此

$$m \frac{\mathrm{d}^2 x}{\mathrm{d}t^2} + b \frac{\mathrm{d}x}{\mathrm{d}t} + kx = 0$$

对于一个确定的振动系统而言，m、k、b 均为常量。令 $\dfrac{b}{m} = 2\delta$、$\dfrac{k}{m} = \omega_0^2$，上式可以写成

$$\frac{\mathrm{d}^2 x}{\mathrm{d}t^2} + 2\delta \frac{\mathrm{d}x}{\mathrm{d}t} + \omega_0^2 x = 0 \tag{11-23}$$

式中，$\omega_0 = \sqrt{\dfrac{k}{m}}$ 是振动系统的固有角频率，由系统本身的性质决定；$\delta = \dfrac{b}{2m}$ 称为**阻尼系数**，它与振动系统本身的性质和周围介质的性质有关。

式(11-23)是二阶常系数齐次线性微分方程，其解与 δ 和 ω 有关。现在分两种情况进行讨论。

(1) 当 $\delta < \omega_0$，即阻尼较小时，微分方程式(11-23)的解为

$$x = A\mathrm{e}^{-\delta t} \cos(\omega t + \varphi) \tag{11-24}$$

式中，A 和 φ 为积分常数，由初始条件决定；ω 为阻尼振动的角频率，其表达式

$$\omega = \sqrt{\omega_0^2 - \delta^2} \tag{11-25}$$

式(11-24)所表示的阻尼振动的位移 x 与时间 t 的关系曲线如图 11-13 中的实线所示。可以看出，系统的振动已经不是等幅的简谐振动，而是振幅被限制在两条曲线 $x = \pm A\mathrm{e}^{-\delta t}$ 之间不断衰减的振动。δ 越小衰减越慢，δ 越大衰减越快。阻尼振动不但不是简谐振动，严格地讲，它也不是周期振动，因为每一次振动都不能完全重复上一次振动。但振动物体连续两次沿同一方向通过平衡位置或到达同一方向的最大位移处相隔的时间为一个常量 T，仍然将这个时间 T 称为**阻尼振动的周期**，由式(11-25)得

$$T = \frac{2\pi}{\omega} = \frac{2\pi}{\sqrt{\omega_0^2 - \delta^2}} \tag{11-26}$$

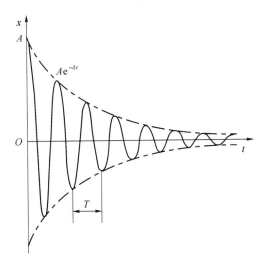

图 11-13　阻尼振动的 x—t 关系曲线

这个周期值由振动系统本身的性质和阻尼的强弱共同决定。对于确定的振动系统而言，有阻尼时的振动周期 T 比无阻尼时的振动周期 T_0 要长。

（2）当 $\delta > \omega_0$ 时，式（11-24）不再是式（11-23）的解。此时振动系统甚至在未完成第一次振动时，能量就消耗殆尽，继而通过非周期性运动的方式回到平衡位置。这种情况称为**过阻尼**，如图 11-14 中的曲线所示。

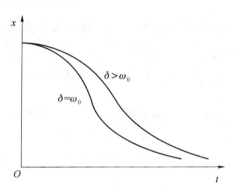

图 11-14　过阻尼和临界阻尼

当 $\delta = \omega_0$ 时，$\omega = 0$。物体不能做往复运动，而是从最大位移处逐渐回到平衡位置并静止下来，这种情况称为**临界阻尼**。由图 11-14 可以看出，临界阻尼时物体到达平衡位置所需的时间比过阻尼时短一些。

与以上两种情况相对应，$\delta < \omega_0$ 时物体的振动情况也称为**欠阻尼**。

在生产和技术上可以根据实际需要，采取不同的方法改变阻尼的大小，从而控制系统的振动情况。例如在灵敏电流计内部，表头中的指针是与通电线圈相连接的，当它在磁场中运动时，由于电磁感应现象而受到磁阻尼的作用，这样可以使指针尽快停止摆动，便于及时读取数据。如果磁阻尼过小或过大，会使指针摆动不停或到达平衡点的时间过长，可以通过调整电路电阻的办法，使电表在 $\delta = \omega_0$ 的临界阻尼状态下工作。

2. 受迫振动

在实际的振动过程中，阻尼总是客观存在的。要使振动持续不断地进行，必须不断地给振动系统补充能量。施加周期性外力是补充能量的一种方法。这种系统在周期性外力作用下所进行的振动称为**受迫振动**。

设一振动系统在弹性力 $-kx$、黏性阻力 $-\gamma v$ 和周期性外力 $F_0 \cos \omega_p t$ 的作用下做受迫振动。周期性外力常称为驱动力（或强迫力），F_0 和 ω_p 分别代表驱动力的幅值和角频率。根据牛顿第二定律，运动方程为

$$-kx - \gamma \frac{\mathrm{d}x}{\mathrm{d}t} + F_0 \cos \omega_p t = m \frac{\mathrm{d}^2 x}{\mathrm{d}t^2}$$

令 $\omega_0^2 = \dfrac{k}{m}$，$2\beta = \dfrac{\gamma}{m}$，$f = \dfrac{F_0}{m}$，上式可写为

$$\frac{d^2x}{d^2t}+2\beta\frac{dx}{dt}+\omega_0^2 x=f\cos\omega_p t \tag{11-27}$$

一般情况下,碰到的都是欠阻尼($\beta<\omega_0$)情况下的受迫振动,这时微分方程(11-27)的解为

$$x=Ae^{-\beta t}\cos(\sqrt{\omega_0^2-\beta^2}\,t+\varphi)+A\cos(\omega_p t+\psi)$$

此解中,第一项表示欠阻尼振动,它的振幅随时间衰减;第二项表示一个等幅振动。经过一段时间后,欠阻尼振动衰减到可以忽略不计,余下的就只有上述等幅振动,即

$$x=A\cos(\omega_p t+\psi) \tag{11-28}$$

式(11-28)表示达到稳定状态后的受迫振动,这是一角频率等于驱动力频率 ω_p 的简谐运动。常说的受迫振动,指的就是这种稳定状态下的受迫振动。把式(11-28)代入运动方程(11-27),可求得受迫振动的振幅和初相位分别为

$$A=\frac{f}{\sqrt{(\omega_0^2-\omega_p^2)^2+4\beta^2\omega_p^2}} \tag{11-29}$$

$$\text{tg}\psi=\frac{-2\beta\omega_p}{\omega_0^2-\omega_p^2} \tag{11-30}$$

这说明受迫振动的振幅和初相位不仅与驱动力有关,而且还与固有频率和阻尼系数有关。

从能量的角度看,当受迫振动达到稳定状态时,周期性外力在一个周期内对振动系统做功而提供的能量恰好用来补偿系统在一个周期内克服阻力做功所消耗的能量,因而使受迫振动的振幅保持稳定不变。

3. 共振

由式(11-29)可见,当驱动力的角频率 ω_p 等于某一特定值时,受迫振动的振幅会达到极大值。从 $\dfrac{dA}{d\omega_p}=0$ 可求出此时驱动力的角频率

$$\omega_r=\sqrt{\omega_0^2-2\beta^2} \tag{11-31}$$

把式(11-31)代入式(11-29),可得到振幅的极大值为

$$A_r=\frac{f}{2\beta\sqrt{\omega_0^2-\beta^2}} \tag{11-32}$$

在受迫振动中振幅出现极大值的现象称为共振。共振时的角频率 ω_r 称共振角频率。

由式(11-31)和式(11-32)可见,阻尼系数 β 越小,共振角频率 ω_r 与系统的固有角频率 ω_0 就越接近,共振振幅 A_r 越大。在 $\beta\ll\omega_0$ 的情况下,有 $\omega_r=\omega_0$,当驱动力频率 ω_p 等于系统固有频率 ω_0 时发生共振,这时的共振振幅最大。进一步分析表明,在发生共振时驱动力总是对系统做正功,系统从外界最大限度地获得能量,从而振幅急剧增大;随着振幅的增大,阻力的功率也不断增大,最后使振幅保持稳定。图 11-15 表示的就是在不同阻尼情况下受迫振动的振幅 A_r 随驱动力频率 ω_p 变化的情况。

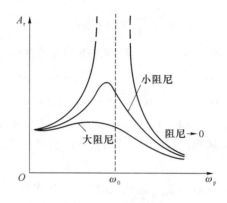

图 11-15　共振频率

共振现象可以发生在振荡电路中。在周期性电动势作用下，电流振幅达到极大值的现象称为电共振，收音机和电视机的选台就是通过调节机内振荡电路的固有频率，使之等于外来信号的频率来实现的。微观世界也广泛存在共振现象，如核磁共振。所谓核磁共振，是指处于恒定外磁场中具有磁矩的原子核对某一频率电磁波能量所发生的共振吸收。共振吸收的情况与样品中原子核的密度、周围环境等因素有关。因此，原子核可以看成是安置在样品中的微小探针，通过核磁共振可以探测样品的信息。

发生共振时，振幅过大可能会损坏机器、设备或建筑。1940 年，美国的一座大桥刚启用 4 个月就坍塌了，原因是一阵不算太强的大风所引起的桥的共振。据报道，我国某城市有几栋高层居民楼经常摇晃，引起居民的恐慌，后来发现距居民楼 800 m 处有四台大功率锯石机，其工作频率为 1.5 Hz，恰好等于居民楼的固有频率，楼的摇晃原来是一种共振现象。由于共振，可能会引起巨大的破坏，所以在工程技术中防振和减振是一项十分重要的任务。

中国古代用来盛水和洗东西的鱼洗是一种黄铜制作的、铸有鱼形图案花纹的盆形器具。在其两侧各有一个环形提手，叫作"洗耳"。用手摩擦"洗耳"时，"鱼洗"会随着摩擦的频率产生振动。当摩擦力引起的振动频率和"鱼洗"壁振动的固有频率相等或接近时，"鱼洗"壁产生共振，振动幅度急剧增大。但由于"鱼洗"盆底的限制，使它所产生的波动不能向外传播，于是在"鱼洗"壁上入射波与反射波相互叠加而形成驻波。驻波中振幅最大的点称波腹，最小的点称波节。用手摩擦一个圆盆形的物体，最容易产生一个数值较低的共振频率，也就是由四个波腹和四个波节组成的振动形态，"鱼洗"壁上振幅最大处会立即激荡水面，将附近的水激出而形成水花。当四个波腹同时作用时，就会出现水花四溅。

11.4　简谐振动的合成

一个物体可以同时参与两个或两个以上的振动。例如两个声源发出的声波同时传播到空气中某点时,由于每一声波都引起该处质元振动,所以该质元同时参与两个振动。根据运动叠加原理,质元所做的运动是两个振动的合成。任意两个振动的合成是相当复杂的,下面只讨论几种简单且基本的简谐振动合成。

1. 同方向、同频率的谐振动的合成

（1）解析法

设质点沿 x 轴同时参与两个独立的同频率的简谐振动,在任意时刻 t,这两个振动的位移分别为

$$x_1 = A_1 \cos(\omega t + \varphi_1)$$
$$x_2 = A_2 \cos(\omega t + \varphi_2)$$

合成运动的合位移仍沿 x 轴,而且为上述两位移的代数和,即

$$\begin{aligned} x &= x_1 + x_2 \\ &= A_1 \cos(\omega t + \varphi_1) + A_2 \cos(\omega t + \varphi_2) \\ &= (A_1 \cos\varphi_1 + A_2 \cos\varphi_2)\cos\omega t - (A_1 \sin\varphi_1 + A_2 \sin\varphi_2)\sin\omega t \end{aligned} \tag{11-33}$$

由于两个括号分别为常量,为使 x 能表示为简谐振动的标准形式,引入两个新常量 A 和 φ,使得

$$A_1 \cos\varphi_1 + A_2 \cos\varphi_2 = A\cos\varphi \tag{11-34}$$
$$A_1 \sin\varphi_1 + A_2 \sin\varphi_2 = A\sin\varphi \tag{11-35}$$

将以上两式代入式(11-33)得

$$x = A\cos\varphi\cos\omega t - A\sin\varphi\sin\omega t = A\cos(\omega t + \varphi)$$

可见两个同方向、同频率的简谐振动合成仍然是简谐振动,合成以后的角频率和原来的角频率相同,合成以后的振幅 A 和初相 φ 由式(11-34)和式(11-35)得

$$A = \sqrt{A_1^2 + A_2^2 + 2A_1 A_2 \cos(\varphi_2 - \varphi_1)} \tag{11-36}$$

$$\varphi = \arctan\frac{A_1 \sin\varphi_1 + A_2 \sin\varphi_2}{A_1 \cos\varphi_1 + A_2 \cos\varphi_2} \tag{11-37}$$

由以上两式可以看出,合成简谐振动的振幅不仅与 A_1、A_2 相关,而且和原来两个简谐振动的初相差相关。下面讨论两个特例,这两个特例在讨论波的干涉、衍射等问题时会经常用到。

① $\varphi_2 - \varphi_1 = 2k\pi, k = 0, \pm1, \pm2, \cdots$。此时 $\cos(\varphi_2 - \varphi_1) = 1$。由式(11-36),可得

$$A = \sqrt{A_1^2 + A_2^2 + 2A_1 A_2} = A_1 + A_2 \tag{11-38}$$

可以看出,合成简谐振动的振幅等于原来两个简谐振动的振幅之和,合振动的振幅达到最大值。

② $\varphi_2 - \varphi_1 = (2k+1)\pi, k = 0, \pm1, \pm2, \cdots$。此时 $\cos(\varphi_2 - \varphi_1) = -1$。由式(11-36),可得

$$A = \sqrt{A_1^2 + A_2^2 - 2A_1 A_2} = |A_1 - A_2| \tag{11-39}$$

即合成简谐振动的振幅等于原来两个简谐振动的振幅之差，合振动的振幅达到最小值。此时若 $A_1＝A_2$，则合振动振幅 $A＝0$。

（2）旋转矢量合成法

如图 11-16 所示，两个简谐振动对应的旋转矢量分别为 $\boldsymbol{A}_1$、$\boldsymbol{A}_2$。当 $t＝0$ 时，它们与 Ox 轴的夹角分别为 φ_1 和 φ_2，在 Ox 轴上的投影分别为 x_1 及 x_2。由平行四边形法则，可得矢量 $\boldsymbol{A}＝\boldsymbol{A}_1＋\boldsymbol{A}_2$。由于 $\boldsymbol{A}_1$、$\boldsymbol{A}_2$ 以相同的 ω 绕点 O 逆时针旋转，它们的夹角 $\varphi_2－\varphi_1$ 在旋转过程中保持不变，所以矢量 $\boldsymbol{A}$ 的大小也保持不变，并以相同的角速度绕点 O 逆时针旋转。任意时刻矢量 $\boldsymbol{A}$ 在 Ox 轴上的投影为 $x＝x_1＋x_2$，因此合矢量 $\boldsymbol{A}$ 即为合振动所对应的旋转矢量，而开始时合矢量 $\boldsymbol{A}$ 与 Ox 轴的夹角即为合振动的初相 φ。

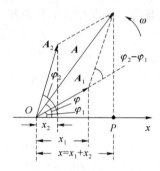

图 11-16　旋转矢量法表示两个简谐振动的合成

由图 11-16 可得合位移为

$$x＝A\cos(\omega t＋\varphi)$$

表明合振动仍然是简谐振动。根据图 11-16 所示的平行四边形法则，可以得到合振幅 A 以及合振动的初相 φ 的表达式为

$$A＝\sqrt{A_1^2＋A_2^2＋2A_1A_2\cos(\varphi_2－\varphi_1)}$$

$$\varphi＝\arctan\frac{A_1\sin\varphi_1＋A_2\sin\varphi_2}{A_1\cos\varphi_1＋A_2\cos\varphi_2}$$

与解析法得出的式(11-36)和式(11-37)相同。

例 11-8　某质点参与两个同方向的简谐振动，它们的振动方程分别为

$$x_1＝5\times10^{-2}\cos\left(10t＋\frac{3}{4}\pi\right)$$

$$x_2＝6\times10^{-2}\cos\left(10t＋\frac{1}{4}\pi\right)$$

公式中的各个物理量均采用国际单位，试求合振动方程。

解　依题意，该质点参与两个同方向、同频率的简谐振动。它们的旋转矢量合成情况如图 11-17 所示。由于

$$\varphi_1－\varphi_2＝\frac{3}{4}\pi－\frac{1}{4}\pi＝\frac{1}{2}\pi$$

因此合振动的振幅为

$$A = \sqrt{A_1^2 + A_2^2} = 7.81 \times 10^{-2}\ \text{m}$$

因为

$$\theta = \arctan\frac{5}{6} = 0.69\ \text{rad}$$

所以合振动的初相为

$$\varphi = \varphi_2 + \theta = 1.48\ \text{rad}$$

则所求的合成振动方程为

$$x = 7.81 \times 10^{-2}\cos(10t + 1.48)\ \text{m}$$

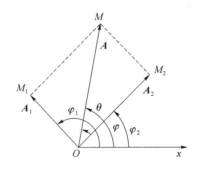

图 11-17　例 11-8 图

2. 同方向、不同频率简谐振动的合成

设质点同时参与两个同方向、角频率分别为 ω_1 和 ω_2 的简谐振动。为突出频率不同引起的效果,设两分振动的振幅相同,且初相均等于 φ_0,即

$$x_1 = A\cos(\omega_1 t + \varphi_0)$$
$$x_2 = A\cos(\omega_2 t + \varphi_0)$$

合振动的位移为

$$x = x_1 + x_2 = A\cos(\omega_1 t + \varphi_0) + A\cos(\omega_2 t + \varphi_0)$$

利用三角恒等式可求得

$$x = 2A\cos\left(\frac{\omega_2 - \omega_1}{2}t\right)\cos\left(\frac{\omega_2 + \omega_1}{2}t + \varphi_0\right) \tag{11-40}$$

由上式可知,合振动不是简谐振动。但若两分振动的频率满足 $\omega_2 + \omega_1 \gg |\omega_2 - \omega_1|$,则合振动表现出非常值得注意的特点。这时式(11-40)中第一项因子 $2A\cos\dfrac{\omega_2 - \omega_1}{2}t$ 的周期要比另一因子 $\cos\dfrac{\omega_2 + \omega t}{2}t$ 的周期长得多。于是我们可将式(11-40)表示的运动看作是振幅按照 $\left|2A\cos\dfrac{\omega_2 - \omega_1}{2}t\right|$ 缓慢变化,而圆频率等于 $\dfrac{\omega_2 + \omega_1}{2}$ 的"准谐振动",这是一种振幅有周期性变化的"简谐振动"。或者说,合振动描述的是一个高频振动受到一个低频振动调

制的运动,如图 11-18 所示。这种振幅时大时小的现象叫作"拍"。

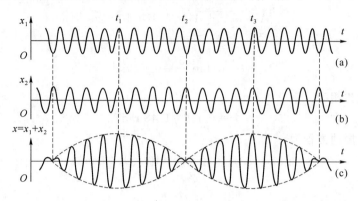

图 11-18　拍的形成

合振幅每变化一个周期称为一拍,单位时间内拍出现的次数(合振幅变化的频率)叫作拍频。由于振幅只能取正值,因此拍 $\left| 2A\cos\dfrac{\omega_2-\omega_1}{2}t \right|$ 的圆频率应为调制频率的 2 倍,即

$$\omega_{拍}=|\omega_2-\omega_1|$$

于是拍频为

$$\nu_{拍}=\frac{\omega_{拍}}{2\pi}=\left|\frac{\omega_2}{2\pi}-\frac{\omega_1}{2\pi}\right|=|\nu_2-\nu_1| \tag{11-41}$$

这就是说,拍频等于两个分振动频率之差。

拍现象在声振动、电磁振荡和波动中经常遇到。例如,当两个频率相近的音叉同时振动时,就可听到时强时弱的"嗡、嗡……"的拍音。人耳能区分的拍音低于每秒 7 次。利用拍现象还可以测定振动频率、校正乐器和制造拍振荡器等。

上述关于拍现象的讨论只限于线性叠加。当两个不同频率的分振动出现物理上非线性耦合时,就可能出现"同步锁模"现象,即两个振动系统锁定在同一频率上。历史上首先注意这种现象的是 17 世纪的惠更斯,偶然的因素使他发现了家中挂在同一木板墙壁上的两个挂钟因相互影响而同步的现象。以后的观察表明,这种锁模现象也发生在"生物钟"内。在电子示波器中,人们充分利用这一原理把波形锁定在屏幕上。

3. 垂直方向、同频率简谐振动的合成

上面讨论了同一直线上两个简谐振动的合成,另外也存在方向不同的两个谐振动的合成问题。在后一类问题中,特别是两谐振动相互垂直的情况,在电学、光学中有着广泛而重要的应用。

当一个质点同时参与两个不同方向的简谐振动时,质点的位移是这两个振动的位移的矢量和。在一般情况下,质点将在平面上做曲线运动。质点轨道的各种形状由两个振动的频率、振幅和位相差等决定。我们先讨论两个相互垂直的同频率简谐振动的合成情况。

设质点同时参与两个相互垂直方向上的谐振动,一个沿 x 轴方向,另一个沿 y 轴方

向,并且两振动频率相同,以质点的平衡位置为坐标原点,两个振动方程分别为

$$x = A_1 \cos(\omega t + \varphi_{10})$$
$$y = A_2 \cos(\omega t + \varphi_{20})$$

在任何时刻 t,质点的位置是 (x, y);t 改变时,(x, y) 也改变。所以这两个方程就是含参变量 t 的质点的运动方程,消去时间参数 t,便得到质点合振动的**轨道方程**,即

$$\frac{x^2}{A_1^2} + \frac{y^2}{A_2^2} - 2\frac{xy}{A_1 A_2}\cos(\varphi_{20} - \varphi_{10}) = \sin^2(\varphi_{20} - \varphi_{10}) \tag{11-42}$$

由上式可知,质点合振动的轨道一般为椭圆,如图 11-19 所示。因为质点在两个垂直方向上的位移 x 和 y 只在一定范围内变化,所以椭圆轨道不会超出以 $2A_1$ 和 $2A_2$ 为边长的矩形范围。当两个分振动振幅 A_1、A_2 给定时,椭圆的其他性质(长短轴及方位)由两个分振动的位相差 $\varphi_{20} - \varphi_{10}$ 决定。下面讨论几种特殊情况。

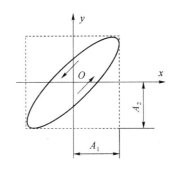

图 11-19　两个相互垂直谐振动的合成

(1) $\varphi_{20} - \varphi_{10} = 0$,即两个分振动位相相同,这时式(11-42)变为

$$\left(\frac{x}{A_1} - \frac{y}{A_2}\right)^2 = 0$$

即

$$y = \frac{A_2}{A_1}x \quad \text{或} \quad \frac{x}{A_1} = \frac{y}{A_2}$$

合振动的轨迹为通过原点且在第一、第三象限内的直线,其斜率为两个分振动的振幅之比 $\frac{A_2}{A_1}$,如图 11-20(a)所示。在任一时刻 t,质点离开平衡位置的位移(即合振动的位移)为

$$S = \sqrt{x^2 + y^2} = \sqrt{A_1^2 + A_2^2}\cos(\omega t + \varphi)$$

上式表明,这种情况下合振动也是谐振动,且与原来两个分振动频率相同,但振幅为 $\sqrt{A_1^2 + A_2^2}$。

(2) $\varphi_{20} - \varphi_{10} = \pi$,即两个分振动位相相反,当其中一个分振动达到正最大时,另一个达到负最大,此时式(11-42)变为

$$\left(\frac{x}{A_1} + \frac{y}{A_2}\right)^2 = 0$$

即

$$\frac{x}{A_1} = -\frac{y}{A_2} \quad \text{或} \quad y = -\frac{A_2}{A_1}x$$

其合振动的轨迹仍为一直线,但直线的斜率为 $-\frac{A_2}{A_1}$。质点将在此直线上做振幅为

$\sqrt{A_1^2+A_2^2}$、圆频率为 ω 的谐振动,如图 11-20(b)所示。

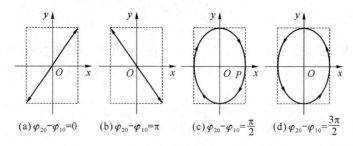

(a)$\varphi_{20}-\varphi_{10}=0$　(b)$\varphi_{20}-\varphi_{10}=\pi$　(c)$\varphi_{20}-\varphi_{10}=\dfrac{\pi}{2}$　(d)$\varphi_{20}-\varphi_{10}=\dfrac{3\pi}{2}$

图 11-20　几个不同位相差的垂直振动的合成轨迹

(3) $\varphi_{20}-\varphi_{10}=\dfrac{\pi}{2}$,即 y 方向上的分振动比 x 方向上的分振动超前 $\dfrac{\pi}{2}$,此时式(11-42)变为

$$\frac{x^2}{A_1^2}+\frac{y^2}{A_2^2}=1$$

即合振动的轨迹为以 x 轴和 y 轴为轴线的椭圆,两个半轴分别为 A_1 和 A_2,如图 11-20 (c)所示。这时两个分振动方程为

$$x=A_1\cos(\omega t+\varphi_{10})$$
$$y=A_2\cos\left(\omega t+\varphi_{10}+\frac{\pi}{2}\right)$$

当某一瞬时 $\omega t+\varphi_{10}=0$ 时,则 $x=A_1$,$y=0$,质点在图中 P 点;下一瞬间,有 $\omega t+\varphi_{10}>0$, 因而此时 x 将略小于 A_1,同时此瞬间的 $\omega t+\varphi_{10}+\dfrac{\pi}{2}$ 略大于 $\dfrac{\pi}{2}$,故 $y<0$,质点将处于第四 象限,因此可判定质点沿椭圆的运动方向是顺时针的。

(4) $\varphi_{20}-\varphi_{10}=-\dfrac{\pi}{2}$,即 x 方向上的分振动比 y 方向上的分振动超前 $\dfrac{\pi}{2}$,由与上面(3) 中类似的分析知,合振动的轨迹仍为以 x 轴和 y 轴为轴线的椭圆,如图 11-20(d)所示,但 质点的运动方向与(3)相反。

在上面(3)和(4)中,若两个分振动的振幅相同,即 $A_1=A_2$,则合振动的轨迹为一 圆周。

上面是几种特殊情形,一般情况下,若两个分振动的位相差取其他数值,则合振动的 轨迹将为形状与方位各不相同的椭圆,质点的运动方向则可能为顺时针或逆时针,如图 11-21 所示。

总之,一般说来,两个振动方向相互垂直的同频率的简谐振动合振动轨迹为一直线、 圆或椭圆。轨道的具体形状、方位和运动方向由分振动的振幅和位相差决定,在电子示波 器中,若使相互垂直的正弦变化的电学量频率相同,就可以在屏上观察到合振动的轨迹。

以上讨论也说明:任何一个直线简谐振动、椭圆运动或匀速圆周运动都可以分解为两 个相互垂直的同频率的谐振动。

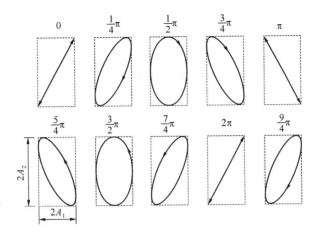

图 11-21　两个相互垂直的振幅不同、频率相同的简谐振动的合成

4. 垂直方向、不同频率谐振动的合成

理论和实验都证明,两个频率不同、相互垂直的简谐振动的合成运动轨迹形状与两个分振动的频率比有关,而且与它们的初相和初相差有关。另外,当原来两个相互垂直的简谐振动的频率比为整数比时,合成运动的轨迹为稳定的闭合曲线,也就是合成的运动是周期性的。在频率比为不同整数比、不同初相位情况下,两个相互垂直的简谐振动的合成运动可能出现的轨迹如图 11-22 所示,这样的轨迹图形称为**李萨如图**。利用李萨如图形,可由一已知频率求得另一个未知振动的频率。若频率比已知,则可利用这些图形确定相位关系,这是无线电技术中常用的测定频率、确定相位关系的方法。

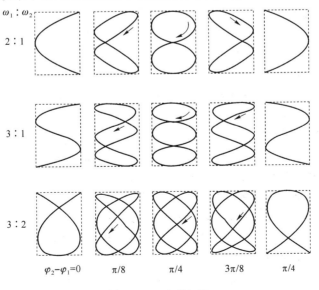

图 11-22　李萨如图

阅读材料十一

科学家简介：胡克

罗伯特·胡克(1635—1703年)：英国物理学家、天文学家。

主要成就：在物理学研究方面，他提出了描述材料弹性的基本定律——胡克定律，且提出了万有引力的平方反比关系；在机械制造方面，他设计制造了真空泵、显微镜和望远镜，并将自己用显微镜观察所得写成《显微术》一书，细胞一词即由他命名；在新技术发明方面，他发明的很多设备至今仍然在使用。除去科学技术，胡克还在城市设计和建筑方面有着重要的贡献。

1635年7月8日(当时英国采用的旧历为1635年7月18日)，胡克诞生于英国威特岛的谈水镇，他父亲是一个受人尊敬的教区副牧师。胡克从小身体不好，他父亲舍不得将他送去要求严厉的寄宿学校，自己在家教授胡克。胡克从小就表现出学习和动手天赋，以至于他父亲的朋友——艺术家约翰·霍斯金建议让胡克以艺术为终生职业。1648年，胡克的父亲去世，年仅13岁的胡克来到伦敦，在当时著名的画师彼得·莱利(后来成为爵士)那里学习绘画，掌握绘画技巧后来到威斯特敏斯特学校求学。学校当时的校长是理查德·巴斯比博士，他任校长之职长达55年，使该校在17世纪成为欧洲知识界最杰出的学校。巴斯比博士很快认识到胡克的天才，据说胡克只花了一星期就掌握了欧几里得《几何学原理》前六卷，在校期间还发明了飞行器、学会了拉风琴等。胡克和巴斯比博士保持了终生的友谊，胡克还为巴斯比设计了私家住宅。

1653年，胡克来到牛津基督教会学院任职，据说因为胡克拥有很好的音乐能力，还在教堂唱诗班唱歌。牛津生活对胡克来说，最大的收获来自课堂之外。他开始了自己的科学学徒生活，并结识了很多有创造性的朋友，其中包括沃德姆学院学监约翰·威尔金斯和克里斯托夫·雷恩。著名学者威尔金斯当时是牛津"自然哲学俱乐部"的领头羊，他和英国历史上最伟大的建筑大师雷恩一起鼓励胡克从事天文学、数学和力学研究。胡克还被著名解剖学家托马斯·威利斯聘为化学助手，由此获得的解剖技巧对于他日后研究呼吸有根本性的帮助。与罗伯特·玻意耳的相识是他在牛津最重要的经历，并于1658年成为玻意耳的助手。胡克从玻意耳处获得了丰富的化学知识和实验技巧，并以自己作为机械师的天才回馈玻意耳，帮助他研究空气。

1662年，英国皇家学会成立，胡克成为担任学会实验管理员的最佳人选。但是，他并不是与威尔金斯、雷恩、玻意耳等人平起平坐的会员，他只是个雇员或"仆人"。1665年，已是皇家学会会员的胡克担任格雷山姆学院几何学教授,拥有了开展学术研究所必需的物理条件,成为英国第一批领取薪俸的科学家之一,开始了其个人独立的学术研究。

胡克是一个全才式的人物,他的贡献是多方面的。他以惊人的动手技巧和创造能力对当时的天文学、物理学、生物学、化学、气象学、钟表和机械、天文学、生理学等学科都作出过重要贡献,同时在艺术、音乐和建筑方面也颇有建树,因此被誉为"英国的达芬奇"和"最后一个文艺复兴人"。

胡克所处的时代是实验科学兴盛的时代,胡克则是这种潮流的弄潮人。胡克的动手技巧令人叹为观止,玻意耳所用的几乎所有科学仪器都是胡克制造或设计的,抽气机就是一个非常经典的例子。胡克还拥有复式显微镜、平衡摆轮(机械表擒纵结构的零件之一,利用来回摆动将时间分割为同等区段的装置)、格雷高利望远镜(由詹姆斯·格雷高利于17 世纪 60 年代提出,由胡克于 1674 年首次制造成功)、汽车中的万向节等影响深远、使用广泛的发明。

对空气的研究,特别是对于真空和燃烧现象的研究,可以说是当时最热门的研究前沿之一。但是,要研究空气,必须拥有性能优良的抽气机。玻意耳为此请求当时最著名的抽气机制造工程师拉尔夫·格雷托雷为他制造一个比冯·格里克的抽气机更加好用的抽气机。冯·格里克曾是马德堡市长,他利用自己发明的抽气机在著名的马德堡半球内制造真空环境,两队马反方向拉金属球也拉不开,这个实验使他名噪一时。格雷托雷失败了。但是,玻意耳的助手胡克让他如愿以偿,玻意耳在正式出版的论文中亲切地将胡克制造的机器称为"我们的抽气机"。胡克制造的抽气机使玻意耳研究真空和燃烧理论时如虎添翼。

在帮助玻意耳的同时,胡克自身也对空气研究发生了浓厚的兴趣,17 世纪 60 年代早期,胡克还形成了自己的燃烧理论。他认为空气拥有两种特性不同的成分:可以与其他物质反应产生燃烧或爆炸的含"氮"成分,剩下的就是惰性物质。

奠定胡克科学天才声望的要数《显微制图》一书。该书于 1665 年 1 月出版,每本定价为昂贵的 30 先令,引起轰动。胡克出生之前很久显微镜就被发明和制造出来,但是,显微镜发明后半个多世纪过去了,却没有像望远镜那样给人们带来科学上的重大发现。直到胡克出版了他的《显微制图》一书,科学界才发现显微镜给人们带来的微观世界和望远镜带来的宏观世界一样丰富多彩。在《显微制图》一书中,胡克绘画的天分得到充分展现,书中包括 58 幅图画,在没有照相机的当时,这些图画都是胡克用手描绘的显微镜下看到的情景。可惜的是,胡克自己的画像却一张也没有留存下来,据说唯一的一张胡克画像毁于牛顿的支持者之手。《显微制图》一书为实验科学提供了前所未有的既明晰又美丽的记录和说明,开创了科学界借用图画这种最有力的交流工具进行阐述和交流的先河,为日后的科学家们所效仿。1684 年时任英国皇家学会会长的塞缪尔·佩皮斯就是看到胡克的这本书,对科学发生了浓厚的兴趣,于是立即购买仪器于 1665 年 2 月加入皇家学会。他称赞该书为他一生中所读过的最具天才的书。

在所有科学分支当中，胡克对天文学和力学的贡献是最为重要和广泛的。中学课本里介绍的胡克定律（弹性定律）是基本力学定律之一，他还很早就发现了万有引力定律中非常重要的平方反比关系。在天文观测方面，胡克也毫不逊色。他是与卡西尼、惠更斯一起最早仔细观测木星表面的天文学家，1664 年 5 月，他在最大的木星上看到一个小圆斑，并断定那是木星本身带有的一个永久性标志，而不是木星卫星投下的阴影。胡克对月球、彗星、太阳等天体都有独到的研究，临去世前一年还在研究如何更加精确地测定太阳的直径。作为一种业余爱好，胡克很早就热衷于研究飞行，他从小开始制作飞行器，在威斯特敏斯特学校上学时，他就发明了三十多种飞行方式。可以想象，当时的校长巴斯比博士对此肯定会目瞪口呆的。他从昆虫的飞行中获得启示，致力于发明人造"肌肉"实现飞翔的梦想。他在日记中记载，他已经找到合适的材料，并成功地制作出人造"肌肉"。但是，谁也没有见过实物，不知他所说是真是假。

胡克通过对大量矿物、植物、动物的显微观察，发表了《显微图集》一书，其中收集的就有著名的软木切片细胞图。这是在他全部成就中最重要的一部著作，也是欧洲 17 世纪最主要的科学文献之一。他开始应用显微镜于生物研究，他将蜜蜂的刺、苍蝇的脚、鸟的羽毛、鱼鳞片以及跳蚤、蜘蛛、草麻等用显微镜详细地予以考察比较。他观察到软木塞等物品的结缔组织，并使用"细孔"和"细胞"来说明，"细胞"（cell）一词从此被生物界直接采用。胡克的这一发现引起了人们对细胞学的研究。现在知道，一切生物都是由无数的细胞所组成的。胡克对细胞学的发展作出了极大的贡献。这本图集向人们提供了许多鲜为人知的显微图画信息，它涉及化学、物理、地质和生物学。

同年他还提出，热是物质粒子机械运动的结果，一切物质受热均膨胀，空气是由距离较大、相互分开的粒子构成的，这些结果都被后人一一证实。胡克发明了轮形气压计，这是一种由绕轴旋转的指针记录压力的仪器。另外他制造的气候钟能将气压、温度、降雨量、湿度和风速记录在同一个旋转的记纹鼓上，由此有人称他是科学气象学的奠基人。

1666 年，伦敦发生大火，烧掉了许多建筑，胡克提出按矩形格式重建伦敦。这一方案虽然未被采纳，但得到了伦敦市元老会的赏识，胡克被任命为三个负责重建伦敦的测量员之一。当上测量员以后的 10 年是胡克科学创造的高峰。在这段时间里，他不仅出色地完成了测量员的工作，而且科学研究硕果累累。1679 年，胡克继《显微图集》后另一重要的著作问世，它是胡克在 17 世纪 70 年代出版的一组 6 本系列著作的合订本，取名《卡特勒演讲集》。

胡克是一位技术精湛的实验员，除了改进空气泵和钟表结构外，他还制造了显微镜和改进了望远镜，人们称胡克是 17 世纪最伟大的科学仪器发明家和设计者。另外他对天文学的贡献也特别富有价值，胡克首先在望远镜上安装了十字标线瞄准器、可变光栅以及可直接读出望远镜方位的调节旋钮。他是第一个制造格雷果反射望远镜的人，用这台望远镜，1664 年，他发现了猎户星座的第五星，第一个提出木星绕轴旋转。他还对火星进行过详细观察并进行描述,这一成果在 19 世纪被用作确定火星旋转速度的依据,肯定了他在天文学方面的工作。

胡克在《显微图集》中还记录了他对光学的研究。他对云母、肥皂泡以及玻璃片间的空气层等薄且透明的膜中的色彩进行观察,发现颜色的变化呈周期性,随着薄膜厚度的增加,光谱出现重复。为了解释这个现象,他提出了光的波动学说。1672 年,他又发现了衍射现象,并用光的波动学说进行解释。胡克是光的波动学说最早的倡导人之一。

1703 年 3 月 3 日,胡克逝世于伦敦,终年 68 岁。

思 考 题

11-1 什么是简谐振动?试从运动学和动力学两方面说明质点做简谐振动时的特征。

11-2 什么是阻尼振动?

11-3 什么是共振?产生共振的条件是什么?

11-4 同方向、同频率的简谐振动的合成结果是否是简谐振动?如果是,其频率等于多少?振幅取决于哪些因素?

11-5 什么是拍?什么情况下产生拍的现象?拍频等于多少?

练 习 题

11-1 两个质点各自做简谐振动,它们的振幅相同,周期相同。第一个质点的振动方程为 $x_1 = A\cos(\omega t + \alpha)$。当第一个质点从相对于其平衡位置的正位移处回到平衡位置时,第二个质点在最大正位移处,则第二个质点的振动方程为( )。

A. $x_2 = A\cos\left(\omega t + \alpha + \dfrac{1}{2}\pi\right)$
B. $x_2 = A\cos\left(\omega t + \alpha - \dfrac{1}{2}\pi\right)$

C. $x_2 = A\cos\left(\omega t + \alpha - \dfrac{3}{2}\pi\right)$
D. $x_2 = A\cos(\omega t + \alpha + \pi)$

11-2 用两种方法使某一弹簧振子做简谐振动。方法 1:使其从平衡位置压缩 Δl,由静止开始释放;方法 2:使其从平衡位置压缩 $2\Delta l$,由静止开始释放。若两次振动的周期和总能量分别用 T_1、T_2 和 E_1、E_2 表示,则它们满足下面哪项关系?( )。

A. $T_1 = T_2, E_1 = E_2$
B. $T_1 = T_2, E_1 \neq E_2$

C. $T_1 \neq T_2, E_1 = E_2$
D. $T_1 \neq T_2, E_1 \neq E_2$

11-3 劲度系数为 k_1 和 k_2 的两根弹簧与质量为 m 的小球如习题 11-3 图所示的两

种方式连接,试证明它们的振动均为简谐振动,并分别求出它们的振动周期。

习题 11-3 图

11-4 一质点沿 x 轴做简谐振动,振动范围的中心点为 x 轴的原点。已知周期为 T,振幅为 A。

(1)若 $t=0$ 时质点过 $x=0$ 处且朝 x 轴正方向运动,则振动方程为 $x=$＿＿＿＿＿＿。

(2)若 $t=0$ 时质点处于 $x=\dfrac{1}{2}A$ 处且向 x 轴负方向运动,则振动方程为 $x=$＿＿＿＿。

11-5 质量为 10 g 的小球与轻弹簧组成的系统按 $x=0.5\cos\left(8\pi t+\dfrac{\pi}{8}\right)$(SI)的规律运动,式中 t 以 s 为单位。

(1)试求振动的角频率、周期、振幅、初相、速度及加速度的最大值。

(2) $t=1\,\mathrm{s},2\,\mathrm{s},10\,\mathrm{s}$ 等时刻的相位各为多少?

(3)分别画出位移、速度、加速度和时间的关系曲线。

11-6 一质点做简谐振动,振幅为 A,在起始时刻质点的位移为 $\dfrac{1}{2}A$,且向 x 轴的正方向运动,代表此简谐振动的旋转矢量图为(   )。

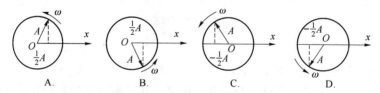

11-7 如题 11-7 图所示,物体的质量为 m,放在光滑斜面上,斜面与水平面的夹角为 θ,弹簧的劲度系数为 k,滑轮的转动惯量为 I,半径为 R。先把物体托住,使弹簧维持原长,然后由静止释放,试证明物体做简谐振动,并求振动周期。

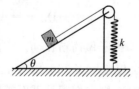

习题 11-7 图

11-8 质量为 10 g 的小球与轻弹簧组成一个系统,小球的运动方程为 $x=0.1\cos\left(4\pi t+\dfrac{\pi}{3}\right)$ m,求:①振动的周期、振幅、初相位及速度与加速度的最大值;②最大的回复力;③ $t_2=4\,\mathrm{s}$ 和

$t_1=2\,\mathrm{s}$ 两个时刻的相位差。

11-9 有一个摆长为 1 m 的单摆,开始观察时摆球正好过 $-6\,\mathrm{cm}$ 处,并以 20 cm/s 的速度沿 x 轴正方向运动。如果该单摆的运动近似为简谐振动,试求其振动频率、振幅和初相。

11-10 一简谐振动的旋转矢量如习题 11-10 图所示,振幅矢量大小为 2 cm,则该简谐振动的初相为 _____,振动方程为 _____。

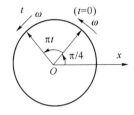

习题 11-10 图

11-11 一物体做简谐振动,其振动表达式为 $x=0.06\cos\left(4\pi t+\dfrac{\pi}{3}\right)$ m,求:①振幅、频率、角频率、周期和初相位;②$t=2\,\mathrm{s}$ 时的位移、速度和加速度。

11-12 一个沿 x 轴做简谐振动的弹簧振子振幅为 A,周期为 T,其振动方程用余弦函数表示。如果 $t=0$ 时质点的状态分别是:

(1) $x_0=-A$。

(2) 过平衡位置向正向运动。

(3) 过 $x=\dfrac{A}{2}$ 处向负向运动。

(4) 过 $x=-\dfrac{A}{\sqrt{2}}$ 处向正向运动。

试求出相应的初位相,并写出振动方程。

11-13 一质点做简谐振动。其振动曲线如习题 11-13 图所示,根据此图,它的周期 $T=$ _____,用余弦函数描述时初相 $\varphi=$ _____。

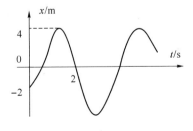

习题 11-13 图

11-14 设想沿地球直径凿一隧道，并设地球是密度为 $\rho = 5.5 \times 10^3$ kg/m^3 的均匀球体，试证：

（1）当无阻力时，一物体落入此隧道后将做简谐运动。

（2）物体由地球表面落至地心的时间为

$$t = \frac{1}{4}\sqrt{\frac{3\pi}{G\rho}} = 21 \text{ min}$$

式中，G 为引力常量。

11-15 如习题 11-15 图所示是两个简谐振动的 x—t 曲线，试分别写出振动表达式。

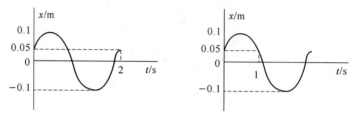

习题 11-15 图

11-16 如习题 11-16 图所示，轻质弹簧的一端固定，另一端系一轻绳，轻绳绕过滑轮连接一质量为 m 的物体，绳在轮上不打滑，使物体上下自由振动。已知弹簧的劲度系数为 k，滑轮的半径为 R，转动惯量为 J。

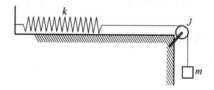

习题 11-16 图

（1）证明物体做简谐运动。

（2）求物体的振动周期。

（3）设 $t=0$ 时，弹簧无伸缩，物体也无初速，写出物体的振动表达式。

11-17 两个同方向的简谐振动曲线如习题 11-17 图所示。合振动的振幅为 _____，合振动的振动方程为 _____。

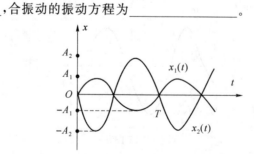

习题 11-17 图

11-18　一物体质量为 0.5 kg,在弹性力作用下做简谐振动,弹簧的劲度系数为 $k=2$ N/m。如果起始振动时具有势能 0.06 J 和动能 0.02 J,求:①振幅;②动能恰等于势能时的位移;③经过平衡位置时物体的速度。

11-19　一质量为 10×10^{-3} kg 的物体做谐振动,振幅为 24 cm,周期为 4.0 s,当 $t=0$ 时位移为 +24 cm。求:

(1) $t=0.5$ s 时,物体所在的位置及此时所受力的大小和方向。

(2) 由起始位置运动到 $x=12$ cm 处所需的最短时间。

(3) 在 $x=12$ cm 处物体的总能量。

11-20　一个质点同时参与两个在同一直线上的简谐振动,振动表达式为

$$\begin{cases} x_1=0.08\cos\left(2t+\dfrac{\pi}{3}\right) \text{ m} \\ x_2=0.06\cos\left(2t-\dfrac{2\pi}{3}\right) \text{ m} \end{cases}$$

试分别用旋转矢量法和振动合成法求合振幅和初相位,并写出合振动的振动表达式。

11-21　一弹簧振子做简谐运动,振幅 $A=0.20$ m,如果弹簧的劲度系数 $k=2.0$ N/m,所系物体的质量 $m=0.50$ kg。试求:

(1) 当动能和势能相等时,物体的位移是多少?

(2) 设 $t=0$ 时,物体在正最大位移处,在一个周期内达到动能和势能相等处所需的时间是多少?

11-22　在竖直悬挂的轻弹簧下端系一个质量为 0.1 kg 的物体,当物体处于平衡位置时,再对物体加一个拉力使弹簧伸长,然后从静止状态将物体释放。已知物体在 32 s 内完成 48 次振动,振幅为 5 cm。

(1) 上述的外加拉力多大?

(2) 当物体在平衡位置以下 1 cm 处时,该振动系统的动能和势能各是多少?

11-23　在一个竖直轻弹簧的下端悬挂质量为 5 g 的小球时,弹簧伸长 1 cm 而平衡。推动小球使其在竖直方向做振幅为 4 cm 的简谐振动,求小球的振动周期和振动能量。

第 12 章　机械波基础

　　振动的传播称为波动,简称波。波动现象是自然界广泛存在的一种物质运动形式,这一现象贯穿物理学的所有领域。机械振动在介质中的传播称为机械波,如声波、水波、地震波等。变化电场和变化磁场在空间的传播称为电磁波,如无线电波、光波、X 射线等。虽然各种波的本质不同,但它们都具有波动的共同特征,所遵循的规律也有许多相似之处,例如它们都能产生干涉和衍射,都可以用类似的方程来描述等。而所有波动中最为直观的莫过于机械波,几乎所有有关波动现象的概念、特性及物理机理都可基于此进行阐述和理解,所以机械波的学习尤为重要。

　　本章先介绍机械波产生机理及动力学方程,并在此基础上讲解波传播的能量、波的传播规律——惠更斯原理以及波的叠加现象——驻波。

12.1　机械波的形成与传播

1. 机械波的形成

　　把一根橡皮绳的一端固定在墙上,用手沿水平方向把它拉紧(图 12-1),当手猛然上下抖动时,就会看到突起状的扰动沿绳向另一端传去,从而形成波动。显然,绳子上的这种波动是由绳子一端随手上下抖动着的那一点的扰动所引起的,绳子上的这一点就是波源,绳子就是传播这种振动的弹性介质。

图 12-1　脉冲横波的产生

　　图 12-2 表示一条拉直的长绳上波的传播。为了便于说明绳上各处的振动情况,图中把绳等分为许多小质元,并等间隔地标出 0,1,2,…,每一点集中代表该质元,开始时,绳上各质元都在平衡位置。现在绳的一端质元 0 沿垂直于绳的方向向上做简谐振动,由于绳子的弹性,带动 1 号质元随着向上运动。到 $t = \dfrac{T}{4}$ 时,0 号质元到达最大位移处(最高点),下一时刻 0 号质元要向下运动,由于惯性 1 号质元继续向上运动,此时由于 1 号质元的带动,2 号质元也开始向上运动,接下来 0 号质元继续向下运动,1 号达到最高处也向下运动,带动 3 号质元

也开始向上运动。到 $t=\dfrac{T}{2}$ 时,0 号质元又回到平衡位置,以后继续向下运动,1 号质元此时也在下降途中,2 号质元运动到最大位移处,3 号质元仍在向上运动,4 号质元也开始向上运动。到 $t=\dfrac{3T}{4}$ 时,0 号质元运动到最低点,2 号质元到平衡位置,4 号质元运动到最大位移处,由于 5 号质元的带动,6 号质元也开始向上运动。到 $t=T$ 时,0 号质元回到平衡位置,2 号质元到最低处,4 号质元也在平衡位置处,6 号质元到达最高处,由于 7 号质元的带动,8 号质元也开始向上运动。此时 0 号质元完成了一次全振动,若 0 号质元持续地振动下去,则在绳子中便连续地进行振动状态的传播。整个波动过程如图 12-2 所示。

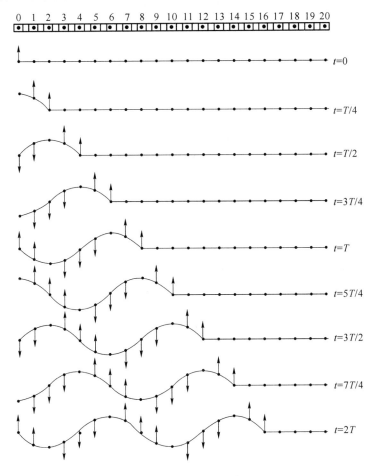

图 12-2　绳波传播示意图

从绳波的产生我们可以看出:第一,在波沿绳子传播的过程中,虽然波形由近及远地传播着,而参与波动的质元并没有随之远离,只是在自己的平衡位置附近上下振动,传播出去的只是振动状态,包括波形、振动相位、振幅、振动速度和能量等;第二,弹性介质的弹性和惯性决定了机械波的产生和传播；第三，波的传播过程中各质元的振动频率都相同，都等于波源的频率。

2. 横波和纵波

波所传播的只是振动状态，而介质中的各质元仅在它们各自的平衡位置附近振动，并未随着振动的传播而移动。例如，在漂浮着树叶的静水里，当投入石子而引起水波时，树叶只在原位置附近上下振动，并不移动到别处去。波在传播时，质元的振动方向和波的传播方向也不一定相同。如果质元的振动方向和波的传播方向垂直，这种波称为**横波**，例如在绳子上传播的波；如果质元的振动方向和波的传播方向平行，这种波称为**纵波**，例如在空气中传播的声波。横波和纵波是自然界中存在着的两种最简单的波，其他如水面波、地震波中横波和纵波的成分都存在，情况就比较复杂。

横波形成的过程可由图 12-3(a) 看出。波源的振动状态由弹性介质传播出去，形成一个具有波峰(正向最大位移)和波谷(负向最大位移)的完整波形，这就是横波。由于每个质元都在不断地振动，波峰和波谷的位置将随时间而转移，即整个波形在向前推移，这就是横波的传播过程。横波只能在固体中传播。这是因为横波的特点是振动方向与传播方向垂直，要求弹性介质产生切向的形变(即切变)，而固体能够承受一定的切变，故在固体中，引起切变的切力(弹性力)便带动了邻近质元的运动。由于液体和气体不能承受切力，所以在液体和气体中不存在这种切向弹性力的联系，故不能传播横波。

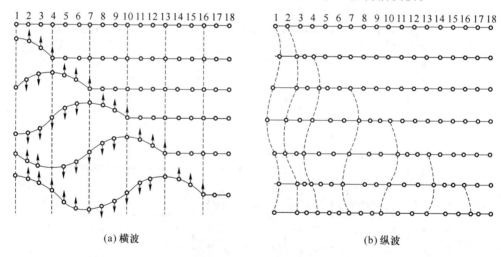

(a) 横波　　　　　　　　　　　　　(b) 纵波

图 12-3　横波与纵波

纵波形成的过程可由图 12-3(b) 看出。纵波是介质密集和稀疏相间的波，如图 12-4 所示声波的传播图。仿照上述横波的讨论可以类推，纵波在介质中传播时，介质中的质元沿波的传播方向振动，导致了质元分布时而密集，时而稀疏，使介质产生压缩和膨胀(或伸长)的形变，这种质元分布的疏密状态将随时间而沿波的传播方向移动。对固体、液体和气体这三种介质来说，都能依靠质元之间相互作用的弹性力承受一定的压缩和膨胀(或伸长)的形变，并借这种弹性力的联系,使振动传播出去,因此纵波能够在固体、液体和气体中传播。

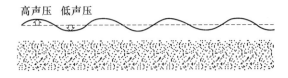

图 12-4　声波的传播

波除了可以按照振动方向和传播方向的关系划分为横波和纵波外,还可以按形状分为平面波、球面波和柱面波;按复杂程度分为简谐波和复波;按持续时间分为连续波和脉冲波;按是否传播分为行波和驻波。

3. 波线　波面　波前

为了形象直观地描绘波动过程的物理图景,这里引入了以下几个概念,以便对波动进行几何描述。

表示波的传播方向的射线称为**波线**,可以用带箭头的直线表示。例如几何光学中的光线就是光波的波线,它表明了光波的传播方向,在介质中能量沿着波线"流动",如图12-5所示。

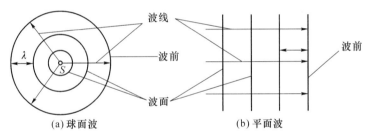

图 12-5　波动的几何描述

介质中振动相位相同的点所组成的曲面称为**波面**。波源每一时刻都向介质中传出一个波面,这些波面以一定的速度向前推进,波面推进的速度就是波传播的速度。在一系列波面中,位于最前面的领先波面称为**波前**,如图 12-5 所示。

在各向同性介质(指各个方向上的物理性质,如波速、密度、弹性模量等都相同的介质)中,波线与波面正交,在各向异性介质中二者未必正交。

按照波面形状的不同,波动可以分为**球面波**、**柱面波**、**平面波**。这几种典型的波面如图 12-6 所示,在各向同性介质中,点波源发出的波是球面波;线、柱波源发出的波是柱面波;平面波源发出的波是平面波。平面波和球面波相比较,球面波更为复杂,所以本章主要以平面简谐横波为例来研究波动的特征。

运用波线、波面和波前的概念,就可以用几何的方法描绘出波在空间传播的物理图景,波线给出了波的传播方向,一组动态地向前推进的波面形象化地展示了波在空间的传播过程。

4. 波长　波的周期和频率　波速

如果波源的振动是周期性的,则振动在空间的传播既具有时间周期性,也具有空间周期性。

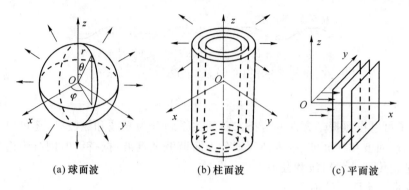

(a)球面波　　　　　(b)柱面波　　　　　(c)平面波

图 12-6　几种典型的波面

（1）波长 λ

沿波传播方向两个相邻的、相位差为 2π 的振动质元之间的距离，即一个完整波形（波的形状）的长度，称为**波长**，用 λ 表示，如图 12-7 所示。显然，横波上相邻两个波峰之间或相邻两个波谷之间的距离都是一个波长；纵波上相邻两个疏部或两个密部对应点之间的距离也是一个波长。在波线上，距离为一个波长的两点振动情况完全相同，因此波长表征了波的空间周期性。

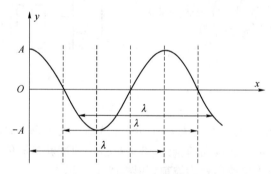

图 12-7　波的空间周期性

（2）周期 T 和频率 ν

波前进一个波长的距离所需要的时间称为**周期**，用 T 表示。周期的倒数称为**频率**，用 ν 表示，ν＝1/T，可见频率是单位时间内波通过某点的完整波的数目。由图 12-8 可以看出，波源做一次完整振动，波就前进一个波长，所以波源振动的周期等于波的周期，波的频率也就是波源的频率。由于介质中各质元在依次重复波源的振动，因此介质中任一质元完成一次全振动所需要的时间也是波的周期。同时，一个完整波形通过介质中某一固定点的时间也等于波的周期。从以上分析可以看出，波的周期反映了波的时间周期性。

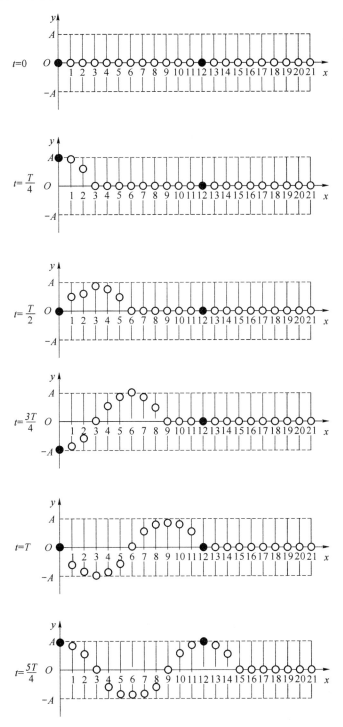

图 12-8　波的时间周期性

（3）波速 u

在波动过程中,某一个振动状态(即振动相位)在单位时间内所传播的距离称为**波速**,也叫**相速**,用 u 来表示。由于任何一个振动状态在一个周期 T 的时间内传播的距离为一个波长 λ,所以

$$u = \frac{\lambda}{T} = \nu\lambda \tag{12-1}$$

可见,波速把波的时间周期性与空间周期性联系在了一起。其中 $u=\nu\lambda$ 这个式子的物理意义是明显的,如图 12-9 所示,在单位时间内质元振动了 ν 次,则在此时间内波向前推进 ν 个波长,即 $\nu\lambda$ 这样一段距离,这就等于波的速度。

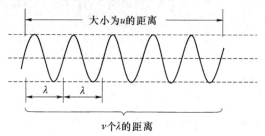

图 12-9　波速与频率、波长的关系

波速的大小由介质的性质决定,与波源无关。例如固体内横波和纵波的传播速度可以分别表示为

$$u_{横波} = \sqrt{\frac{G}{\rho}}$$

$$u_{纵波} = \sqrt{\frac{E}{\rho}} \tag{12-2}$$

式中,G、E 和 ρ 分别为固体的切变模量、弹性模量和密度。在液体和气体内,纵波的传播速度为

$$u = \sqrt{\frac{K}{\rho}}$$

式中,K 为体变模量。在拉紧的绳中,绳中的张力为 F,质量体密度为 ρ,横波的传播速度为 $u = \sqrt{\frac{F}{\rho}}$。

注意,波速与质元的运动速度是两个完全不同的概念。波速是振动状态或相位传播的速度,而质元的运动速度是质元相对于平衡位置的运动速度。

例 12-1　在室温下,已知空气中的声速为 $u_1 = 340 \text{ m/s}$,水中的声速为 $u_2 = 1\,450 \text{ m/s}$,求频率为 200 Hz 的声波在空气和水中的波长。

解　由波速、波长和频率的关系 $\lambda = \dfrac{u}{\nu}$,得在空气中,

$$\lambda_1 = \frac{u_1}{\nu} = \frac{340}{200} \text{ m} = 1.7 \text{ m}$$

在水中,

$$\lambda_2 = \frac{u_2}{\nu} = \frac{1\,450}{200} \text{ m} = 7.25 \text{ m}$$

可见,同一频率的声波在水中的波长要比在空气中的波长大。原因是波速取决于介质,波的频率(或周期)取决于波源,所以同一波源发出的一定频率的波在不同介质中传播时,频率相同,波速不同,那么波长也不相同。

12.2　平面简谐波的波动方程　波动微分方程

一般说来,波动中各质点的振动是复杂的。最简单而又最基本的波动是简谐波,即波源以及介质中各质点的振动都是简谐运动,这种情况一般发生在理想的无吸收的均匀无限大介质中。由于任何复杂的波都可以看成由若干个简谐波叠加而成,因此研究简谐波具有重要意义。若简谐波的波阵面是平面,就称为平面简谐波。因为同一波阵面上的各点振动状态相同,所以在研究平面简谐波传播规律时,只要讨论与波阵面垂直的任一条波线上波的传播规律就可以了。

1. 平面简谐波的波动方程

如图 12-10 所示,设有一平面简谐波沿 x 轴正方向以速度 u 传播(x 轴即为任意一条波线),介质中各质点的振动沿 y 方向。已知坐标原点 O 处质点的振动表达式为

$$y_0 = A\cos(\omega t + \varphi)$$

式中,y_0 表示垂直于 x 方向的位移;A 是振幅;ω 是角频率;$\omega t + \varphi$ 表示 t 时刻 O 点的相位。下面求任意坐标 x 处质点的振动表达式。

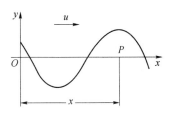

图 12-10　平面简谐振的波形曲线

考虑坐标 $x > 0$ 处质点的振动。由于波沿 x 轴正方向传播,所以坐标 x 处质点的振动相位要比 O 点的振动相位滞后 $\dfrac{x}{u}$ 时间,因此 t 时刻 x 点的相位为

$$\omega\left(t - \frac{x}{u}\right) + \varphi$$

这样一来,x 处质点的振动表达式应为

$$y = A\cos\left[\omega\left(t - \frac{x}{u}\right) + \varphi\right] \tag{12-3}$$

对于 $x < 0$ 的点,上式也成立,这时 x 处质点的相位比 O 点的相位超前 $\dfrac{|x|}{u}$ 时间。上式就是沿 x 轴正方向传播的平面简谐波的波函数,也称为**平面简谐波的波动方程**。它给出当简谐

波沿 x 轴正方向在介质中传播时，质点的位移 y 与坐标 x、时间 t 的函数关系 $y=f(x,t)$。

利用 $\omega=\dfrac{2\pi}{T}$ 和 $u=\dfrac{\lambda}{T}$，式(12-3)可表示为

$$y=A\cos\left[2\pi\left(\frac{t}{T}-\frac{x}{\lambda}\right)+\varphi\right] \tag{12-4}$$

如果定义波数 k，即

$$k=\frac{2\pi}{\lambda}=\frac{\omega}{u} \tag{12-5}$$

则简谐波的波动方程还可写成

$$y=A\cos(\omega t-kx+\varphi) \tag{12-6}$$

上式是更常用的波动方程的表达形式。波数 k 和角频率 ω 相对应，$\omega=\dfrac{2\pi}{T}$ 表示单位时间内相位的变化，而 $k=\dfrac{2\pi}{\lambda}$ 表示单位距离内相位的变化。

上面讨论的是沿 x 轴正方向传播的简谐波，如果沿 x 轴负方向传播，只要在式(12-3)中让 x 变号就可以了。因此平面简谐波波动方程的一般形式可写成

$$y=A\cos(\omega t\mp kx+\varphi)=A\cos\left[2\pi\left(\frac{t}{T}\mp\frac{x}{\lambda}\right)+\varphi\right] \tag{12-7}$$

式中，负号表示沿 x 轴正方向传播，正号表示沿 x 轴负方向传播。

为了深刻理解平面简谐波波动方程的物理意义，下面分几种情况进行讨论。

（1）如果 $x=x_0$ 为给定值，则位移 y 仅是时间 t 的函数，即 $y=y(t)$，波动方程变为

$$y(t)=A\cos\left(\omega t-\frac{\omega x_0}{u}+\varphi_0\right)=A\cos\left(\omega t-2\pi\frac{x_0}{\lambda}+\varphi_0\right) \tag{12-8}$$

这就是波线上 x_0 处质点在任意时刻离开自己平衡位置的位移，式(12-8)即为 x_0 处质点的振动方程，表明任意坐标 x_0 处质点均在做简谐振动，相应可作出其振动曲线如图 12-11 所示。

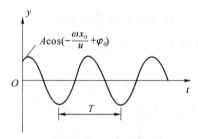

图 12-11　波线上给定点的振动曲线

由式(12-8)可知，x_0 处质点在 $t=0$ 时刻的位移为

$$y(0,x_0)=A\cos\left(-\frac{\omega x_0}{u}+\varphi_0\right)=A\cos\left(-2\pi\frac{x_0}{\lambda}+\varphi_0\right)$$

该处质点的振动初位相为 $\varphi' = -\dfrac{\omega x_0}{u} + \varphi_0 = -2\pi\dfrac{x_0}{\lambda} + \varphi_0$。显然 x_0 处质点的振动位相比

原点 O 处质点的振动位相始终落后一个值 $\dfrac{\omega x_0}{u}$ 或 $2\pi\dfrac{x_0}{\lambda}$。x_0 越大,位相落后越多,因此沿

着波的传播方向,各质点的振动位相依次落后。$x_0 = \lambda, 2\lambda, 3\lambda, \cdots$ 各处质点的振动位相依

次为 $\varphi' = -2\pi + \varphi_0, -4\pi + \varphi_0, -6\pi + \varphi_0, \cdots$ 这正好表明波线上每隔一个波长的距离,质

点的振动曲线就重复一次,波长的确代表了波的空间周期性。

由上面的讨论读者自己可以导出同一波线上两质点之间的位相差为

$$\Delta\varphi = -\frac{2\pi}{\lambda}(x_2 - x_1) \tag{12-9}$$

(2) 如果 $t = t_0$ 为给定值,则位移 y 只是坐标 x 的函数,即 $y = y(x)$,波动方程变为

$$y = A\cos\left[\omega\left(t_0 - \frac{x}{u}\right) + \varphi_0\right] \tag{12-10}$$

这时方程给出了在 t_0 时刻波线上各质点离开各自的平衡位置的位移分布情况,称为
t_0 时刻的**波形方程**。t_0 时刻的波形曲线如图 12-12 所示,它是一条简谐函数曲线,正好说
明它是一列简谐波。应该注意的是,对横波,t_0 时刻的 $y-x$ 曲线实际上就是该时刻统观
波线上所有质点的分布图形;而对于纵波,波形曲线并不反映真实的质点分布情况,而只
是该时刻所有质点的位移分布。

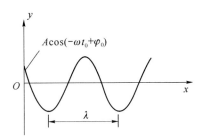

图 12-12　给定时刻($t = t_0$)的波形

读者自己可以导出同一质点在相邻两个时刻的振动位相差为

$$\Delta\varphi = \omega(t_2 - t_1) = \frac{t_2 - t_1}{T}2\pi \tag{12-11}$$

这说明波动周期反映了波动在时间上的周期性。

(3) 如果 t、x 都在变化,波动方程

$$y(t, x) = A\cos\left[\omega\left(t - \frac{x}{u}\right) + \varphi_0\right]$$

给出了波线上各个不同质点在不同时刻的位移,或者说它包括了各个不同时刻的波形,也
就是反映了波形不断向前推进的波动传播的全过程。

进一步分析波动方程便可更深入了解波动的本质。

根据波动方程可知，t 时刻的波形方程为

$$y(x) = A\cos\left[\omega\left(t - \frac{x}{u}\right) + \varphi_0\right]$$

上式表示 x 处的质元在 t 时刻的振动位移，而 $t + \Delta t$ 时刻的波形方程为

$$y(x) = A\cos\left[\omega\left(t + \Delta t - \frac{x + u\Delta t}{u}\right) + \varphi_0\right]$$

t 时刻、x 处的某个振动状态经过 Δt，传播了 $\Delta x = u\Delta t$ 的距离，用波动方程表示即为

$$A\cos\left[\omega\left(t + \Delta t - \frac{x + u\Delta t}{u}\right) + \varphi_0\right] = A\cos\left[\omega\left(t - \frac{x}{u}\right) + \varphi_0\right]$$

即

$$y(t + \Delta t, x + \Delta x) = y(t, x) \tag{12-12}$$

这就是说，想获取 $t + \Delta t$ 时刻的波形，只要将 t 时刻的波形沿波的前进方向移动 Δx（$= u\Delta t$）距离即可得到。我们分别用实线和虚线表示 t 时刻和稍后的 $t + \Delta t$ 时刻两条波形曲线，如图 12-13 所示，便可形象地看出波形向前传播的图像，波形向前传播的速度就等于波速 u。故式(12-3)描述的波称为**行波**。

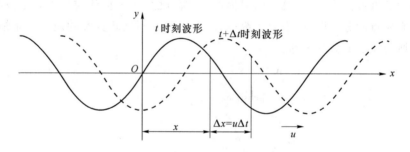

图 12-13　波形的传播

2. 波动微分方程

为简单起见，这里不利用牛顿定律导出平面波波函数所满足的波动微分方程，而是根据已知的平面简谐波的波函数，反过来求它所满足的波动微分方程。这样研究问题的方法在物理学中是经常采用的。

将平面简谐波的波动方程

$$y = A\cos\left[\omega\left(t - \frac{x}{u}\right) + \varphi\right]$$

分别对 t 和 x 求二阶偏导数，有

$$\frac{\partial^2 y}{\partial t^2} = -A\omega^2\cos\left[\omega\left(t - \frac{x}{u}\right) + \varphi\right]$$

$$\frac{\partial^2 y}{\partial x^2} = -A\frac{\omega^2}{u^2}\cos\left[\omega\left(t - \frac{x}{u}\right) + \varphi\right]$$

比较上面两式,可得

$$\frac{\partial^2 y}{\partial x^2} = \frac{1}{u^2}\frac{\partial^2 y}{\partial t^2} \tag{12-13}$$

上式就是**平面波的波动(微分)方程。**

　　对于任一沿 x 轴方向传播的平面波(若不是平面简谐波,可以认为是由许多不同频率的平面简谐波的合成),将其波函数对 t 和 x 求二阶偏导数,所得的结果仍然满足式 (12-13),所以式(12-13)是一切平面波所满足的微分方程。它反映了一切平面波的共同特征,不仅适用于机械波,也广泛适用于电磁波、热传导、化学中的扩散等过程。它是物理学中的一个具有普遍意义的方程。可以说,物理量 y 不论是力学量还是电磁学量或是其他量,只要它与时间 t 和坐标 x 的函数关系满足微分方程式(12-13),这一物理量就必定按波的形式传播,而且偏导数 $\frac{\partial^2 y}{\partial t^2}$ 系数的倒数的平方根就是波的传播速度。

　　普遍情况下,物理量 $\xi(x、y、z、t)$ 在三维空间中以波的形式传播,对于各向同性、均匀无吸收介质,则有

$$\frac{\partial^2 \xi}{\partial x^2} + \frac{\partial^2 \xi}{\partial y^2} + \frac{\partial^2 \xi}{\partial z^2} = \frac{1}{u^2}\frac{\partial^2 \xi}{\partial t^2} \tag{12-14}$$

　　上式是描述波动过程的线性二阶偏微分方程,通常称为(三维的)波动微分方程。对不同的具体物理问题,附以不同的初始条件和边界条件,对式(12-14)进行求解,能够深入刻画波的传播规律。

　　例 12-2　一平面波在介质中以速度 $u = 20$ m/s 沿直线传播,已知在传播路径上某点 A 的振动方程为 $y_A = 3\cos 4\pi t$,如图 12-14 所示。

　　(1) 以 A 点为坐标原点,写出波动方程,并求出 C、D 两点的振动方程。

　　(2) 以 B 点为坐标原点,写出波动方程,并求出 C、D 两点的振动方程。

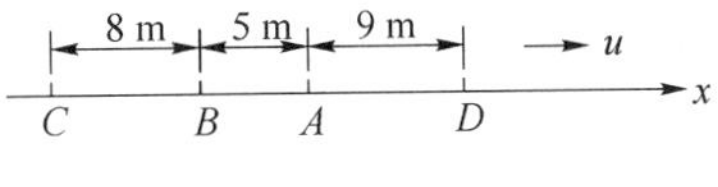

图 12-14　例 12-2 图

　　解　已知 $u = 20$ m/s,$\omega = 4\pi$,有

$$T = \frac{2\pi}{\omega} = 0.5 \text{ s}, \quad \lambda = uT = 10 \text{ m}$$

　　(1) 若以 A 点为坐标原点,则原点的振动方程为 $y_O = y_A = 3\cos 4\pi t$,所以波动方程为

$$y = 3\cos 4\pi\left(t - \frac{x}{20}\right) = 3\cos\left(4\pi t - \frac{\pi}{5}x\right)$$

其中 x 是波线上任意一点的坐标(以 A 为坐标原点),对 C 点,$x_C = -13$ m;对 D 点,$x_D = 9$ m,故可直接写出 C 点和 D 点的振动方程分别为

$$y_C = 3\cos\left(4\pi t - \frac{\pi}{5}x_C\right) = 3\cos\left(4\pi t + \frac{13}{5}\pi\right)$$

$$y_D = 3\cos\left(4\pi t - \frac{\pi}{5}x_D\right) = 3\cos\left(4\pi t - \frac{9}{5}\pi\right)$$

（2）若以 B 点为坐标原点，则原点的振动方程为 $y_O = y_B$。由于波从左向右传播，因此 B 点的振动始终比 A 点超前一段时间 $\Delta t = \dfrac{5}{20} = \dfrac{1}{4}$ s，故 B 点在 t 时刻的振动状态与 A 点在 $t + \Delta t$ 时刻的振动状态相同，即

$$y_O = y_B(t) = y_A(t + \Delta t) = 3\cos 4\pi\left(t + \frac{1}{4}\right) = 3\cos(4\pi t + \pi)$$

此时波动方程为

$$y = 3\cos\left[4\pi\left(t - \frac{x}{20}\right) + \pi\right] = 3\cos\left(4\pi t - \frac{\pi}{5}x + \pi\right)$$

其中 x 是波线上任意一点的坐标（以 B 为坐标原点），所以对 C 点，$x_C = -8$ m；对 D 点，$x_D = 14$ m，代入波动方程可写出 C 点和 D 点的振动方程分别为

$$y_C = 3\cos\left(4\pi t + \frac{8}{5}\pi + \pi\right) = 3\cos\left(4\pi t + \frac{13}{5}\pi\right)$$

$$y_D = 3\cos\left(4\pi t - \frac{\pi}{5} \times 14 + \pi\right) = 3\cos\left(4\pi t - \frac{9}{5}\pi\right)$$

从本例的讨论可以看出，对一列给定的平面波，坐标原点选取不同，波动方程的形式就不同，但每个质点的振动方程却是相同的，即每个质点的振动规律是确定的，与坐标原点的选取无关。

例 12-3 一平面简谐横波以 $u = 400$ m/s 的波速在均匀介质中沿 x 轴正向传播。位于坐标原点的质点的振动周期为 0.01 s，振幅为 0.1 m，取原点处质点经过平衡位置且向正方向运动时作为计时起点。

（1）写出波动方程。

（2）写出距原点为 2 m 处的质点 P 的振动方程。

（3）画出 $t = 0.005$ s 和 0.007 5 s 时的波形图。

（4）若以距原点 2 m 处为坐标原点，写出波动方程。

解 （1）由题意知，坐标原点 O 处质点的振动初始条件为 $t = 0$ 时，$y_0 = 0$，$v_0 > 0$。设原点 O 处质点的振动方程为 $y_0 = A\cos(\omega t + \varphi_0)$，将初始条件代入，可求出原点处质点的振动初位相 $\varphi_0 = \dfrac{3}{2}\pi$，原点的振动方程为

$$y_0 = 0.1\cos\left(200\pi t + \frac{3}{2}\pi\right) \text{ m}$$

故可写出波动方程为

$$y = 0.1\cos\left[200\pi\left(t - \frac{x}{400}\right) + \frac{3}{2}\pi\right] \text{ m}$$

（2）P 点 $x_P = 2$ m，代入上面的波动方程即可写出 P 质点的振动方程为

$$y_P = 0.1\cos\left[200\pi\left(t - \frac{2}{400}\right) + \frac{3}{2}\pi\right] = 0.1\cos\left(200\pi t + \frac{\pi}{2}\right)\text{ m}$$

（3）将 $t_1 = 0.005$ s 代入波动方程,得此时刻的波形方程

$$y_P = 0.1\cos\left[200\pi\left(0.005 - \frac{x}{400}\right) + \frac{3}{2}\pi\right] = 0.1\cos\left(\frac{\pi}{2} - \frac{\pi}{2}x\right)\text{ m}$$

画出对应的波形曲线如图 12-15 中实线所示。因为 $T = 0.01$ s,故从 $t_1 = 0.005$ s 到 $t_2 = 0.0075$ s 经历了 $\Delta t = t_2 - t_1 = 0.0025$ s $= \frac{1}{4}T$,故 $t_2 = 0.0075$ s 时刻的波形图只需将 $t_1 = 0.005$ s 时刻的波形曲线沿着波的传播方向平移 $\frac{1}{4}\lambda = \frac{1}{4}uT = 1$ m 即可得到,如图 12-15 中虚线所示。

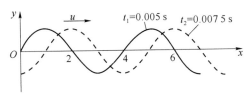

图 12-15　例 12-3 图

（4）由（2）中结果可知,新坐标原点 O' 的振动方程为

$$y'_O = y_P = 0.1\cos\left(200\pi t + \frac{\pi}{2}\right)$$

所以新坐标下的波动方程为

$$y' = 0.1\cos\left[200\pi\left(t - \frac{x'}{400}\right) + \frac{\pi}{2}\right]\text{ m}$$

式中,x' 是波线上各点在新坐标下的位置坐标。

例 12-4　已知平面简谐波沿 x 轴的正方向传播,其波速为 $u = 340$ m/s,$t = 0$ 时刻的波形如图 12-16 所示。

（1）分析 a、b、c 各质点在该时刻的运动方向。

（2）写出平衡位置在原点 O 的质点的振动方程。

（3）写出波动方程。

解　（1）由波的性质知,相位落后的质点总是重复相应超前的相邻质点的运动状态。在 $t = 0$ 时刻,b 点处在最大正位移处,所以速度为零,下一时刻将向平衡位置运动。$t = 0$ 时刻,a 点沿 y 轴正方向运动,c 点沿 y 轴负方向运动。

（2）由图 12-16 可知,在 $t = 0$ 时刻,O 点过平衡位置向下运动,设 O 点的振动表达式为 $y = A\cos(\omega t + \varphi)$,于是有

$$y_0 = A\cos\varphi = 0$$
$$v_0 = -A\sin\varphi < 0$$

故

$$\varphi = \frac{\pi}{2}$$

又由图可知

$$A = 0.001 \text{ m}, \quad \lambda = 2 \text{ m}$$

$$T = \frac{\lambda}{u} = \frac{2}{340}\text{s} = \frac{1}{170} \text{ s}$$

$$\omega = \frac{2\pi}{T} = 340\pi \text{ rad/s}$$

将以上各量代入振动表达式，得

$$y = 0.001\cos\left(340\pi t + \frac{\pi}{2}\right)\text{m}$$

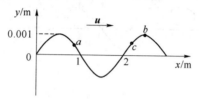

图 12-16　例 12-4 图

（3）以 O 点为参考点，得沿 x 轴正方向传播的波动方程为

$$y = A\cos\left[\omega\left(t - \frac{x}{u}\right) + \varphi\right]$$

$$= 0.001\cos\left[340\pi\left(t - \frac{x}{340}\right) + \frac{\pi}{2}\right]$$

12.3　波的能量和能流

1. 波的能量和能量密度

机械波在弹性介质中传播时，介质中的各个质元由于运动而具有动能，同时各个质元也会发生形变，所以还具有弹性势能。即波传播到哪里，哪里就具有能量。波的传播过程既是振动的传播过程，也是能量的传播过程。

如图 12-17 所示，一列平面简谐纵波沿着棒长方向传播，设波传播的方向为 x 轴正方向，该简谐波的波函数为

$$y = A\cos \omega\left(t - \frac{x}{u}\right) \tag{12-15}$$

在棒上取一个长度为 Δx、横截面积为 S 的体积元 MN，M、N 两端的坐标分别为 x 和 $x + \Delta x$。设棒的密度为 ρ，则体积元的质量 $\Delta m = \rho\Delta V = \rho S\Delta x$。在任意时刻 t，该体积元的振

动速度为

$$v = \frac{\partial y}{\partial t} = -\omega A \sin \omega \left(t - \frac{x}{u} \right)$$

这个体积元的振动动能为

$$W_k = \frac{1}{2} \Delta m v^2 = \frac{1}{2} \rho \Delta V \omega^2 A^2 \sin^2 \omega \left(t - \frac{x}{u} \right) \tag{12-16}$$

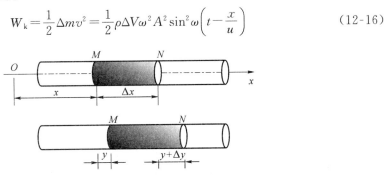

图 12-17　平面简谐波沿棒长方向传播

在任意时刻 t，M、N 两端的位移分别为 y 和 $y + \Delta y$，则此刻体积元伸长了 Δy。体积元的弹性势能为

$$W_p = \frac{1}{2} k (\Delta y)^2$$

式中，k 为棒的劲度系数。长度为 Δx 的棒伸长 Δy 时受到的弹性力为 $F = \frac{ES}{\Delta x} \Delta y$，将该式与胡克定律 $F = k \Delta y$ 比较，有 $k = \frac{ES}{\Delta x}$ 。这样体积元的弹性势能可以表达为

$$W_p = \frac{1}{2} \frac{ES}{\Delta x} (\Delta y)^2 = \frac{1}{2} ES \Delta x \left(\frac{\Delta y}{\Delta x} \right)^2$$

上式中 $S \Delta x = \Delta V$ 为体积元的体积。由式（12-2）得构成棒的材料的杨氏模量 $E = \rho u^2$。$\frac{\Delta y}{\Delta x}$ 为体积元的张应变，在体积元非常小的情况下，张应变为 $\frac{\partial y}{\partial x}$，由式（12-15）得

$$\frac{\partial y}{\partial x} = \frac{\omega A}{u} \sin \omega \left(t - \frac{x}{u} \right)$$

因此，这个体积元的弹性势能为

$$W_p = \frac{1}{2} \rho u^2 \Delta V \frac{\omega^2 A^2}{u^2} \sin^2 \omega \left(t - \frac{x}{u} \right) = \frac{1}{2} \rho \Delta V \omega^2 A^2 \sin^2 \omega \left(t - \frac{x}{u} \right) \tag{12-17}$$

式（12-16）和式（12-17）是完全相同的，即在任一时刻体积元的动能和势能相等，相位相同。它们同时达到最大值，同时为零。如图 12-18 所示，在某一瞬时，质元 P 处于平衡位置，振动速度最大，动能最大，此时体积元的形变最大，势能也最大；而质元 Q 处于最大位移处，振动速度为零，动能为零，此时体积元基本上没有发生形变，势能也为零。

体积元的总机械能为

$$W = W_k + W_p = \rho \Delta V \omega^2 A^2 \sin^2 \omega \left(t - \frac{x}{u} \right) \tag{12-18}$$

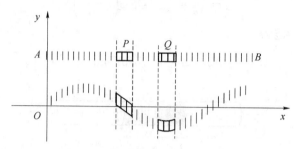

图 12-18　质元在不同位置振动速度和能量的变化

式(12-18)表明,对于任意体积元,机械能是不守恒的,而是随时间作周期性的变化。沿着波的传播方向,该体积元不断从后面的体积元获得能量,又不断地将能量传递给前面的体积元。正是通过各个体积元不断吸收和传递能量,才使能量随着波的传播而传播出去。

为了定量描述能量在介质中的分布和随时间变化的情况,引入能量密度的概念。**能量密度**是指介质中单位体积内的能量,用符号 w 表示。即

$$w = \frac{W}{\Delta V} = \rho \omega^2 A^2 \sin^2 \omega \left(t - \frac{x}{u} \right)$$

介质中各点处波的能量密度是随时间 t 变化的,能量密度在一个周期内的平均值称为**平均能量密度**,用符号 $\overline{w}$ 表示。即

$$\overline{w} = \frac{1}{T} \int_0^T w \mathrm{d}t = \rho \omega^2 A^2 \; \frac{1}{T} \int_0^T \sin^2 \omega \left(t - \frac{x}{u} \right) \mathrm{d}t$$

由于 $\dfrac{1}{T} \displaystyle\int_0^T \sin^2 \omega \left(t - \dfrac{x}{u} \right) \mathrm{d}t = \dfrac{1}{2}$,因此波的平均能量密度为

$$\overline{w} = \frac{1}{2} \rho \omega^2 A^2 \tag{12-19}$$

2. 能流密度

波的能量来自波源,能量流动的方向就是波传播的方向。能量传播的速度就是波速 u,为了描述波的能量传播,常引入能流密度的概念。单位时间内通过介质中某一面积的平均能量,称为通过该面积的**平均能流**。

在介质中,设想取一个垂直于波传播方向(即波速的方向)的面积 S。如图 12-19 所示,在单位时间内通过 S 的平均能量等于体积 uS 中的平均能量。这是因为能量以速度 u 传播,则 1 s 末时,与面积 S 相距为 u 处的振动质元的能量将陆续传播过去,而恰好通过面积 S。因为单位体积内的平均能量(即平均能量密度)为 $\overline{w}$,则在单位时间内平均通过面积 S 的能量为

$$\overline{P}=\overline{w}uS \tag{12-20}$$

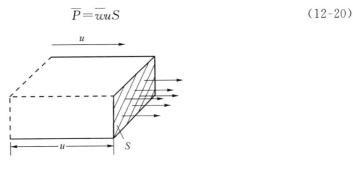

图 12-19　波的能流

在单位时间内通过垂直于波传播方向的单位面积的平均能量,称为**能流密度**,以 I 表示,由式(12-20)得

$$I=\frac{\overline{P}}{S}=\overline{w}u=\frac{1}{2}\rho A^2\omega^2 u \tag{12-21}$$

式中,ρ 为介质的密度;u 为波速;A 为振幅;ω 为波的角频率。

上式说明,在均匀介质(即 ρ 和 u 一定)中,从一给定波源(即 ω 确定)发出的波的能流密度与振幅的平方成正比。能流密度是矢量,它的方向即为波速的方向。故式(12-21)可写成如下的矢量形式:

$$\boldsymbol{I}=\frac{1}{2}\rho A^2\omega^2\boldsymbol{u} \tag{12-22}$$

能流密度越大,单位时间内通过垂直于波传播方向的单位面积的能量越多,波就越强,所以能流密度是波的强弱的一种量度,因而也称为**波的强度**。例如声音的强弱取决于声波的能流密度(声强)的大小;光的强弱取决于光波的能流密度(称为光强)的大小。

由于波的强度与振幅有关,因此当平面简谐波在介质中传播时,若介质是均匀的,且不吸收波的能量,则其振幅 A 将保持不变。但对球面波而言,情况就不同。如图 12-20 所示,假定在均匀介质中有一个点波源 O,其振动向各方向传播,形成球面波。与此同时,其能量也从波源向外传播。若距波源为 r_1 处的能流密度为 I_1,距波源为 r_2 处的能流密度为 I_2,以波源 O 为中心,作半径为 r_1 与 r_2 的两个同心球形波面,如果在介质内波的能量没有损失,则在单位时间内分别穿过这两个波面的总平均能量 $4\pi r_1^2 I_1$ 和 $4\pi r_2^2 I_2$ 应该相等。即

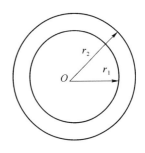

图 12-20　球面波中能量传播

$$4\pi r_1^2 I_1=4\pi r_2^2 I_2$$

设 A_1、A_2 分别为该两球形波面处波的振幅,则由能流密度公式有

$$4\pi r_1^2\left(\frac{1}{2}\rho A_1^2\omega^2 u\right)=4\pi r_2^2\left(\frac{1}{2}\rho A_2^2\omega^2 u\right)$$

由此得

$$\frac{A_1}{A_2}=\frac{r_2}{r_1} \tag{12-23}$$

即球面波在传播过程中,介质中各处质元的振幅与该处到波源的距离成反比。若已知距波源为单位距离处质元的振幅是 A_0,即 $r_1=1,A_1=A_0$,则由式(12-23)有 $\frac{A_0}{A}=\frac{r}{1}$,从而可把距波源为 r 处任一质元的振幅表示为 $A=\frac{A_0}{r}$,并可列出如下的球面波表达式:

$$y=\frac{A_0}{r}\cos\left[\omega\left(t-\frac{r}{u}\right)+\varphi\right] \tag{12-24}$$

由于 r 是变量,故球面波振幅不是恒量。由前面的波面的总平均能量相等公式,还可得出一条本质上与式(12-23)相同的规律:

$$\frac{I_1}{I_2}=\frac{r_2^2}{r_1^2} \tag{12-25}$$

即从点波源发出的球面波,在各处的能流密度与该处到波源的距离平方成反比。这个规律在声学中就是声强随距离平方成反比的定律;在光学中就是光强随距离平方成反比的定律。实际上,由于介质的内摩擦力的作用,介质内各质元在振动过程中,总有一部分能量转化为热;而且由于实际介质的不均匀性,一部分能量发生散射(即改变传播方向)。总的说来,在波的传播过程中,能量沿途是有损耗的,波的振幅会衰减,这种能量的损耗现象称为波的吸收。由于波的吸收,点波源发出的波在介质中各处的能流密度并不严格地与距离的平方成反比。根据以上所述,不难解释下述事实:声波传播得越远,虽然其频率未变,但是声音的强度却越来越弱,甚至听不到。其原因在于:一方面,由于从声源发出的声波是球面波,它的强度随距离的增加迅速变小;另一方面,由于沿途介质的吸收使强度减弱,所以当强度减小到某一程度时则听不到。

3. 平面波和球面波的振幅

从式(12-22)可以看出,波的能流密度(或波的强度)与振幅有关,因此可以借助式(12-22)和能量守恒概念来研究波传播时振幅的变化。

(1) 平面波

设有一平面波以波速 u 在均匀介质中传播,如图 12-21 所示,S_1 和 S_2 为波面上为同样的波线所限的两个截面,通过 S_1 平面的波也将通过 S_2 平面。假设介质不吸收波的能量,根据能量守恒,在一个周期内通过 S_1 和 S_2 面的能量应相等,即

$$I_1 S_1 T_1 = I_2 S_2 T_2$$

利用式(12-22),可得

$$\frac{1}{2}\rho A_1^2\omega^2 u S_1 T = \frac{1}{2}\rho A_2^2\omega^2 u S_2 T$$

对于平面波 $S_1=S_2$,因而有

$$A_1 = A_2$$

这说明平面简谐波在均匀的不吸收能量的介质中传播时振幅保持不变。

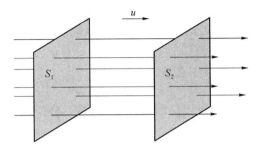

图 12-21　平面波

（2）球面波

下面讨论球面波的振幅变化情况。取距离点波源 O 为 r_1 和 r_2 的两个球面 S_1 和 S_2，如图 12-22 所示。在介质不吸收波的能量的条件下，一个周期内通过这两个球面的能量应该相等，即

$$I_1 S_1 T_1 = I_2 S_2 T_2$$

对于球面波 $S = 4\pi r^2$，因此

$$\frac{1}{2}\rho A_1^2 \omega^2 u (4\pi r_1^2) T = \frac{1}{2}\rho A_2^2 \omega^2 u (4\pi r_2^2) T$$

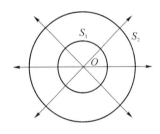

图 12-22　球面波

可以得到

$$\frac{A_1}{A_2} = \frac{r_2}{r_1}$$

即

$$A \propto \frac{1}{r}$$

振幅与离点波源的距离成反比。由于介质中各质元的相位变化情况与平面波类似，因此球面简谐波的波函数可以写为

$$y = \frac{A_0}{r}\cos \omega\left(t - \frac{r}{u}\right)$$

式中，常量 A_0 可以根据某一波面上的振幅与相应的球面半径来确定。

4. 波的吸收

波在实际介质中传播时，由于波动能量总有一部分会被介质吸收，所以波的机械能会不断地减少，波强亦逐渐减弱，这种现象称为**波的吸收**。

设波通过厚度为 dx 的介质薄层后，其振幅衰减量为 $-dA$，实验指出

$$-dA = \alpha A dx$$

经积分得

$$A = A_0 e^{-\alpha x} \tag{12-26}$$

式中，A_0 和 A 分别是 $x=0$ 和 $x=x$ 处的波振幅；α 是常量，称为介质的吸收系数。

由于波强与波振幅平方成正比，所以波强的衰减规律为

$$I = I_0 e^{-2\alpha x} \tag{12-27}$$

式中，I_0 和 I 分别是 $x=0$ 和 $x=x$ 处波的强度。

12.4 声波简介

频率在 $20 \sim 2.0 \times 10^4$ Hz 之间的机械波能引起人类的听觉，叫作**声波**。

为了描述声波在介质中各点振动的强弱，下面介绍声压和声强两个物理量。

1. 声压

没有波动，介质处于静止时的压强称为静压强，当声波在介质中传播时该点的压强与静压强之差称为声压。在流体（液体和气体）中，声波是纵波，有疏密区，在疏区介质中压强小于静压强，声压为负值；在密区，介质中压强大于静压强，声压为正值。随着声波的传播，介质中任一点的声压将随时间作周期性变化，可以证明声压的表达式为

$$p = p_m \cos\left[\omega\left(t - \frac{x}{u}\right) - \frac{\pi}{2}\right] \tag{12-28}$$

式中，$p_m = \rho u A \omega$ 为声压振幅；ρ 为介质密度；A、ω 和 u 分别为声波的振幅、角频率和波速。

2. 声强

声波的能流密度称为声强，用 I 表示，单位为 W/m²。由式（12-22）知，声强与频率的二次方成正比，能引起听觉的声波不仅要有一定的频率范围限制，而且要处于一定的声强范围之内。对于给定频率的声波，声强都有上、下两个限值，低于下限的声强不能引起听觉，高于上限的声强也不能引起听觉，声强太大只能引起痛觉。例如，对于频率为 1 000 Hz 的声波，一般正常人听觉的最大声强约为 10 W/m²，最小声强约为 10^{-12} W/m²，上、下相差 13 个数量级。人耳对声音强弱的主观感觉称为响度，研究声明，响度大致正比于声强的对数。所以声强级 I_L 是按对数来标度的声强，即

$$I_L = \log \frac{I}{I_0} \tag{12-29}$$

这里，I_0 是选定的基准声强，其定义是 1 000 Hz 时的最小声强，即 $I_0 = 10^{-12}$ W/m²。其单位为贝尔（bel），这个单位太大，常采用贝尔的十分之一，即分贝（dB）为单位。此时声强级公式为

$$I_L = 10 \log \frac{I}{I_0} \tag{12-30}$$

日常生活中一般声音约为几十分贝，如低语交谈约 40 dB，马路交通噪声为 70～80 dB，被扩音机放大了的摇滚乐为 120 dB 以上，接近正常人听觉的最大声强会使人的听觉能力减退。

现在人们很关心噪声的污染问题,有的地方法令规定户外声音不得大于 100 dB。

由于测量声强较测量声压困难,实际上常先测出声压,再根据声强与声压关系换算而得出声强。对于平面简谐波,其声强为

$$I = \frac{1}{2}\rho A^2 \omega^2 u$$

由此,可得声强和声压的关系为

$$I = \frac{1}{2}\frac{p_m^2}{\rho u} = \frac{p_e^2}{\rho u} \tag{12-31}$$

式中,$p_e = \dfrac{p_m}{\sqrt{2}}$ 称为有效声压。可见,声波频率越高,不仅声压振幅大,而且有效声压和声强也越大。

为了对声强级和响度有较具体的了解,表 12-1 列出了经常遇到的一些声音的声强、声强级和响度。

表 12-1　几种声音近似的声强、声强级和响度

声　源	声强/W·m^{-2}	声强级/dB	响度
引起听觉的最弱声音	10^{-12}	0	
风吹树叶	10^{-10}	20	轻
通常谈话	10^{-6}	60	正常
道路交通噪声	10^{-5}	70	响
摇滚乐	1	120	震耳
喷气机起飞	10^3	150	
地震(里氏 7 级,距震中 5 km)	4×10^4	166	
聚焦超声波	10^9	210	

例 12-5　声强达到 10^{-3} J/(m$^2 \cdot$ s)的声音已属于一种噪声公害。按声波的频率为 $\nu = 1\,000$ Hz 算,此声强所对应的声振动的振幅是多少(在通常的情况下,空气密度 $\rho = 1.29 \times 10^3$ kg/m^3,空气中声速约为 $u = 340$ m/s)?

解　由声强的公式 $I = \dfrac{1}{2}\rho u \omega^2 A^2$ 可知,振幅

$$A = \frac{1}{\omega}\sqrt{\frac{2I}{\rho u}} = \frac{1}{2\pi\nu}\sqrt{\frac{2I}{\rho u}} = \frac{1}{2\pi \times 1\,000} \times \sqrt{\frac{2 \times 10^{-3}}{1.29 \times 10^3 \times 340}}\ \text{m} = 3.4 \times 10^{-7}\ \text{m}$$

例 12-6　震耳的炮声的声强约为 10^3 W/m^2,求其声强级。

解　由 $I_L = 10 \lg \dfrac{I}{I_0}$,有

$$I_L = 10\lg \frac{I}{I_0} = 10\lg 10^{13}\ \text{dB} = 10 \times 13\ \text{dB} = 130\ \text{dB}$$

12.5 惠更斯原理

波源的振动是波动的起源，波的传播是由于介质中各个质点之间的相互作用。在波的传播过程中，介质中一个质点的振动会引起它邻近质点的振动，因此介质中任何一个质点都可以看作是新的波源。如图 12-23 所示，当水面上的波遇到一个小孔时，如果小孔的直径与入射波的波长相差不多时，就可以看到小孔的后面出现了圆形的波，与原来波的形状无关。该圆形的波就像是以小孔为波源产生的一样。荷兰物理学家惠更斯正是分析和总结了类似的现象，才提出了一条解决波的传播方向问题的基本原理。

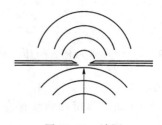

图 12-23 波源

惠更斯于 1679 年首先提出：介质中波动传播到的各点都可以看作是发射子波的波源，在其后的任意时刻，这些子波的包络面就是新的波阵面，这就是**惠更斯原理**。

根据惠更斯原理，只要知道某一时刻的波阵面就可以用几何作图法确定下一时刻的波阵面，这种绘制波阵面的方法称为**惠更斯作图法**。用它解决波的传播方向问题非常有效。惠更斯原理对任何波动过程都适用，不论是机械波还是电磁波。惠更斯原理不仅适用于均匀的、各向同性的介质，而且对非均匀的、各向异性的介质也同样适用。

已知平面波和球面波在 t 时刻的波阵面，应用惠更斯作图法求 $t+\Delta t$ 时刻的波阵面。

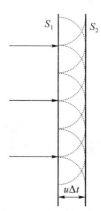

图 12-24 平面波

如图 12-24 所示，设平面波以速度 u 在各向同性的均匀介质中传播，在 t 时刻的波阵面为 S_1，求 $t+\Delta t$ 时刻的波阵面。根据惠更斯原理，波阵面 S_1 上每一点都可以看作是发射子波的波源，这些子波也以速度 u 传播，经过 Δt 时间后，这些子波的半径为 $u\Delta t$。作各点发出的子波，这些子波前方的包络面是平行于 S_1 的平面 S_2，根据惠更斯原理，这个包络面 S_2 就是 Δt 时间后的波阵面。

如图 12-25 所示，设球面波以速度 u 在各向同性的均匀介质中传播，在 t 时刻的波阵面为 S_1，求 $t+\Delta t$ 时刻的波阵面。根据惠更斯原理，S_1 面上的各点都可以看成是子波波源。以 $r=u\Delta t$ 为半径画出许多球形子波，这些子波的包络 S_2 就是 $t+\Delta t$ 时刻的新波阵面。新波阵面 S_2 是以 O 为球心、以 $R_1+u\Delta t$ 为半径的球面。

从上述两个例子可以看出，平面波和球面波在各向同性的均匀介质中传播时，波面的形状不变。但是如果在不均匀的或各向异性的介质中传播，波面的形状一般会发生改变。

应用惠更斯原理也可以解释波的衍射、反射和折射等现象。

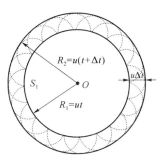

图 12-25　球面波

12.6　波的叠加原理　波的干涉

1. 波的叠加原理

当 n 个波源激发的波在同一介质中相遇时,观察和实验表明:各列波在相遇前和相遇后都保持原来的特性(频率、波长、振动方向、传播方向等)不变,与各波单独传播时一样,这就是波传播的**独立性原理**;而在相遇处各质点的振动则是各列波在该处激起的振动的合成,这一结论称为波的**叠加原理**。例如,把两个石块同时投入静止的水中,两个振源所激起的水波可以互相贯穿地传播。又如,在嘈杂的公共场所,各种声音都传到人的耳朵,但我们仍能将它们区分开来。每天空中同时有许多无线电波在传播,我们却能随意地选取某一电台的广播收听。这些实例都反映了波传播的独立性。图 12-26 是波叠加原理的示意图。

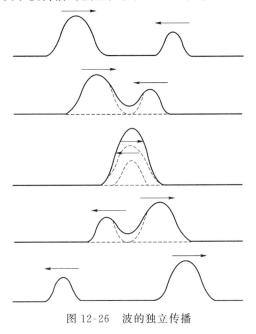

图 12-26　波的独立传播

波的叠加与振动的叠加是不完全相同的。

振动的叠加仅发生在单一质点上，而波的叠加则发生在两波相遇范围内的许多质元上，这就构成了波的叠加所特有的现象，如下面将要介绍的波的干涉现象；此外，正如任何复杂的振动可以分解为不同频率的许多简谐振动的叠加一样，任何复杂的波也都可以分解为频率或波长不同的许多平面简谐波的叠加。

两个实物粒子相遇时会发生碰撞，而两列波相遇仅在重叠区域构成合成波，过了重叠区又能分道扬镳而去，这就是波不同于粒子的一个重要运动特征。从理论上看，波的叠加原理与波动方程式(12-14)为线性微分方程是一致的。在我们常常遇到的波动现象中，线性波动方程和波的叠加原理一般都是正确的。但是当人们的实验观察和理论研究扩大到强波范围时，介质就会表现出非线性特征，这时，波就不再遵从叠加原理，而线性波动方程也不再是正确的，研究这种情形的新理论称为**非线性波理论**。本书只讨论叠加原理适用的线性波。

2. 波的干涉

（1）波的干涉现象

满足一定条件的两列波在空间相遇而叠加时，交叠区某些地方的合振动始终加强，而另一些地方的合振动始终减弱，这种有规律的叠加现象称为**波的干涉现象**。能够产生干涉现象的两列波称为**相干波**。

那么，什么样的波才是相干波呢？

（2）相干波的条件

波动是振动的传播过程，某点处波的叠加其实就是该点处振动的叠加，只不过波叠加时参与叠加的质元不止一个，而是介质中众多质元这一群体。由简谐振动表达式 $y = A\cos(\omega t + \varphi_0)$ 可知，振动的叠加与频率和振动方向有关。振动方向相同的两波叠加要比不同方向的波叠加简单。其中最简单的情况是：频率相同、振动方向相同的两个振动的叠加，由振动的理论可知，若频率相同、振动方向相同，则合振动的振幅为

$$A_{合} = \sqrt{A_1^2 + A_2^2 + 2A_1A_2\cos\Delta\varphi}$$

设图 12-27 中所示的两波源 S_1、S_2 简谐振动的表达式分别为

$$y_{10} = A_1\cos(\omega t + \varphi_{10})$$

$$y_{20} = A_2\cos(\omega t + \varphi_{20})$$

由 S_1、S_2 发出的两列波沿波线方向分别传播了 r_1 和 r_2 到达
P 点，则 P 点简谐振动的表达式分别为

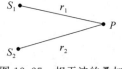

图 12-27　相干波的叠加

$$y_1 = A_1\cos\left(\omega t + \varphi_{10} - \frac{2\pi}{\lambda}r_1\right)$$

$$y_2 = A_2\cos\left(\omega t + \varphi_{20} - \frac{2\pi}{\lambda}r_2\right)$$

在 P 点两振动的相位差为

$$\Delta\varphi=\varphi_{20}-\varphi_{10}-\frac{\omega}{u}(r_2-r_1)=\varphi_{20}-\varphi_{10}-\frac{2\pi}{\lambda}(r_2-r_1) \tag{12-32}$$

由式(12-32)可知,对于空间任一点,相位差 $\Delta\varphi$ 是个与时间无关的常量,即恒量,因而 P 点的合成振幅 $A_合$ 也就不随时间变化,在 P 点会发生波的干涉现象。

对于振动方向相同、频率不同的两个简谐振动的叠加,由振动的合成理论可知,相位差 $\Delta\varphi$ 是与时间有关的量,其合成振幅就随时间的变化而变化,故它们不可能形成干涉现象。

由此可见,只有同频率、同振动方向、相位差恒定的两个简谐波才是**相干波**。能发射相干波的波源称为**相干波源**。

(3) 干涉加强、减弱的条件

满足相干波条件的两列波在空间传播相遇时,两列波就会发生干涉现象,即介质中某些地方合振动始终加强,某些地方合振动始终减弱。介质中任一点的合振动是加强还是减弱,由式(12-32)所给出的相位差来决定。

① 当相位差为 π 的偶数倍时,合成振幅最大($A_合=A_1+A_2$),合振动加强。故干涉加强的条件为

$$\Delta\varphi=\varphi_{20}-\varphi_{10}-\frac{2\pi}{\lambda}(r_2-r_1)=2k\pi \tag{12-33}$$

此时,波的强度 $I=I_1+I_2+2\sqrt{I_1 I_2}$ 也为最大。

② 当相位差为 π 的奇数倍时,合成振幅最小($A_合=|A_1-A_2|$),合振动减弱。故干涉减弱的条件为

$$\Delta\varphi=\varphi_{20}-\varphi_{10}-\frac{2\pi}{\lambda}(r_2-r_1)=(2k+1)\pi \tag{12-34}$$

上述两式中 k 的取值为 $0,\pm1,\pm2,\cdots$。

当两相干波源为同相位时,即 $\varphi_{10}=\varphi_{20}$,此时相位差为 $\Delta\varphi=\frac{2\pi}{\lambda}(r_2-r_1)$,$r_1$ 和 r_2 分别为两波在介质中传播的几何路程,称为**波程**。式(12-33)和式(12-34)中的 r_2-r_1 为两相干波到达相遇点的波程之差,称为**波程差**,以 δ 表示,即 $\delta=r_2-r_1$。可得相位差与波程差的关系为

$$\Delta\varphi=2\pi\frac{\delta}{\lambda} \tag{12-35}$$

式(12-35)表明,两相干波的波程差为一个波长时,其相位差为 2π,这就是波的空间周期性的反映。

若用波程差来表示,当两相干波初相位相同时,则干涉加强、减弱的条件为

$$\delta=\begin{cases}2k\dfrac{\lambda}{2} & \text{加强}\\[2mm](2k+1)\dfrac{\lambda}{2} & \text{减弱}\end{cases}\quad(k=0,\pm1,\pm2,\cdots) \tag{12-36}$$

由此可见,波程差 δ 每变化半个波长,介质中质元的合振动就在强弱之间变化一次。

例 12-7 S_1、S_2 是两相干波源,相距 1/4 波长,S_1 比 S_2 的相位超前 $\dfrac{\pi}{2}$。设两相干波源简谐振动的振幅相同。试求:

(1) S_1、S_2 连线上在 S_1 外侧各点的合成波的振幅及强度。

(2) 在 S_2 的外侧各点处合成波的振幅及强度。

解 由干涉加强、减弱的条件可知,合成波的振幅 $A_{合}$ 取决于相位差 $\Delta\varphi$。

(1) 如图 12-28(a)所示,对于 S_1 外侧的任一点 P,距离 S_1 和 S_2 分别为 r_1 和 r_2,则两分振动传播到 P 点时相位差为

$$\Delta\varphi = \varphi_{20} - \varphi_{10} - \frac{2\pi}{\lambda}(r_2 - r_1) = -\frac{\pi}{2} - 2\pi\frac{\dfrac{\lambda}{4}}{\lambda} = -\pi$$

满足干涉减弱的条件,故合成波的振幅为

$$A_{合} = |A_1 - A_2|$$

又因为 $A_1 = A_2$,所以 $A_{合} = |A_1 - A_2| = 0$,即 S_1 外侧各点的合成波的强度 $I_{合} = 0$。

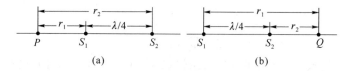

图 12-28 例 12-7 图

(2) 如图 12-28(b)所示,对于 S_2 外侧的 Q 点,距离 S_1 和 S_2 分别为 r_1 和 r_2,则两分振动传播到 Q 点时,相位差为

$$\Delta\varphi = \varphi_{20} - \varphi_{10} - \frac{2\pi}{\lambda}(r_2 - r_1) = -\frac{\pi}{2} - 2\pi\frac{-\dfrac{\lambda}{4}}{\lambda} = 0$$

满足干涉加强的条件,所以

$$A_{合} = A_1 + A_2 = 2A_1 = 2A_2$$

即 S_2 外侧各点的合成波的振幅等于两相干波振幅的 2 倍,强度为单个波强度的 4 倍。

例 12-8 两列振幅相同的平面简谐横波在同一介质中相向传播,波速均为 200 m/s,当这两列波各自传播到 A、B 两点时,这两点作同频率同方向的振动,频率为 100 Hz,且 A 点为波峰时,B 点为波谷。设 A、B 两点相距 8 m,求 AB 连线间因干涉而静止的各点位置。

分析 由于这两点作同频率同方向的振动,且 A 点为波峰时,B 点为波谷,即 A、B 两波源的振动相位差为 π,所以这两列波满足相干波的条件;若想求因干涉而静止的点,则要求两相干波传到这一点处相位差为 $(2k+1)\pi$ 即可。

解 以 A 点为坐标原点,沿 A、B 两点的连线为正向向右建立 Ox 轴。设由于干涉而静止的 P 点距 A 点为 x。

由于 $\lambda = \dfrac{u}{\nu} = \dfrac{200}{100}$ m = 2 m,$\varphi_{20} - \varphi_{10} = \pi$,于是由 A 与 B 两点相干波源传播到 P 点所

引起的两振动的相位差为

$$\Delta\varphi=\varphi_{20}-\varphi_{10}-2\pi\frac{r_2-r_1}{\lambda}=\pi-2\pi\frac{8-x-x}{2}$$

由于 P 点静止,应有

$$\Delta\varphi=\pi-\pi(8-2x)=(2k+1)\pi$$

联立以上两式,求解得

$$x=(k+4)\ \mathrm{m}\quad(k=0,\pm1,\pm2,\pm3,\pm4)$$

A、B 之间有的质元振动始终加强,这些点称为波腹。A、B 之间两列波的干涉现象称为驻波,关于驻波的有关问题将在 12.7 节详细讨论。

12.7　驻波　半波损失

1. 驻波的形成

驻波是一种特殊的干涉现象,它是由振幅相同、频率相同、振动方向相同而在同一直线沿相反方向传播的两列波相干叠加形成的。

图 12-29 是观察驻波的一种实验装置示意图。弦线的 A 端系在音叉上,B 端通过一滑轮系一砝码,使弦线拉紧。现让音叉振动起来,并调节劈尖 B 端至适当位置,使 AB 具有某一长度,可以看到 AB 弦线上形成了稳定的振动状态。形成稳定状态的原因是:当音叉振动时,带动弦线 A 端振动,由 A 端振动引起的波沿弦线向右传播,在到达 B 点遇到障碍物(劈尖)后产生反射,反射波沿弦线向左传播。这样,在弦线上向右传播的入射波和向左传播的反射波满足相干条件,发生波的干涉,产生驻波现象。

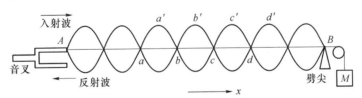

图 12-29　驻波实验装置示意图

从实验中可以发现,在线上的有些地方始终不动,这些位置称为**波节**,如 a、b、c、d 点等。相邻波节一半的点振幅最大,这些位置称为**波腹**,如 a'、b'、c'、d' 点等。

2. 驻波表达式　驻波的特点

下面通过波的叠加原理对驻波的形成进行定量分析。

设有两列振动方向相同、频率相同、振幅相同的简谐波分别沿 x 轴的正、负方向传播,如图 12-30 所示。如果在坐标原点两列波的初相为零,用 A 表示它们的振幅,ν 表示它们的频率,则它们的波函数分别为

$$y_1 = A\cos 2\pi\left(\nu t - \frac{x}{\lambda}\right)$$

$$y_2 = A\cos 2\pi\left(\nu t + \frac{x}{\lambda}\right)$$

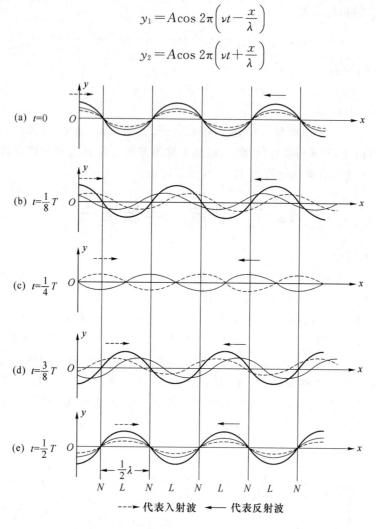

图 12-30 驻波

由叠加原理，合成驻波的波函数为

$$y = y_1 + y_2 = A\cos 2\pi\left(\nu t - \frac{x}{\lambda}\right) + A\cos 2\pi\left(\nu t + \frac{x}{\lambda}\right) \tag{12-37}$$

$$= 2A\cos 2\pi\frac{x}{\lambda}\cos 2\pi\nu t$$

式中，自变量 x 和 t 被分隔于两个余弦函数中，说明此函数不满足 $y(t + \Delta t, x + u\Delta t) = y(t, x)$，因此它不表示行波，而称之为**驻波波函数**。式中，因子 $\cos 2\pi\nu t$ 说明形成驻波后，各质点都在做同频率的简谐运动；另一因子 $2A\cos 2\pi\dfrac{x}{\lambda}$ 说明各质点的振幅按余弦函数规

律分布。总之,当形成驻波时,各质点做振幅为 $\left|2A\cos 2\pi\dfrac{x}{\lambda}\right|$、频率为 ν 的简谐运动。

下面对驻波波函数作进一步讨论。

(1) 振幅分布特点 波腹与波节

由驻波波函数式(12-37)可知,使 $\left|\cos 2\pi\dfrac{x}{\lambda}\right|=0$,即 $2\pi\dfrac{x}{\lambda}=(2k+1)\dfrac{\pi}{2}$ 的各点为波节的位置,因此波节点坐标(图 12-30 中由 N 表示的各点)

$$x=(2k+1)\frac{\lambda}{4} \quad (k=0,\pm1,\pm2,\cdots) \tag{12-38}$$

同理,使 $\left|\cos 2\pi\dfrac{x}{\lambda}\right|=1$,即 $2\pi\dfrac{x}{\lambda}=k\pi$ 的各点为波腹的位置,因此波腹点坐标(图 12-30 中由 L 表示的各点)

$$x=k\frac{\lambda}{2} \quad (k=0,\pm1,\pm2,\cdots) \tag{12-39}$$

由式(12-38)和式(12-39)可知,相邻两个波节或相邻两个波腹之间的距离都是 $\dfrac{\lambda}{2}$;而相邻的波节与波腹之间的距离为 $\dfrac{\lambda}{4}$。这为我们提供了一种测定行波波长的方法,只要测定出相邻两波节或相邻两波腹之间的距离就可以确定原来两列行波的波长 λ。

介于波腹和波节之间各点的振幅在 0 与 $2A$ 之间。

(2) 驻波相位分布特点

在驻波波函数式(12-37)中,振动因子 $\cos 2\pi\nu t$ 与质点的位置 x 无关,是否能认为驻波中各点的振动相位都相同呢? 显然是不对的,下面作具体分析。

如图 12-31 所示,取 $k=-1,0,1$ 的三个波节 N_{-1}、N_0、N_1 来分析。这三个波节的位置 x 和 $2\pi\dfrac{x}{\lambda}$ 的值由 $2\pi\dfrac{x}{\lambda}=(2k+1)\dfrac{\pi}{2}$ 和 $x=(2k+1)\dfrac{\lambda}{4}$ 可求得。

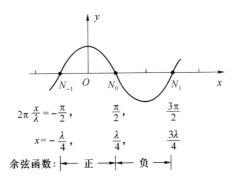

图 12-31 驻波相位分布

① 对于在节点 N_{-1} 和节点 N_0 之间的各点，$2\pi\dfrac{x}{\lambda}$ 在第 I 和第 IV 象限，$\cos 2\pi\dfrac{x}{\lambda}$ 为正，振幅项 $2A\cos 2\pi\dfrac{x}{\lambda}>0$，相应坐标在 $x=-\dfrac{\lambda}{4}$ 到 $x=\dfrac{\lambda}{4}$ 之间的各点，振幅依次由 0 增加到 $2A$，再由 $2A$ 减少到 0；这些点的振幅大小虽然不同，但随时间变化的因子 $\cos 2\pi\nu t$ 基是一样的（其初相为 0），因此各点的振动相位都相同。

② 对于节点 N_0 与节 N_1 之间的各点，$2\pi\dfrac{x}{\lambda}$ 在第 II 和第 III 象限，$\cos 2\pi\dfrac{x}{\lambda}$ 为负，$\cos 2\pi\dfrac{x}{\lambda}<0$，因此驻波波函数 $y=2A\left|\cos 2\pi\dfrac{x}{\lambda}\right|\cos(2\pi\nu t+\pi)$，这表示坐标 N_0 和 N_1 之间的各点的振动初相都等于 π，同一时刻振动相位也相同。但是，在节点 N_0 的两侧，左边的各点初相为 0，右边的各点初相为 π，即相位相反，对其他各节点同法可得相同结果。

总体来说，相邻两波节之间各点的振动相位相同；任一波节两侧各点的振动相位相反。也就是说，两波节之间各点同时沿相同方向达到各自的最大值，又同时沿相同方向通过平衡位置；而波节两侧各点则同时沿相反方向达到各自位移的最大值，又同时沿相反的方向通过平衡位置。驻波是分段振动，因此相位不传播。

3. 两端固定的弦中的驻波

如果将拉紧的弦两端固定，当轻击弦使之产生出向右行进的波时，该波传到弦的右方固定端处被反射，当此左行反射波到达左方固定端时，又发生第二次反射，如此继续也能形成驻波。因弦的两端固定，其必然形成波节，因而驻波的波长必然受到限制，驻波波长与弦长 l 间必须满足

$$l=n\frac{\lambda}{2}$$

$$\lambda=\frac{2l}{n}\quad(n=1,2,3,\cdots)$$

而波速 $u=\lambda\nu$，从而对频率也有限制，允许存在的频率为

$$\nu=\frac{u}{\lambda}=\frac{n}{2l}u\quad(n=1,2,3,\cdots)\tag{12-40}$$

对于弦线，因 $u=\sqrt{T/\mu}$，所以

$$\nu=\frac{n}{2l}\sqrt{\frac{T}{\mu}}\tag{12-41}$$

其中与 $n=1$ 对应的频率称为基频，其后频率依次称为 2 次、3 次……谐频（对声驻波则称基音和泛音）。各种允许频率所对应的驻波振动（即简谐振动模式）称为简正模式（或称本征振动）。相应的频率为简正频率（或称本征频率）。由此可见，对两端固定的弦这一驻波振动系统，有许多个简正模式和简正频率，即有许多个振动自由度。

4. 半波损失

在前面图 12-29 所示的驻波实验中，反射点 B 是固定不动的，在该处形成驻波的一

个波节。从振动叠加的角度看,这就意味着反射波与入射波在固定点 B 处的相位相反,或者说入射波在反射时有 π 的相位跃变。由相位差与波程差的关系 $\left(\Delta\varphi=\dfrac{2\pi}{\lambda}\delta\right)$ 可知,相位跃变 π 相当于有半个波长的波程差,故习惯上常将这种入射波在反射时的相位跃变 π 称为**半波损失**。若反射端是自由的,则没有相位跃变,自由反射端将形成驻波的波腹。

一般来说,入射波在两种不同介质的界面处发生反射时是否存在半波损失与波的种类、两种介质的性质以及入射角的大小有关。从弹性介质对质元振动的弹性阻力角度出发,可以将弹性介质分为两种,弹性阻力(介质密度 ρ 与波速的乘积,即 ρu)较大的介质称为**波密介质**;反之,弹性阻力较小的介质称为**波疏介质**。有关波动表达式和相应的边值关系的理论表明,当波从波疏介质近似垂直入射到波密介质界面反射时,有半波损失;反之,当波从波密介质近似垂直入射到波疏介质界面反射时,无半波损失。对于电磁波来说,上述规律同样适用,只不过定义波密介质与波疏介质时用介质的折射率 n 的相对大小来划分。

例 12-9　设入射波的表达式为 $y_1=A\cos 2\pi\left(\dfrac{x}{\lambda}+\dfrac{t}{T}\right)$,在 $x=0$ 处发生反射,反射点为一固定端。设反射时无能量损失,求:

(1) 反射波的表达式。

(2) 合成的驻波的表达式。

(3) 波腹和波节的位置。

解　(1) 入射波在原点的振动方程 $y_{10}=A\cos 2\pi\left(\dfrac{t}{T}\right)$,由于反射点是固定端,所以反射有相位 π 突变,且反射波振幅为 A,因此反射波在原点的振动方程为

$$y_{20}=A\cos\left[2\pi\left(\dfrac{t}{T}\right)+\pi\right]$$

进一步可以得到反射波的表达式为

$$y_2=A\cos\left[2\pi\left(\dfrac{x}{\lambda}-\dfrac{t}{T}\right)+\pi\right]$$

(2) 驻波的表达式为

$$\begin{aligned}
y&=y_1+y_2\\
&=2A\cos\left(\dfrac{2\pi x}{\lambda}+\dfrac{1}{2}\pi\right)\cos\left(\dfrac{2\pi t}{T}-\dfrac{1}{2}\pi\right)
\end{aligned}$$

(3) 波腹位置为

$$\dfrac{2\pi x}{\lambda}+\dfrac{1}{2}\pi=n\pi$$

$$x=\dfrac{1}{2}\left(n-\dfrac{1}{2}\right)\lambda\quad(n=1,2,3,4,\cdots)$$

波节位置为

$$\dfrac{2\pi x}{\lambda}+\dfrac{1}{2}\pi=n\pi+\dfrac{1}{2}\pi$$

$$x = \frac{1}{2}n\lambda \quad (n=1,2,3,4,\cdots)$$

例 12-10 如图 12-32 所示,一平面简谐波沿 x 轴正方向传播,BC 为波密介质的反射面。波由 P 点反射,$\overline{OP} = \frac{3\lambda}{4}$,$\overline{DP} = \frac{\lambda}{6}$。在 $t=0$ 时,O 处质点的合振动是经过平衡位置向负方向的运动。设入射波和反射波的振幅皆为 A,频率为 ν,求 D 点处入射波与反射波的合振动方程。

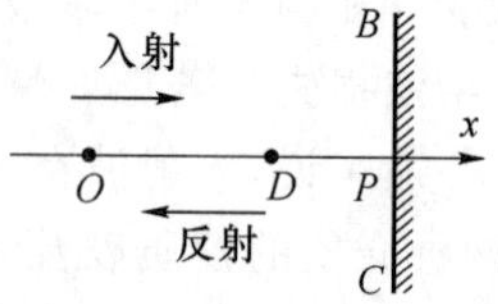

图 12-32　例 12-10 图

解 选 O 点为坐标原点,设入射波表达式为

$$y_1 = A\cos[2\pi(\nu t - x/\lambda) + \varphi]$$

入射波在 P 点的振动方程为

$$y_{1'} = A\cos\left[2\pi\left(\nu t - \frac{\overline{OP}}{\lambda}\right) + \varphi\right]$$

由于 BC 为波密介质的反射面,所以反射有相位 π 突变,则反射波在 P 点的振动方程为

$$y_{2'} = A\cos\left[2\pi\left(\nu t - \frac{\overline{OP}}{\lambda}\right) + \varphi + \pi\right]$$

进一步可以写出反射波的表达式为

$$y_2 = A\cos\left[2\pi\left(\nu t - \frac{2\overline{OP} - x}{\lambda}\right) + \varphi + \pi\right] = A\cos\left[2\pi\left(\nu t + \frac{x}{\lambda}\right) + \varphi\right]$$

合成波表达式(驻波)为

$$y = 2A\cos(2\pi x/\lambda)\cos(2\pi\nu t + \varphi)$$

在 $t=0$ 时,$x=0$ 处的质点 $y_0 = 0$,$\frac{\partial y_0}{\partial t} < 0$,故得

$$\varphi = \frac{1}{2}\pi$$

因此,D 点处的合成振动方程为

$$y = 2A\cos\left(2\pi\frac{3\lambda/4 - \lambda/6}{\lambda}\right)\cos\left(2\pi\nu t + \frac{\pi}{2}\right) = \sqrt{3}A\sin 2\pi\nu t$$

12.8　多普勒效应

1. 机械波的多普勒效应

前面的讨论都没有涉及波源与介质有相对运动的情况。我们知道当火车发出频率一定的鸣笛声疾驰而来时,站台上的观测者会听到鸣笛的音调较高,这说明观测者接收到一个较高的声音频率;当火车离去时,听到的鸣笛音调变低,意味着观测者接收到一个较低的声音频率。这种因为波源与观测者之间有相对运动而使观测者接收到的波的频率和波

源发出的频率不相同的现象称为**多普勒效应**。这一现象最初是由奥地利物理学家多普勒在 1842 年发现的。荷兰气象学家拜斯·巴洛特在 1845 年让一队喇叭手站在一辆从荷兰乌德勒支附近疾驶而过的敞篷火车上吹奏,他在站台上测到了音调的改变,这是科学史上最有趣的实验之一。多普勒效应不仅适用于声波,而且也适用于电磁波,包括微波、无线电波和可见光。我们在这里以声波为例来进行讨论,并取声波在其中传播的介质(空气)整体作为参考系。

为简单起见,讨论波源、接收器(或观测者)共线运动的情况。声波波源 S 和接收器 R 都是沿两者的连线运动,v_S 是波源相对于空气的速率,v_R 是接收器相对于空气的速率,u 为波在介质中的传播速率。波源的振动频率为 ν_S,ν_S 是波源在单位时间内振动的次数,也是波源在单位时间内向外发出的完整波长的个数。接收器接收到的频率为 ν_R,ν_R 是接收器在单位时间内接收到的完整波长的个数。波传播的频率为 ν,根据 $\nu = u/\lambda$ 和图 12-33可以看出,ν 也是沿波线上长度为 u 的一段介质中所具有的完整波长的个数,简称**波数**。这 3 个频率可能相同也可能不同。下面分四种情况来讨论。

(1) 波源 S 和接收器 R 均相对于介质静止。

在 12.1 节曾经指出,机械波的周期等于波源的振动周期,这是指波源和观察者相对于介质是静止情况而言的。如图 12-33 所示,若波源 S 和接收器 R 均静止,在 Δt 时间内波面向前移动的距离为 $u\Delta t$,此距离对应的波数为 $u\Delta t/\lambda$。接收器在单位时间内接收到的波数(即 ν_R)为

$$\nu_R = \frac{u\Delta t/\lambda}{\Delta t} = \frac{u}{\lambda} = \nu_S$$

接收器接收到的频率等于波源的振动频率。可见这种情况下不存在多普勒效应。

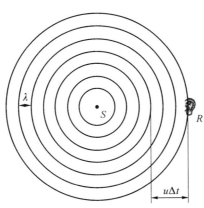

图 12-33　波源和接收器均静止时的频率示意图

(2) 波源 S 相对于介质不动,接收器 R 以速度 v_R 运动。

如图 12-34 所示,若接收器向着静止的波源运动,在时间 Δt 内,波面仍然向前移动了距离 $u\Delta t$。接收器以速度 v_R 向着静止的波源运动,在时间 Δt 内移动的距离为 $v_R\Delta t$。这

样在时间 Δt 内波面相对于接收器移动的距离为 $u\Delta t + v_R\Delta t$，此距离内的波数就是接收器接收的波数。所以单位时间内接收器接收到的完整波数（即 v_R）为

$$\nu_R = \frac{(u\Delta t + v_R\Delta t)/\lambda}{\Delta t} = \frac{u + v_R}{\lambda} = \frac{u + v_R}{u/\nu} = \frac{u + v_R}{u}\nu$$

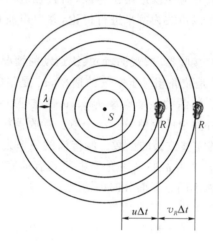

图 12-34　接收器运动时的多普勒效应

由于波源在介质中静止，所以波的频率 ν 就等于波源的频率 ν_S，因此有

$$\nu_R = \frac{u + v_R}{u}\nu_S \tag{12-42}$$

这表明，当接收器向着静止波源运动时，接收到的频率为波源频率的 $\dfrac{u + v_R}{u}$ 倍。

如果接收器是离开波源运动的，通过类似的分析，可以求得接收器接收到的频率为

$$\nu_R = \frac{u - v_R}{u}\nu_S \tag{12-43}$$

即此时接收到的频率低于波源的频率。

（3）波源相对于介质以速率 v_S 运动，接收器静止。

如图 12-35 所示，波源 S 的运动改变了它所发射的声波的波长。为了看到这一变化，可以令 $T(T = 1/\nu_S)$ 代表波源发射两个相邻波前 A_1 和 A_2 的时间间隔。在 T 时间段的开始，波源在 S_1 处发射了波前 A_1；在 T 时间段的末尾，波源在 S_2 处发射了波前 A_2。在 T 时间段内，波前 A_1 向前移动了距离 uT 到 A'_1，波源移动的距离为 $v_S T$。因此在波源 S 运动的方向上，根据波长的定义，在 T 时间内，相邻两波面 A_1 和 A_2 之间的距离 $uT - v_S T$ 就是波的波长。所以接收器接收到的频率应为

$$\nu_R = \frac{u}{\lambda} = \frac{u}{uT - v_S T} = \frac{u}{u/v_S - v_S/v_S} = \frac{u}{u - v_S}\nu_S \tag{12-44}$$

可见接收器接收到的频率大于波源的频率。因为接收器静止，因此此时接收器收到的频

率 ν_R 等于波的频率 ν。图 12-36 所示为天鹅游过时水波的多普勒效应,可以看出沿着天鹅运动的方向,水波频率变大,波长则相应变短。

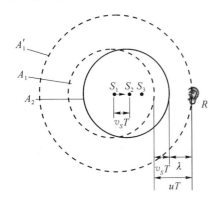

图 12-35　波源运动时的多普勒效应　　图 12-36　天鹅游过时水波的多普勒效应

当波源远离接收器运动时,通过类似的分析,可得接收器接收到的频率为

$$\nu_R = \frac{u}{u + v_S}\nu_S \tag{12-45}$$

这时接收器接收到的频率小于波源的频率。

(4) 波源和接收器相对于介质同时运动。

综合以上分析可得,当波源与接收器相向运动时,接收器接收到的频率为

$$\nu_R = \frac{u + v_R}{u - v_S}\nu_S \tag{12-46}$$

当波源和接收器彼此离开时,接收器接收到的频率为

$$\nu_R = \frac{u - v_R}{u + v_S}\nu_S \tag{12-47}$$

式(12-46)及式(12-47)不仅适用于探测器与波源同时运动,而且也适用于我们刚才讨论的两种特殊情况。例如,对于接收器远离波源运动而波源静止的情况,将 $v_S = 0$ 代入式(12-47)就得到式(12-43);对于波源远离接收器运动而接收器静止的情况,将 $v_R = 0$ 代入式(12-47)就得到式(12-45)。

2. 冲击波

当波源的速度 v_S 大于波速 u,即 $v_S > u$ 时,由式(12-46)可知 $v_R < 0$,即接收到的频率变为负值,这时多普勒效应失去意义。但波源的速度大于波在介质中传播速度的问题在现代科学技术中却越来越重要。

如图 12-37 所示,当波源在位置 A 时发出的波在其后 t 时刻的波前为半径等于 ut 的球面,但此时刻波源已前进了 $v_S t$ 的距离到达位置 B,比波源发出的波前前进得更远。在整个 t 时间内这些球面波的波前形成一个圆锥面,这个圆锥面称为马赫锥。由于在这种

情况下波的传播不会超过运动物体本身,马赫锥面是波的前缘,其前方不可能有任何波动产生。这种以波源为顶点的圆锥形波称为冲击波。圆锥面就是受扰动的介质与未受扰动的介质的分界面,在分界面两侧有着压强、密度和温度的突变。令马赫锥的半顶角为 α,由图可以看出

$$\sin \alpha = \frac{ut}{v_S t} = \frac{u}{v_S}$$

无量纲参数 $\frac{v_S}{u}$ 叫作马赫数,是空气动力学中一个很有用的参数。

冲击波的例子是很多的,子弹掠空而过发出的呼啸声、超音速飞机发出震耳的裂空之声都是这种波。超音速飞机与普通飞机不同,人在地面上看到它当空掠过后片刻,才听到它发出的声音,这正是冲击波的特点。

冲击波最直观的例子要算快艇掠过水面后留下的尾迹,如图 12-38 所示,以船为顶端的 V 形波称为舷波。

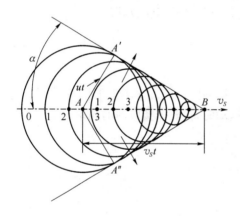

图 12-37　冲击波

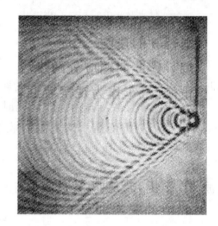

图 12-38　舷波

按照相对论,任何物体的速度是不能超过真空中光速的,但可以超过介质中的光速。当在透明介质里穿行的带电粒子速度超过那里的光速时,会发出一种特殊的辐射,叫作切伦科夫辐射。切伦科夫辐射是电磁的冲击波。利用切伦科夫辐射原理制成的闪烁计数器可以探测高能粒子的速度,已广泛地应用于实验高能物理学中。

例 12-11　警报器发射频率为 1 000 Hz 的声波,远离观察者向一固定的目的地运动,其速率为 10 m/s,试求:

(1) 观测者直接听到警报器传来的声音的频率。

(2) 观测者听到从目的地反射回来的声音频率。

(3) 观测者听到的拍频值。已知空气中的声速是 330 m/s。

解　已知 $\nu_S = 1\,000$ Hz,$v_S = 10$ m/s,$u = 330$ m/s。

（1）观测者直接听到警报器传来的声音的频率可以直接由式(12-45)得出，即

$$\nu_R = \frac{u}{u+v_S}\nu_S = 970.6\ \text{Hz}$$

（2）目的地所接收到的声音频率由式(12-44)得出，即

$$\nu_R' = \frac{u}{u-v_S}\nu_S = 1\ 031.3\ \text{Hz}$$

（3）两波合成的拍的频率为

$$\Delta\nu = \nu_R' - \nu_R = 60.7\ \text{Hz}$$

 阅读材料十二

科学家简介：多普勒

克里斯琴·约翰·多普勒(1803—1853 年)：奥地利物理学家、数学家和天文学家。

主要成就：首次提出"多普勒效应"。

多普勒 1803 年 11 月 29 日出生于奥地利的萨尔茨堡。从 1674 年开始，克里斯琴·多普勒家族在奥地利的萨尔茨堡从事的石匠生意日渐兴隆。他们在 Makart Platz 靠近河畔的地方建造了很好的房子，多普勒就在这所房子里出生。按照家庭的传统他会接管石匠的生意，但是他的健康状况一直不好，而且相当虚弱，因此他没有从事传统的家族生意。

多普勒在萨尔茨堡读完小学后，进入了林茨中学。1822 年他开始在维也纳工学院学习，他在数学方面显示出超常的水平，1825 年以各科优异的成绩毕业。此后他回到萨尔茨堡，在 Salzburg Lyceum 教授哲学，然后去维也纳大学学习高等数学、力学和天文学。1829 年在维也纳大学学习结束时，他被任命为高等数学和力学教授助理，在 4 年期间他共发表了 4 篇数学论文。之后又当过工厂的会计员，然后到了布拉格一所技术中学任教，同时任布拉格理工学院的兼职讲师。到了 1841 年，他才正式成为理工学院的数学教授。多普勒是一位严谨的老师。他曾经被学生投诉考试过于严厉而被学校调查。繁重的教务和沉重的压力使多普勒的健康每况愈下，但他的科学成就使他闻名于世。1850 年他被任命为维也纳大学物理学院的第一任院长。就在 3 年后的 1853 年 3 月 17 日，他在意大利的威尼斯去世，年仅 49 岁。

一天，多普勒带着他的孩子沿着铁路旁边散步，一列火车从远处开来。多普勒注意到，当火车靠近他们时笛声越来越刺耳，而在火车通过他们身旁的一刹那，笛声声调突然变低了。随着火车的远去，笛声响度逐渐变弱，直到消失。这个平常的现象吸引了多普勒

的注意,为什么笛声声调会变化呢? 他抓住问题,潜心研究了多年。研究发现,当观察者与声源相对静止时,声源的频率不变;当观察者与声源之间存在相对运动时,则听到的声源频率发生变化。最后他得出结论,观察者与声源的相对运动决定了观察者所收到的声源频率。

著名的多普勒效应首次出现在1842年多普勒发表的一篇论文上。他试图用多普勒效应的原理解释双星的颜色变化。虽然多普勒误将光波当作纵波,但多普勒效应这个结论却是正确的。多普勒效应对双星的颜色只有微小的影响,在那个时代根本没有仪器能够度量出这么小的变化。不过从1845年开始,便有人利用声波来进行实验。他们让一些乐手在火车上奏出乐音,请另一些乐手在月台上写下火车逐渐接近和离开时听到的音高。实验结果支持了多普勒的结论。多普勒效应有很多应用,例如天文学家观察到遥远星体光谱的红移现象,利用多普勒的理论可以计算出星体与地球的相对速度;警方利用多普勒的原理制造了雷达,用它可以侦测车速。

多普勒的研究范围还包括光学、电磁学和天文学,他设计和改良了很多实验仪器,如光学仪器。多普勒才华横溢,创意无限,脑海里充满了各种新奇的点子。虽然不是每一个构想都行得通,但往往为未来的新发现提供了线索。

多普勒之后,人们发现他这一理论不仅适用于声学和光学,在电磁波等研究领域也有广泛的用途。例如,英国天文学家哈勃所发现的天体红移现象就是在"多普勒效应"的基础上诞生的。

作为一名科学家,多普勒为世界文明作出了巨大的贡献。他善于观察、善于思考、善于分析、不断实践,永远是我们学习的榜样。

思 考 题

12-1 振动和波动有什么区别和联系? 平面简谐波动方程和简谐振动方程有什么不同? 又有什么联系? 振动曲线和波动曲线有什么不同?

12-2 波速、频率和波长各取决于什么?

12-3 相干的两列波应该满足什么样的条件?

12-4 驻波是怎样形成的? 与行波相比驻波有什么特点?

12-5 驻波中各质元的相有什么关系? 为什么说相没有传播?

练 习 题

12-1 习题12-1图(a)表示沿 x 轴正向传播的平面简谐波在 $t=0$ 时刻的波形图,则图(b)表示的是(　　　)。

A. 质元 m 的振动曲线　　　　　　B. 质元 n 的振动曲线

C. 质元 p 的振动曲线　　　　　　D. 质元 q 的振动曲线

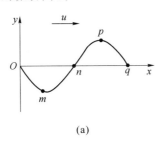　　　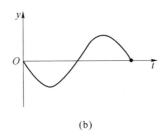

(a)　　　　　　　　　　　　(b)

习题 12-1 图

12-2　某横波沿着绳子传播,其波函数为

$$y=0.05\cos(100\pi t-2\pi x)$$

上式中的各个物理量均采用国际单位。求:

(1) 该波的振幅、波速、频率和波长。

(2) 绳子上各质点的最大振动速度和最大振动加速度。

(3) $x_1=0.2\,\text{m}$、$x_2=0.7\,\text{m}$ 处两质点振动的相位差。

12-3　设某一时刻的横波波形曲线如习题 12-3 图所示,水平箭头表示该波的传播方向,试标明图中 A、B、C、D、E、F、G、H、I 等质点在该时刻的运动方向,并画出经过 $T/4$ 后的波形曲线。

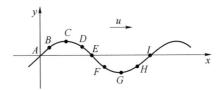

习题 12-3 图

12-4　如习题 12-4 图所示,一平面简谐波在介质中以速度 $u=20\ \text{m/s}$ 沿 x 轴负方向传播,已知 a 点的振动表达式为 $y_a=3\cos 4\pi t$(SI 制)。

(1) 以 a 为坐标原点,写出波动表达式。

(2) 以距 a 点 5 m 处的 b 点为坐标原点,写出波动表达式。

习题 12-4 图

12-5　在下列平面波的波函数中,选出一组相干波的波函数(　　　)。

A. $y_1=A\cos\dfrac{\pi}{4}(x-20t)$　　　　　　B. $y_2=A\cos 2\pi(x-5t)$

C. $y_3 = A\cos 2\pi\left(2.5t - \dfrac{x}{8} + 0.2\right)$ D. $y_4 = A\cos\dfrac{\pi}{6}(x - 240t)$

12-6　一平面简谐纵波沿着线圈弹簧传播。设波沿着 x 轴正向传播，弹簧中某圈的最大位移为 3.0 cm，振动频率为 25 Hz，弹簧中相邻两疏部中心的距离为 24 cm。当 $t=0$ 时，在 $x=0$ 处质元的位移为零并向 x 轴正向运动，试写出该波的表达式。

12-7　已知波源在原点的一列平面简谐波，波动方程为 $y = A\cos(Bt - Cx)$，其中 A、B、C 为正值恒量。求：

(1) 波的振幅、波速、频率、周期与波长。

(2) 写出传播方向上距离波源为 l 处一点的振动方程。

(3) 任一时刻，在波的传播方向上相距为 d 的两点的位相差。

12-8　在截面积为 S 的圆管中，有一列平面简谐波在传播，其波的表达式为 $y = A\cos[\omega t - 2\pi(x/\lambda)]$，管中波的平均能量密度是 w，则通过截面积 S 的平均能流是 _____。

12-9　已知某平面简谐波的波函数为

$$y = A\cos\pi(4t + 2x)$$

上式中的各个物理量均采用国际单位。求：

(1) 求该波的波长、频率和波速。

(2) 写出 $t = 4.2$ s 时刻各波峰位置的坐标表达式，并求出此时离坐标原点最近的那个波峰位置坐标值。

(3) 求 $t = 4.2$ s 时离坐标原点最近的那个波峰通过坐标原点的时刻。

12-10　一横波沿绳子传播，其波函数为 $y = 0.20\cos(2.5\pi t - \pi x)$（其中各量均采用国际单位制）。求：

(1) 波的振幅、波速、频率及波长。

(2) 绳上质点振动时的最大速度。

12-11　在弹性介质中有一沿 x 轴正向传播的平面波，其表达式为 $y = 0.01\cos\left(4t - \pi x - \dfrac{1}{2}\pi\right)$（SI）。若在 $x = 5.0$ m 处有一介质分界面，且在分界面处反射波相位突变 π，设反射波的强度不变，试写出反射波的表达式。

12-12　习题 12-12 图是沿 x 轴传播的平面余弦波在 t 时刻的波形曲线。

(1) 若波沿 x 轴正向传播，该时刻 O、A、B、C 各点的振动位相是多少？

(2) 若波沿 x 轴负向传播，上述各点的振动位相又是多少？

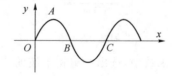

习题 12-12 图

12-13　已知一沿 x 正方向传播的平面余弦波,$t=\dfrac{1}{3}$ s 时的波形如习题 12-13 图所示,且周期 T 为 2 s。

(1) 写出 O 点的振动表达式。

(2) 写出该波的波动表达式。

(3) 写出 A 点的振动表达式。

(4) 写出 A 点离 O 点的距离。

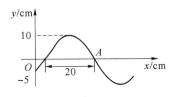

习题 12-13 图

12-14　如习题 12-14 图所示,一平面简谐波沿 Ox 轴负向传播,波速大小为 u,若 P 处介质质点的振动方程为 $y_P=A\cos(\omega t+\varphi)$,求:

(1) O 处质点的振动方程。

(2) 该波的波动表达式。

(3) 与 P 处质点振动状态相同的点的位置。

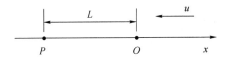

习题 12-14 图

12-15　一列平面余弦波沿 x 轴正向传播,波速为 5 m/s,波长为 2 m,原点处质点的振动曲线如习题 12-15 图所示。

(1) 写出波动方程。

(2) 作出 $t=0$ 时的波形图及距离波源 0.5 m 处质点的振动曲线。

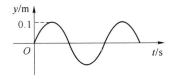

习题 12-15 图

12-16　习题 12-16 图所示为一列平面简谐波在 $t=0$ 时刻的波形图,求:

(1) 该波的波函数。

(2) P 处质点的振动方程。

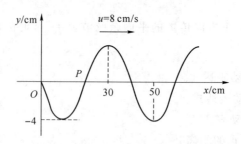

习题 12-16 图

12-17 一正弦形式空气波沿直径为 14 cm 的圆柱形管行进,波的平均强度为 9.0×10^{-3} J/(s·m),频率为 300 Hz,波速为 300 m/s。问波中的平均能量密度和最大能量密度各是多少？每两个相邻同相面间的波段中含有多少能量？

12-18 有一平面波在介质中传播,其波速 $u = 1.0 \times 10^3$ m/s,振幅 $A = 1.0 \times 10^{-4}$ m,频率 $\nu = 1.0 \times 10^3$ Hz,若介质的密度 $\rho = 8.0 \times 10^2$ kg/m³,求:

(1) 该波的能流密度。

(2) 1 min 内垂直通过面积为 4.0×10^{-4} m² 的总能量。

12-19 一平面简谐波沿 x 轴正向传播,其振幅为 A,频率为 ν,波速为 u。设 $t = t'$ 时刻的波形曲线如习题 12-19 图所示。求:

(1) $x = 0$ m 处质点的振动方程。

(2) 该波的表达式。

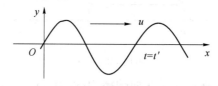

习题 12-19 图

12-20 一列平面简谐波的频率为 300 Hz,波速为 340 m/s,在截面面积为 3.00×10^{-2} m² 的管内空气中传播,如果在 10 s 内通过截面的能量为 2.70×10^{-2} J,求:

(1) 通过截面的平均能流。

(2) 波的平均能流密度。

(3) 波的平均能量密度。

12-21 如习题 12-21 图所示,设 B 点发出的平面横波沿 BP 方向传播,它在 B 点的振动方程为 $y_1 = 2 \times 10^{-3} \cos 2\pi t$;$C$ 点发出的平面横波沿 CP 方向传播,它在 C 点的振动方程为 $y_2 = 2 \times 10^{-3} \cos(2\pi t + \pi)$,本题中 y 以 m 计,t 以 s 计。设 $BP = 0.4$ m,$CP = 0.5$ m,波速 $u = 0.2$ m/s,求:

(1) 两波传到 P 点时的位相差。

(2) 当这两列波的振动方向相同时,P 处合振动的振幅。

(3) 当这两列波的振动方向互相垂直时,P 处合振动的振幅。

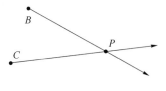

习题 12-21 图

12-22 两列余弦波沿 x 轴传播,波函数分别为

$$y_1 = 0.06\cos\left[\frac{\pi}{2}(0.02x - 8.0t)\right], y_2 = 0.06\cos\left[\frac{\pi}{2}(0.02x + 8.0t)\right]$$

上式中的各个物理量均采用国际单位。试确定 x 轴上合振幅为 0.06 m 的那些点的位置。

12-23 绳索上的波以波速 $u = 25$ m/s 传播,若绳的两端固定,相距 2 m,在绳上形成驻波,且除端点外其间有 3 个波节。设驻波振幅为 0.1 m,$t = 0$ 时绳上各点均经过平衡位置。试写出:

(1) 驻波的表示式。

(2) 形成该驻波的两列反向进行的行波表示式。

12-24 一驻波方程为 $y = 0.02\cos 20x \cos 750t$ (SI),求:

(1) 形成此驻波的两列行波的振幅和波速。

(2) 相邻两波节间的距离。

12-25 两列波在一根很长的弦线上传播,其波函数分别为

$$y_1 = 4.00 \times 10^{-2}\cos\frac{\pi}{3}(4x - 24t), y_2 = 4.00 \times 10^{-2}\cos\frac{\pi}{3}(4x + 24t)$$

上式中的各个物理量均采用国际单位。求:

(1) 两波的频率、波长、波速。

(2) 两波叠加后波腹和波节的位置坐标。

12-26 两列波在一根很长的细绳上传播,其方程分别为 $y_1 = 0.06\cos\pi(x - 4t)$ 和 $y_2 = 0.06\cos\pi(x + 4t)$(国际单位制)。

(1) 证明这细绳是做驻波式振动,并求波节点和波腹点的位置。

(2) 波腹处的振幅多大?在 $x = 1.2$ m 处,振幅多大?

12-27 设入射波的波函数为

$$y_1 = A\cos 2\pi\left(\frac{x}{\lambda} + \frac{t}{T}\right)$$

在 $x = 0$ 处发生反射,反射点为固定端。设反射时没有能量损失,求:

(1) 反射波的波函数。

(2) 合成的驻波方程。

(3) 驻波波腹和波节的位置坐标。

12-28 在一根线密度 $\mu = 10^{-3}$ kg/m、张力 $F = 10$ N 的弦线上有一列沿 x 轴正方向传播的简谐波,其频率 $\nu = 50$ Hz,振幅 $A = 0.04$ m。已知弦线上离坐标原点 $x_1 = 0.5$ m 处

的质点在 $t=0$ 时刻的位移为 $+\dfrac{A}{2}$，且沿 y 轴负方向运动。当波传播到 $x_2=10$ m 处的固定端时被全部反射。试写出：

（1）入射波和反射波的波动表达式。

（2）入射波与反射波叠加的合成波在 $0 \leqslant x \leqslant 10$ m 区间内波腹和波节处各点的坐标。

（3）合成波的平均能流。

12-29　位于 A、B 两点的两个波源振幅相等，频率都是 100 Hz，相差为 π，若 A、B 两点相距 30 m，波速为 400 m/s，求 A、B 两点连线上二者之间叠加而静止的各点的位置。

12-30　火车以 30 m/s 的速度行驶，汽笛的频率为 650 Hz。在铁路近旁的公路上坐在汽车里的人在下列情况听到火车鸣笛的声音频率分别是多少？

（1）汽车静止。

（2）汽车以 45 km/h 的速度与火车同向行驶。（设空气中的声速为 340 m/s。）

12-31　两列火车分别以 72 km/h 和 54 km/h 的速度相向而行，第一列火车发出 600 Hz 的汽笛声，若声速为 340 m/s，求第二列火车上的观测者听见该声音的频率在相遇前和相遇后分别是多少？

12-32　一个观察者站在铁路附近，听到迎面开来的火车汽笛声的频率为 640 Hz，当火车驶过他身旁后，听到汽笛声的频率降低为 530 Hz，则火车的时速为多少？（设空气中的声速为 330 m/s。）

第13章 波动光学

光学是研究光的行为、性质以及光与物质相互作用规律的学科。光学既是自然科学中历史最悠久的学科之一，又是当前科学领域中最活跃的前沿学科之一。它的研究对象已从可见光扩展到了电磁波全段，并与其他科学技术紧密结合，相互渗透，形成了许多交叉学科，如非线性光学、光电子学、全息技术、光子计算机等。正是由于人类对于光本性问题锲而不舍的探索，催生了近代物理两个伟大理论——量子理论和狭义相对论。

根据研究光的性质和规律的不同层次，通常把光学分为几何光学、波动光学和量子光学。几何光学是关于光传播的唯象理论，当观察研究光与宏观物体，即尺度远大于光波长的物体相互作用时，采用以光线为模型，以光的基本实验定律为基础，运用几何学作图的方法，研究光在均匀介质中沿直线传播的规律，它得出的结论通常是波动光学在某些条件下的近似或极限，主要用来处理光的成像问题，是各种光学仪器设计的基础理论；当光与尺度和其波长可比拟的物体相互作用时，则会表现出典型的波动特征，波动光学是从光的波动性出发，用光波这一模型来描述光的物理特征，研究光在传播过程中所发生的现象及遵循的规律，可以比较方便地研究光的干涉、衍射、偏振及光在各向异性介质中传播时的现象；量子光学则认为光具有波粒二象性，从光量子模型的性质出发，来研究光的辐射及光与物质的相互作用规律。这三个分支是光学最基本的内容，它们既相互关联，又相对独立，各有其不同的研究领域和适用范围。

本章介绍波动光学，主要内容有光的干涉、衍射及其应用，光栅和 X 射线的衍射，光的偏振现象等。

13.1 光源 相干光的获得

1. 光是电磁波

麦克斯韦所建立的光的电磁理论认为，光是一定波段的电磁波，电磁波在真空中的传播速度就是光在真空中的传播速度，即

$$c = \frac{1}{\sqrt{\varepsilon_0 \mu_0}}$$

式中，ε_0 是真空电容率；μ_0 是真空磁导率。在介质中，光的传播速度为

$$v = \frac{c}{\sqrt{\varepsilon_r \mu_r}}$$

式中，ε_r 是介质的相对电容率；μ_r 是介质的相对磁导率。通常 ε_r 和 μ_r 都是大于 1 的常量，因此 v 是小于 c 的。一般用折射率 n 来表征透明介质的光学性质，它定义为

$$n = \frac{c}{v} \tag{13-1}$$

考虑到在光频波段所有的磁化机制都不起作用，介质的相对磁导率 $\mu_r \approx 1$，于是有

$$n = \sqrt{\varepsilon_r \mu_r} \approx \sqrt{\varepsilon_r}$$

这个公式把光学性质和电磁物理量联系起来。当光波穿过不同的介质时，其频率 ν 或角频率 ω 保持不变，但光的传播速度 v 和波长 λ 都将随着介质的不同而改变。

光是一种电磁波，因此光就是电磁场中电场强度 E 和磁场强度 H 周期性变化在空间的传播，或者说，E 矢量和 H 矢量的振动在空间的传播。而且，电磁波是横波，E 矢量和 H 矢量都与传播方向垂直。研究表明，在光波中引起光效应的，即对人的眼睛或照相底片等感光器件起作用的，主要是电场强度 E。因此，一般情况下我们都把光波看成是电场强度 E 的振动在空间的传播，并把 E 矢量称为光矢量，把 E 矢量的振动称为光振动。

电磁波的传播总是伴随着电磁能量的传递，这个过程一般用平均能流密度 $\overline{S}$ 来定量地描述。在光学中，通常把平均能流密度 $\overline{S}$ 称为光强，用 I 表示。因此，光强表示单位时间内通过与传播方向垂直的单位面积的光的能量在一个周期内的平均值，即单位面积上的平均光功率。无论是人的眼睛还是照相底片，所观测到的都是光强 I 而不是光振动 E。对于平面简谐电磁波

$$I = \overline{S} = \frac{1}{2} \sqrt{\frac{\varepsilon_0 \varepsilon_r}{\mu_0 \mu_r}} E_0^2 \propto E_0^2$$

式中，E_0 是光振动的振幅。

在波动光学中，主要讨论的是光波所到之处的相对光强，因此在同一种介质中往往就直接把光强定义为

$$I = E_0^2 \tag{13-2}$$

2. 光源

（1）光源的发光机理

能发光的物体称为光源。常用的光源有两类：普通光源和激光光源。普通光源有热光源（由热能激发，如白炽灯、太阳）、冷光源（由化学能、电能或光能激发，如日光灯、气体放电管）等。各种光源的激发方式不同，辐射机理也不相同。在热光源中，大量分子和原子在热能的激发下处于高能量的激发态，当它从激发态返回到较低能量状态时，就把多余的能量以光波的形式辐射出来，这便是热光源的发光。这些分子或原子间歇地向外发光，发光时间极短，仅持续大约 10^{-8} s，因而它们发出的光波是在时间上很短、在空间中为有限长的一串串波列（如图 13-1 所示）。由于各个分子或原子的发光参差不齐，彼此独立，互不相关，因而在同一时刻，各个分子或原子发出波列的频率、振动方向和位相都不相同。即使是同一个分子或原子，在不同时刻所发出的波列的频率、振动方向和位相也不尽相同。

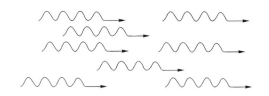

图 13-1　普通光源的各原子或分子所发出的光波

（2）光的颜色和光谱

光源发出的可见光是频率在 $7.7\times10^{14}\sim3.9\times10^{14}$ Hz 之间可以引起视觉的电磁波，它在真空中对应的波长范围是 $390\sim760$ nm。在可见光范围内，不同频率的光将引起不同的颜色感觉，表 13-1 是各光色与频率（或真空中波长）的对照。由表可见，波长从小到大呈现出从紫到红等各种颜色。

表 13-1　光的颜色与频率、波长对照表

光色	波长范围/nm	频率范围/Hz
红	$760\sim622$	$3.9\times10^{14}\sim4.7\times10^{14}$
橙	$622\sim597$	$4.7\times10^{14}\sim5.0\times10^{14}$
黄	$597\sim577$	$5.0\times10^{14}\sim5.5\times10^{14}$
绿	$577\sim492$	$5.5\times10^{14}\sim6.3\times10^{14}$
青	$492\sim450$	$6.3\times10^{14}\sim6.7\times10^{14}$
蓝	$450\sim435$	$6.7\times10^{14}\sim6.9\times10^{14}$
紫	$435\sim390$	$6.9\times10^{14}\sim7.7\times10^{14}$

只含单一波长的光，称为单色光。然而，严格的单色光在实际中是不存在的，一般光源的发光是由大量分子或原子在同一时刻发出的，它包含了各种不同的波长成分，称为复色光。如果光波中包含波长范围很窄的成分，则这种光称为准单色光，也就是通常所说的单色光。波长范围 $\Delta\lambda$ 越窄，其单色性越好。例如，用滤光片从白光中得到的色光，其波长范围相当宽，$\Delta\lambda\approx10$ nm；在气体原子发出的光中，每一种成分的光的波长范围 $\Delta\lambda\approx10^{-2}\sim10^{-4}$ nm；即使是单色性很好的激光，也有一定的波长范围，如 $\Delta\lambda\approx10^{-9}$ nm。利用光谱仪可以把光源所发出的光中波长不同的成分彼此分开，所有的波长成分就组成了所谓光谱。光谱中每一波长成分所对应的亮线或暗线，称为光谱线，它们都有一定的宽度，如图 13-2 所示。每种光源都有自己特定的光谱结构，利用它可以对化学元素进行分析，或对原子和分子的内部结构进行研究。

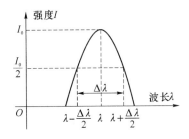

图 13-2　谱线及其宽度

3. 光波的叠加

根据光的电磁理论，光在空间的传播表现为波动形式，那么光波在空间相遇时，也应该和机械波一样产生干涉现象，但在日常生活中，两盏灯同时照射在墙面上时，墙面的光的强度是两盏灯的强度之和，并没有观察到和机械波相似的强弱变化情况，原因何在？这要从光波的相干叠加和非相干叠加说起。理论和实验表明，当光波的强度不太大时，光波在空间的叠加满足波的叠加原理。

如图 13-3 所示，从单色光源 S_1、S_2 发出频率相同、振动方向相同的两列简谐光波，在同一均匀介质中传播至空间任意点 P 处相遇时，其光矢量振动方程分别为

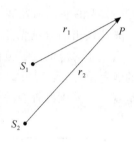

$$E_1 = E_{10} \cos\left(2\pi\nu t - \frac{2\pi}{\lambda_n} r_1 + \varphi_{10}\right)$$

$$E_2 = E_{20} \cos\left(2\pi\nu t - \frac{2\pi}{\lambda_n} r_2 + \varphi_{20}\right)$$

式中，ν 为光波频率；λ_n 为光波在介质中的波长；φ_{10} 和 φ_{20} 为两列光波的初相位。

图 13-3　光波的叠加

根据叠加原理，两列光波在 P 点的叠加是光矢量振动的叠加，其合振动为

$$E = E_0 \cos(2\pi\nu t + \Delta\varphi)$$

如果 E_1 和 E_2 振动方向相同，则 P 点光矢量的振幅 E_0 为

$$E_0 = \sqrt{E_{10}^2 + E_{20}^2 + 2E_{10}E_{20}\cos\Delta\varphi} \tag{13-3}$$

式中，$\Delta\varphi$ 为两列光波在相遇位置 P 点的相位差，即

$$\Delta\varphi = (\varphi_{20} - \varphi_{10}) - \frac{2\pi}{\lambda_n}(r_2 - r_1) = \Delta\varphi_0 - \Delta\varphi_P \tag{13-4}$$

$\Delta\varphi$ 既与两列光波的初相位差 $\Delta\varphi_0$ 有关，也与两列光波因传播路径不同而产生的相位差 $\Delta\varphi_P$ 有关。E_0 为叠加合成的光矢量振幅，与两列光波的振幅和相位差 $\Delta\varphi$ 都有关。

显然，合振动的振幅是随时间变化的，实际观察到的光强是在较长时间内的平均强度，因此，合振动的平均相对强度是 E_0^2 对时间的平均值，即

$$I = \overline{E_0^2} = E_{10}^2 + E_{20}^2 + 2E_{10}E_{20}\overline{\cos\Delta\varphi}$$

$$= I_1 + I_2 + 2\sqrt{I_1 I_2}\ \overline{\cos\Delta\varphi} \tag{13-5}$$

式中，I_1 和 I_2 分别为光源单独存在时在 P 点产生的光强，不随时间变化，因此，合光强 I 取决于干涉项 $\sqrt{I_1 I_2}\ \overline{\cos\Delta\varphi}$，下面分别讨论。

（1）非相干叠加

如果这两列光波分别由两个独立的普通光源发出，由于光源发光的随机性，两列光波的初相位差 $\Delta\varphi_0$ 也将瞬息万变，从而引起两列光波在 P 点的相位差 $\Delta\varphi$ 在 $0\sim 2\pi$ 之间迅速变化，在所观察的时间内，$\overline{\cos\Delta\varphi} = 0$，即干涉项为零，由式（13-5）得

$$I = \overline{E_0^2} = I_1 + I_2 \tag{13-6}$$

也就是说,在相对于光波周期较长时间内,观测到的光强是两列光波单独存在时光强的和,这种叠加就是**非相干叠加**。

（2）相干叠加

如果两列光波的初相位差 $\Delta\varphi_0$ 是恒定的,不随时间变化,在空间任一点 P,相位差 $\Delta\varphi$ 的变化仅与其位置有关,不随时间变化,$\cos\Delta\varphi$ 就不是时间的函数,其对时间的平均值不会为零,叠加后的合光强为

$$I = I_1 + I_2 + 2\sqrt{I_1 I_2}\cos\Delta\varphi \tag{13-7}$$

由此可见,合光强不仅与两列光波的光强有关,还取决于两列光波之间的相位差。对于空间不同的点,由于 r_1、r_2 不同,相位差 $\Delta\varphi$ 将取不同的数值,引起光波在相遇区域叠加形成稳定的、有强有弱的光强分布,这种叠加就是**相干叠加**。因光波的相干叠加而引起光强按空间周期性变化的现象称为**光的干涉**,空间分布图像称为**干涉图(花)样**。

下面我们讨论明暗条纹在空间形成的条件。

由式(13-7)知,当 $\Delta\varphi = \pm 2k\pi (k=0,1,2,\cdots)$,即两列光波在相遇位置同相时,有

$$A = A_1 + A_2 \quad I_{\max} = I_1 + I_2 + 2\sqrt{I_1 I_2} \tag{13-8}$$

这些位置处光强最大,称为**干涉相长(加强)**。

若 $\Delta\varphi = \pm(2k+1)\pi (k=0,1,2,\cdots)$,即两列光波在相遇位置反相时,有

$$A = |A_1 - A_2| \quad I_{\min} = I_1 + I_2 - 2\sqrt{I_1 I_2} \tag{13-9}$$

这些位置处光强最小,称为**干涉相消(减弱)**。其中 k 称为**干涉级数**。

当相位差 $\Delta\varphi$ 为其他任意值时,相干叠加的光强介于最大与最小之间,是明暗条纹的过渡区域。

可以发现,两列光波在整个叠加干涉区域的平均光强仍然为 $I_1 + I_2$,这也表明,光的干涉本质上是光强(光的能量)在空间的重新分配。光强的空间分布由相位差所决定,体现了参与相干叠加的光波之间相位的空间分布情况,也就是说,干涉图样记录了相位信息。这一概念是信息光学的基础,是全息照相的基本原理。

如果两列光波光强相等,即 $I_1 = I_2 = I_0$,由式(13-7)得

$$I = 4I_0 \cos^2\frac{\Delta\varphi}{2} \tag{13-10}$$

此时,$I_{\max} = 4I_0$,即为一列光波强度的 4 倍;$I_{\min} = 0$,即完全消光。这种情况下,干涉图样的明暗对比度最大。

综上所述,两列光波产生稳定相干图样的条件如下。

① 光矢量振动方向相同或不相互垂直。

② 频率相同。

③ 相位差恒定。

这两列光波称为**相干光**。在实验中,为了获得强弱对比清晰的干涉图样,还要求参与叠加的相干光波的强度差别不能太大。

能辐射出相干光波的光源称为**相干光源**，否则就称为**非相干光源**。由普通光源的发光机制可知，普通光源属于非相干光源，所以两个独立的普通光源或同一光源上的不同部分辐射出的光波之间无法产生稳定的干涉图像。

20 世纪 60 年代发展起来的新型受激辐射源——激光器的发光机理与普通光源不同，能辐射出单色性非常好的准单色光，是相干光源，在许多领域具有非常广泛的应用。

4. 相干光的获得

获得相干光的方法的基本原理是把由同一光源上同一点发出的光一分为二，然后再将这两部分叠加起来。由于这两部分光都来自于同一发光原子的同一次发光，即每一个光波列都分成两个频率相同、振动方向相同、相位差恒定的光波列，因此这两部分光是相干光。具体方法有两种：一种称为**分波阵面法**。因为同一波面上各点的振动具有相同相位，所以从同一波面上取出两部分可以作为相干光源。例如杨氏双缝干涉实验就是采用了这种方法，如图 13-4(a)所示。另一种方法称为**分振幅法**。就是当一束光投射到两种介质的分界面上时，一部分发生反射，另一部分透射，光能被分成两部分，光的振幅也同时被分开。如薄膜干涉实验就是应用了这种方法，如图 13-4(b)所示。

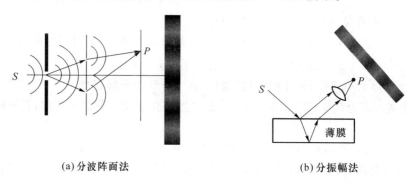

(a)分波阵面法　　　　　　　　　　(b)分振幅法

图 13-4　相干光的获得方法

13.2　光程与光程差

1. 光程和光程差概述

设有一频率为 ν 的单色光，它在真空中的波长为 λ，传播速度为 c，当它在不同媒质中传播时，频率不变，而传播速度和波长都要发生变化。如果媒质折射率为 n，光在该媒质中传播速度为

$$v = \frac{c}{n}$$

相应的波长

$$\lambda_n = \frac{v}{\nu} = \frac{c}{n\nu} = \frac{\lambda}{n}$$

由于光波传播一个波长的距离其相位变化 2π,若光波在该介质中传播的几何路程为 r,则相位变化为

$$\varphi = 2\pi \frac{r}{\lambda_n} = 2\pi \frac{nr}{\lambda}$$

上式说明,在相位变化相同的条件下,光在媒质中传播的路程 r 可折合为真空中传播的路程 nr。我们把光在某种媒质中传播的几何路程 r 和该媒质折射率 n 的乘积 nr 称为**光程**。

在双缝干涉的讨论中,两束相干光在同一媒质中传播时,在相遇点干涉条纹的明暗条件取决于两束光在该处的相位差,而相位差与几何路程有关,即

$$\Delta\varphi = \frac{2\pi}{\lambda}(r_2 - r_1) \tag{13-11}$$

然而,当两束相干光分别通过不同媒质在空间某点相遇时,产生的干涉情况应与什么有关呢?下面通过一个简单的例子来加以说明。

如图 13-5 所示,设 S_1 和 S_2 为初相位相同的相干光源,光束 S_1P 和 S_2P 分别在折射率为 n_1 和 n_2 的媒质中传播,在 P 点相遇发生干涉现象。其相位差为

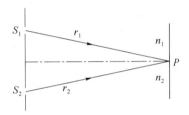

$$\Delta\varphi = \frac{2\pi r_2}{\lambda_2} - \frac{2\pi r_1}{\lambda_1} = \frac{2\pi n_2 r_2}{\lambda} - \frac{2\pi n_1 r_1}{\lambda}$$

即

图 13-5　光程和光程差

$$\Delta\varphi = \frac{2\pi}{\lambda}(n_2 r_2 - n_1 r_1) \tag{13-12}$$

式中,λ_1、λ_2 分别为光在这两种媒质中的波长;λ 为光在真空中的波长;nr 为与几何路程 r 相对应的光程;$\delta = n_2 r_2 - n_1 r_1$ 称为**光程差**。式(13-12)表明,引入光程的概念后,计算通过不同媒质的相干光的相位差可不用媒质中的波长,而统一采用真空中的波长进行计算。特别是当 $n_2 = n_1 = 1$,即两束光都在真空中传播时,式(13-12)就和式(13-11)相一致了,所以,波程差是特殊情况下的光程差。

用 δ 表示光程差,式(13-12)写成

$$\Delta\varphi = \frac{2\pi}{\lambda}\delta \tag{13-13}$$

则

$$\delta = \begin{cases} \pm k\lambda & k=0,1,2,\cdots \quad 明 \\ \pm(2k+1)\dfrac{\lambda}{2} & k=0,1,2,\cdots \quad 暗 \end{cases}$$

无论是干涉现象还是以后讨论的衍射现象,本质上都是光波的相干叠加,形成的图样分布都具有以下共同特点。

(1) 光程差相等的点在空间构成同一级条纹,即条纹是 $\delta = n_2 r_2 - n_1 r_1$ 相等点的轨

迹,在真空或空气中由路程差决定条纹形状。

（2）两相邻的明纹或暗纹之间对应的光程差的改变为一个波长 λ,相邻的明暗纹之间对应的光程差的改变为 $\lambda/2$,这里的波长都是指真空中的波长。

因此,光程及光程差的概念非常重要,正确计算光程差是讨论光波相干叠加的关键。

2. 使用透镜不会引起附加的光程差

在光学实验中,经常要用到透镜,透镜的厚度是不均匀的,那么光通过透镜时会不会引起光程的变化呢？实验表明,平行光束通过透镜后,会聚于透镜焦平面上成一亮点。如图 13-6 所示,平行光束波前上各点（如图中 A、B、C、D、E 各点）的相位相同,到达焦平面上因干涉相长而得到一亮点,说明各光线的相位仍然是相同的。大量的类似实验都验证了光通过透镜时只改变光的传播情况,而不会引起附加的光程差。对此问题可这样理解,如图 13-6 所示,虽然光通过路径 AaF 到达点 F 比光通过路径 CcF 到达点 F 的几何路程要长,但路径 CcF 在透镜中经过的路程要比路径 AaF 相应得长一些,由于透镜的折射率大于 1,将路径 AaF 和路径 CcF 均折算成光程,通过计算可以证明两者的光程是相等的。同理,B、C、D、E 各点到达点 F 时的光程也相等。同理讨论也可知,图中 AaF'、BbF'……的光程也相等。所以使用透镜并不会引起附加的光程差。

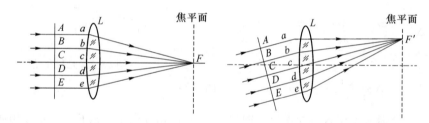

图 13-6　通过透镜的各光线的光程相等

例 13-1　单色平行光垂直照射到厚度为 e 的薄膜上,经上下两表面反射,如图 13-7 所示,若 $n_1 < n_2$ 且 $n_2 > n_3$,已知入射光在介质 n_1 中的波长为 λ_1,求反射光 1 和反射光 2 的光程差和相位差。

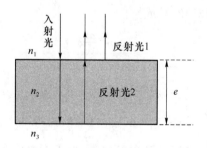

图 13-7　例 13-1 图

解　光程差由两部分组成:一是两列光波因路径不同产生的光程差,二是要考虑是否

存在半波损失。两列光波因传播路径不同产生的光程差为

$$\delta_0 = 2n_2 e$$

由折射率大小关系知,薄膜上表面反射波存在半波损失,下表面反射时没有半波损失,故附加光程差为

$$\delta' = \frac{\lambda}{2} = \frac{n_1 \lambda_1}{2}$$

总光程差为

$$\delta = \delta_0 + \delta' = 2n_2 e + \frac{\lambda}{2} = 2n_2 e + \frac{n_1 \lambda_1}{2} \tag{1}$$

相位差为

$$\Delta \varphi = \frac{2\pi}{\lambda} \delta = \frac{2\pi}{\lambda} \left(2n_2 e + \frac{\lambda}{2} \right) \tag{2}$$

$$= \frac{4n_2 e \pi}{\lambda} + \pi = \frac{4n_2 e \pi}{n_1 \lambda_1} + \pi$$

讨论:(1) 如果已知光波在介质 n_2 中的波长 λ_2,也可以利用路程差来计算相位差。反射光 2 传播的路程为 $2e$,产生的相位差改变为

$$\varphi_2 = \frac{2\pi}{\lambda_2} 2e = \frac{4\pi e}{\lambda_2}$$

考虑反射光 1 的相位突变,总相位差为

$$\Delta \varphi = \varphi_2 + \pi = \frac{4e\pi}{\lambda_2} + \pi$$

将 $\lambda_2 = \frac{\lambda}{n_2} = \frac{n_1 \lambda_1}{n_2}$ 代入上式后和式(1)结果一样。

(2) 如果 $n_1 < n_2 < n_3$,则光程差为

$$\delta = 2n_2 e + \frac{\lambda}{2} - \frac{\lambda}{2} = 2n_2 e$$

即上下表面都有半波损失时,在计算光程差时不需考虑。三种介质折射率之间的大小关系在其他情况下是否存在半波损失,请读者考虑。

13.3　杨氏双缝干涉

英国物理学家托马斯·杨于 1801 年首次采用分波阵面的方法获得相干光,实现了光的干涉,在历史上第一次测定了光的波长,并用干涉原理成功地解释了白光照射下薄膜彩色的形成,为光波动说的建立奠定了坚实的实验基础。托马斯·杨所设计的实验即称为杨氏双缝干涉。

1. 实验装置

杨氏双缝干涉实验的装置如图 13-8 所示。其中 S_0 为单色光源,它所发出的光经过

透镜 L 后变为单色平行光束,平行光束照射下的狭缝 S 相当于一个线光源。双缝 S_1 和 S_2 与狭缝 S 平行,且与 S 距离相等,所以它们正好处于由 S 发出的同一波面上,具有相同的相位、振动方向和频率,故 S_1 和 S_2 是一对相干光源。最初托马斯·杨的实验装置中 S、S_1 和 S_2 都为针孔,后人为使干涉图样清晰而改成了狭缝。由 S_1 和 S_2 发出的光在双缝屏后相遇时,即可形成相干光场,如果在此场中放一观察屏,则屏上会出现干涉条纹。

2. 干涉图样

（1）装置的几何关系及明、暗纹条件

由式(13-13)可知,处理光的干涉问题时,光程差是个关键,所以要想定量分析杨氏双缝干涉实验在观察屏上的干涉结果如何,首先要计算从同相相干光源 S_1 和 S_2 发出的光到达观察屏上任意点 P 的光程差 δ。

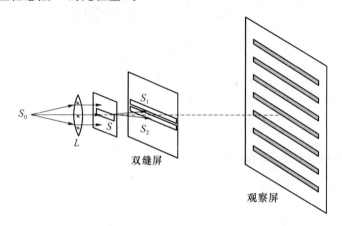

图 13-8　杨氏双缝干涉实验装置

如图 13-9 所示,设双缝的中垂线与观察屏相交于 O 点,S_1 和 S_2 之间的距离称为双缝间距,用 d 表示,双缝与观察屏之间的距离用 D 表示。d 通常在 $0.1\sim 1$ mm 范围内,而 D 则在 $1\sim 10$ m 范围内,所以 $d\ll D$。由 S_1 和 S_2 发出的相干光在观察屏上交汇于 P 点,P 点与 O 点之间的距离为 x,P 点到双缝的距离分别为 r_1 和 r_2,在 PS_2 上截取 $PN=PS_1$,则有 $\delta=r_2-r_1=\overline{S_2N}$,由于 $d\ll D$ 及 P 到 O 点的距离满足 $x\ll D$ 的条件,由图中的几何关系可知,$\triangle S_1PN$ 可以认为是一个顶角很小的等腰三角形。此三角形的底角可近似认为是直角,即 $S_1N\perp S_2P$,于是有

$$\delta=\overline{S_2N}=d\sin\angle S_2S_1N$$

由于 $\angle S_2S_1N$ 和 $\angle PAO$ 的两边相互垂直,所以 $\angle S_2S_1N=\angle PAO=\theta$,因而光程差写为

$$\delta=r_2-r_1=d\sin\theta$$

由于 $x\ll D$,θ 角很小,所以有 $\sin\theta\approx\tan\theta$,代入上式有

$$\delta=r_2-r_1=d\tan\theta=d\frac{x}{D} \tag{13-14}$$

此式即为此装置的几何关系式。

由几何关系及干涉加强、减弱条件可得杨氏双缝干涉的明、暗纹条件为

$$\delta = \frac{d}{D}x = \begin{cases} 2k\dfrac{\lambda}{2} & k=0,\pm1,\pm2,\cdots \quad \text{明纹} \\[2mm] (2k+1)\dfrac{\lambda}{2} & k=0,\pm1,\pm2,\cdots \quad \text{暗纹} \end{cases} \tag{13-15}$$

由双缝发出的相干光到达观察屏上任一点的光程差是空间坐标 x 的函数,x 值相同的点光程差相同,则干涉结果相同。而 x 值相同点对应的是与缝平行的直线,所以在观察屏上看到的图样将是与缝平行的关于 S 对称的条纹。凡是位置坐标 x 满足明纹条件的点,相干叠加后的合成光强将为最大,在观察屏上形成明纹;凡是位置坐标 x 满足暗纹条件的点,相干叠加后的合成光强将为最小,在观察屏上形成暗纹。x 是连续变化的,在其变化的过程中,一会对应于明纹条件,一会对应于暗纹条件,然后再对应于下级明纹条件⋯⋯由此可知,杨氏双缝干涉图样为一组与双缝平行的明暗相间的直条纹。

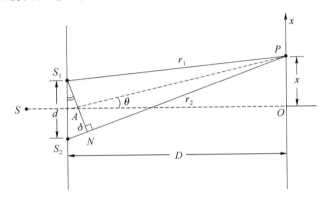

图 13-9　杨氏双缝干涉光程差的计算

(2) 明、暗纹位置

由式(13-15)即可求得明纹(或暗纹)对应的 x 值,双缝干涉条纹中心位置坐标为

$$x = \begin{cases} k\dfrac{D}{d}\lambda & \text{明纹} \\[2mm] (2k+1)\dfrac{D}{2d}\lambda & \text{暗纹} \end{cases} \tag{13-16}$$

k 为条纹级次,$k=0,\pm1,\pm2,\cdots$。对于明纹来说,$k=0$ 时,相应的明纹为零级明纹,因为 $x=0$,对应于屏的中央位置,所以也称为中央明纹;$k=\pm1$,相对应的条纹为中央明纹两侧对称位置上的正、负一级明纹;其余依此类推。对于暗纹来说,没有中央暗纹,$k=0$ 时对应的暗纹为正负一级暗纹,其余暗纹依此类推。

(3) 相邻明纹(暗纹)间距

由式(13-16)所给出的条纹位置坐标可得到观察屏上任意两相邻明(暗)纹之间的距离为

$$\Delta x = x_{k+1} - x_k = \frac{D}{d}\lambda \tag{13-17}$$

由式(13-17)可以看出：Δx 与级次 k 无关，则条纹在屏上呈等间距分布；Δx 与 d 成反比，d 减小则 Δx 增大，即通过缩小双缝间的距离可以增大条纹间的距离；Δx 与 D 成正比，D 增大则 Δx 增大，即通过增大屏到缝之间的距离可以增大条纹间的距离；当 d、D 固定不变时，$\Delta x \propto \lambda$，λ 减小则 Δx 减小，条纹变得密集，反之 λ 增加则 Δx 增加，条纹变得稀疏，即不同的光照射同一双缝，条纹间距不同，如果用白光照射双缝，则屏上将出现彩色的条纹，其中同一级条纹中紫色条纹因其波长最小而离 O 点最近，红光则最远。

另外，由式(13-17)可知，若 d 和 D 已知，则只要测出 Δx，即可得到待测光波的波长，式(13-17)为我们提供了一种测定光波波长的方法。

由上述讨论可知，杨氏双缝干涉条纹是明暗相间、对称分布、等间距的平行直条纹。

思考：将双缝干涉装置由空气中放入水中时，屏上的干涉条纹有何变化？

例 13-2 在杨氏双缝实验中，屏与双缝间的距离 $D=1$ m，用钠光灯作单色光源（$\lambda = 589.3$ nm）。试求：

(1) $d=2$ mm 和 $d=10$ mm 两种情况下，相邻明纹间距各为多大？

(2) 若肉眼仅能分辨两条纹的间距为 0.15 mm，现用肉眼观察干涉条纹，双缝的最大间距为多少？

解 (1) 根据两相邻明条纹间的距离 $\Delta x = \frac{D}{d}\lambda$，可知

当 $d=2$ mm 时，

$$\Delta x_1 = \frac{1 \times 589.3 \times 10^{-9}}{2 \times 10^{-3}} \text{ m} = 2.95 \times 10^{-4} \text{ m}$$

当 $d=10$ mm 时，

$$\Delta x_2 = \frac{1 \times 589.3 \times 10^{-9}}{10 \times 10^{-3}} \text{ m} = 5.89 \times 10^{-5} \text{ m}$$

结果再次表明，相邻明纹间的距离随双缝间距离的增加而减小。

(2) 根据 $\Delta x = \frac{D}{d}\lambda$ 及 $\Delta x = 0.15$ mm，则有

$$d = \frac{D\lambda}{\Delta x} = \frac{1 \times 589.3 \times 10^{-9}}{0.15 \times 10^{-3}} \text{ m} = 3.93 \times 10^{-3} \text{ m}$$

即双缝间距必须小于 3.93 mm 才能分清干涉条纹。

13.4 薄膜干涉

光照射在很薄的透明介质膜上，经薄膜上下表面反射后在空间一定区域相遇叠加所产生的干涉现象，称为**薄膜干涉**。薄膜干涉属于分振幅干涉，是日常生活中常见的一类干

涉现象。在日光照射下,肥皂泡、油膜等呈现五彩缤纷的色彩,蝴蝶等昆虫翅膀绚丽多姿的花纹,都是薄膜干涉的结果。

薄膜干涉条纹形状、图样形成的区域与薄膜表面形状、薄膜厚度是否均匀、光源是面光源还是点光源、入射光的照射角度等很多因素有关,不同条件导致薄膜干涉条纹形状各异,干涉区域也不尽相同,因此,薄膜干涉的全面讨论比较复杂。下面讨论两类比较简单并且最具实用意义的薄膜干涉,即厚度均匀的薄膜产生的**等倾干涉**和厚度虽然不均匀但厚度分布有一定规律的薄膜形成的**等厚干涉**。

1. 等倾干涉

图 13-10 中厚度均匀的透明平行平面介质薄膜的折射率为 n_2,厚度为 e,放在折射率

为 n_1 的透明介质中,波长为 λ 的单色光入射到薄膜表面上,入射角为 i,经薄膜上下表面反射后产生一对相干的平行光束 1 和平行光束 2。这对光束只能在无限远处发生干涉,因此用一个透镜使它们在其焦平面上叠加产生干涉。考虑其中一束光线反射时有半波损失,1 和 2 两束光的光程差为

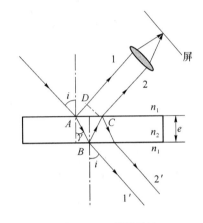

图 13-10　薄膜干涉

$$\delta = n_2 (\overline{AB} + \overline{BC}) - n_1 \overline{AD} + \frac{\lambda}{2}$$

$$= 2n_2 \frac{e}{\cos \gamma} - n_1 \overline{AC} \sin i + \frac{\lambda}{2}$$

$$= 2n_2 \frac{e}{\cos \gamma} - 2e \tan \gamma n_1 \sin i + \frac{\lambda}{2}$$

将折射定律 $n_2 \sin \gamma = n_1 \sin i$ 代入上式整理得

$$\delta = 2n_2 e \cos \gamma + \frac{\lambda}{2} = 2e \sqrt{n_2^2 - n_1^2 \sin^2 i} + \frac{\lambda}{2} \tag{13-18}$$

由上式可见,厚度均匀的薄膜光程差是由入射角 i 决定的,凡是以相同的倾角入射的光,经薄膜上下表面反射后产生的相干光束都有相同的光程差,因而对应着干涉图样中的同一条条纹。将此类干涉条纹称为等倾干涉条纹,这种干涉现象称为**等倾干涉**。

图 13-11(a)所示是等倾干涉实验装置,来自光源 S 的光经过半反射板射向薄膜表面,经薄膜上下表面反射的两束光线在透镜上方焦平面上得到等倾干涉条纹。凡是入射角相同的光线,在屏上位于以透镜上方焦点 O 为中心的同一圆周上,干涉条纹如图 13-11(b)所示。

形成等倾干涉明条纹的光程差的条件是

$$\delta = 2e \sqrt{n_2^2 - n_1^2 \sin^2 i} + \frac{\lambda}{2} = k\lambda \quad k = 1, 2, 3, \cdots \tag{13-19}$$

暗条纹的光程差条件是

$$\delta = 2e \sqrt{n_2^2 - n_1^2 \sin^2 i} + \frac{\lambda}{2} = (2k+1)\frac{\lambda}{2} \quad k = 0, 1, 2, \cdots \tag{13-20}$$

由式(13-19)和式(13-20)可知，入射角 i 越小，光程差 δ 越大，干涉级也越高。在等倾环纹中，半径越小的圆环对应的 i 越小，所以中心处的干涉级最高，越往外的圆环干涉级越低。另外，如图 13-11(b)所示，中央的环纹间的距离较大，环纹较稀疏；越向外，条纹间的距离越小，环纹越紧密。

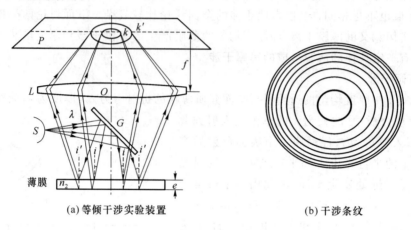

(a)等倾干涉实验装置   (b)干涉条纹

图 13-11   等倾干涉实验装置及干涉条纹

透射光也有干涉现象。图 13-10 中光束 1′是由光线直接透射而来的，而光线 2′是由光线折射后在 B 点和 C 点反射后再透射出来的。因为两次反射同时有（或没有）半波损失，所以不存在反射时的附加光程差。这两束透射光的光程差为

$$\delta = 2e\sqrt{n_2^2 - n_1^2 \sin^2 i} \tag{13-21}$$

该式所得的光程差与式(13-18)相比差 $\dfrac{\lambda}{2}$，可见反射光相互加强时，透射光将相互减弱，当反射光相互减弱时，透射光将相互加强，两者是互补的。

在比较复杂的光学系统中，为了减少反射造成的光能严重损耗，常在镜头上镀一层透明介质薄膜。如果薄膜厚度合适，利用干涉效应，可使用某一波长的光只透射不反射，这种薄膜称为**增透膜**。

人眼和照相机底片对波长为 550 nm 的黄绿光最敏感。要想使照相机对此波长的光反射小，可在照相机镜头上镀一层氟化镁（MgF_2）薄膜，它的折射率为 $n_2 = 1.38$，介于玻璃与空气之间。假设薄膜厚度为 e，如图 13-12 所示，光垂直入射（为看得清楚图中把入射角画大了些）时，薄膜上下表面反射光都有半波损失，它们的光程差为 $\delta = 2en_2$，两反射光干涉相消应满足的条件是

$$\delta = 2en_2 = (2k+1)\frac{\lambda}{2} \quad k = 0, 1, 2, \cdots$$

在上述例子中，如果换一个折射率比玻璃大的薄膜，薄膜上表面反射光有半波损失，而下表面反射光没有半波损失。此时，两束反射光光程差多了一个半波长，叠加后产生相长干

涉,这样的薄膜称为**增反膜**。例如氦氖激光器中的谐振腔反射镜,要求对波长 $\lambda = 632.8$ nm 的单色光反射率达到 99% 以上,因此需要镀高反射率的透明薄膜。由于反射光能量约占入射光能量的 5%,为了达到具有高反射率的目的,通常在玻璃表面交替镀折射率不同的多层介质膜,每层介质膜的光学厚度均为 $\dfrac{\lambda}{4}$。一般镀 7 层、9 层,有的多达 15 层、17 层。采用的介质膜对光的吸收很少,比镀银或铝的反射镜效果更好。

例 13-3 如图 13-13 所示,在折射率为 $n_2 = 1.5$ 的玻璃基片上蒸镀一层折射率为 $n = 1.38$ 的透明氟化镁(MgF_2)薄膜。若要使此膜对于垂直入射到薄膜表面上的黄绿光 ($\lambda = 550$ nm)成为高反射膜,试求此膜的最小厚度。

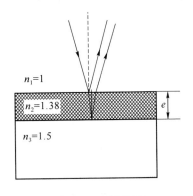

图 13-12 增透膜

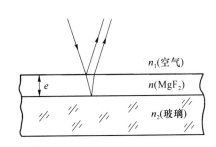

图 13-13 例 13-3 图

解 光线以接近垂直入射的方向入射到薄膜上,即入射角 $i = 0$。设薄膜厚度为 e,则入射光在薄膜上、下表面两反射光的光程差为

$$\delta = 2ne + \delta'$$

δ' 为由于半波损失而产生的附加光程差,由于薄膜上面的介质为空气,即 $n_1 < n < n_2$,所以 $\delta' = 0$。

结合反射光干涉加强条件,有

$$\delta = 2ne = k\lambda \quad (k = 0, 1, 2, \cdots)$$

解方程得

$$e = \frac{k\lambda}{2n}$$

$k = 1$ 时,薄膜厚度最小,其值为

$$e_{\min} = \frac{\lambda}{2n} = \frac{550}{2 \times 1.38} \text{ nm} \approx 199 \text{ nm}$$

例 13-4 已知如例题 13-3。若使此膜对于垂直入射到膜表面的黄绿光($\lambda = 550$ nm)成为增透膜,试求膜的最小厚度。

解 由前面的讨论可知

$$\delta = 2ne = (2k+1)\frac{\lambda}{2} \quad (k=0,1,2,\cdots)$$

解方程得

$$e = (2k+1)\frac{\lambda}{4n}$$

当 $k=0$ 时，薄膜厚度最小，其值为

$$e_{\min} = \frac{\lambda}{4n} = \frac{550}{4\times1.38} \text{ nm} \approx 100 \text{ nm}$$

　　根据薄膜干涉原理，利用多层镀膜的方法，还可以制成干涉滤光片，它的基本原理即是根据增透膜原理而使某种特定波长的单色光因干涉作用使其透射光加强，利用干涉滤光片可以从白光中获得特定波长范围的光。

2. 等厚干涉

　　比较典型的等厚干涉是劈尖干涉和牛顿环。

　　（1）劈尖干涉

　　如图 13-14 所示，OA 和 OB 是两块相同的平面玻璃片，将它们叠在一起，在其一端夹一根细丝（如头发丝等），使两片玻璃之间形成很小的夹角。在两片玻璃之间充入气体或液体就构成了一个劈尖。两玻璃片的交线称为**劈尖的棱边**，两玻璃片的夹角称为**劈尖的尖角**。如果用单色光照射劈尖，反射光就形成明暗相间的干涉条纹，如图 13-15 所示（实线表示明条纹，虚线表示暗条纹）。劈尖干涉条纹与劈尖的棱边平行，并且同一条纹对应的薄膜厚度相等，因此劈尖干涉是等厚干涉。

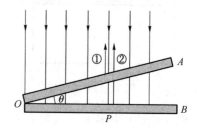

图 13-14　劈尖干涉

　　下面定量地讨论劈尖的干涉情况。在图 13-14 中，设垂直入射的单色光的波长为 λ，劈尖中充入的流体折射率为 n。在劈尖 P 点处，薄膜上、下表面的反射光①和②来自同一条入射光线，因此它们是相干光。设 P 点对应的薄膜厚度为 e，不管流体的折射率 n 比玻璃片的折射率大还是小，反射光①和②的光程差总可以表达为

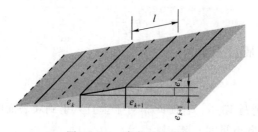

图 13-15　劈尖干涉图样

$$\delta = 2ne + \frac{\lambda}{2} \tag{13-22}$$

因此,在薄膜厚度为 d 处出现明暗条纹的条件分别为

$$2ne + \frac{\lambda}{2} = k\lambda \quad k = 1,2,3,\cdots \quad 明纹 \tag{13-23}$$

$$2ne + \frac{\lambda}{2} = (2k+1)\frac{\lambda}{2} \quad k = 0,1,2,\cdots \quad 暗纹 \tag{13-24}$$

可见,凡是厚度 e 相同的地方均满足相同的干涉条件。因此,劈尖的干涉条纹是一系列平行于劈尖棱边的明暗相间的直条纹。由上式求出的明暗条纹的厚度分别为

$$e = (2k-1)\frac{\lambda}{4n} \quad k = 1,2,3,\cdots \tag{13-25}$$

$$e = k\frac{\lambda}{2n} \quad k = 0,1,2,\cdots \tag{13-26}$$

由式(13-26)可知,当 $k=0$ 时,$e=0$,即劈尖的棱边处是暗条纹。

用 l 表示相邻明纹或暗纹间的距离,θ 表示劈尖的尖角,由图 13-15 得

$$l\sin\theta = e_{k+1} - e_k \tag{13-27}$$

由于劈尖尖角 θ 很小,$\sin\theta \approx \theta$。由式(13-25)或式(13-26)得相邻的明条纹或暗条纹对应的薄膜厚度差为

$$e_{k+1} - e_k = \frac{k+1}{2n}\lambda - \frac{k}{2n}\lambda = \frac{\lambda}{2n}$$

式中,$\frac{\lambda}{n} = \lambda_n$ 为光在折射率为 n 的介质中的波长,即相邻的明条纹或暗条纹对应的薄膜厚度差等于光在劈形薄膜中波长的一半。将以上结果代入式(13-24)得

$$l\theta = \frac{\lambda}{2n} \tag{13-28}$$

上式表明,在入射光波长 λ 一定的情况下,θ 越小,l 越大,即干涉条纹越稀疏;θ 越大,l 越小,干涉条纹越密集。因此只有当劈尖尖角 θ 很小时,干涉条纹才分得较开,便于观测。

图 13-16 是观察劈尖干涉条纹的实验装置示意图。单色光源 S 发出的光经过凸透镜 L 后成为平行光,再经过以 45°角放置的半透半反玻璃片 M 反射后,得到的平行光垂直入射到劈尖上,从劈形薄膜的上、下表面反射的两束相干光形成等厚干涉条纹,通过显微镜 T 就可以观察到这些条纹了。

劈尖干涉在生产中应用广泛,下面举几

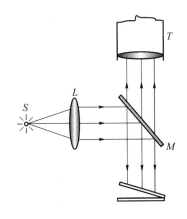

图 13-16 观察劈尖干涉条纹的实验装置示意图

个典型的例子。

① 干涉膨胀仪

由前面的讨论可以知道，如果将空气劈尖的一块玻璃片向上或向下平移 $\lambda/2$ 距离时，就有一个条纹移过视场，如果有 N 个条纹移过视场，则玻璃片移动的距离为

$$\Delta h = N\frac{\lambda}{2} \tag{13-29}$$

干涉膨胀仪就是利用这个原理制成的。图 13-17 是干涉膨胀仪的结构示意图，它有一个用线膨胀系数很小的石英制成的套框，框内放置表面磨成稍微倾斜的样品，框顶放一块平板玻璃，这样在玻璃与样品之间构成一个空气劈尖。当样品受热膨胀时，劈尖的下表面位置升高，干涉条纹发生移动，测出条纹移过的数目，通过式(13-29)即可算出劈尖下表面位置的升高量，从而求出样品的线膨胀系数。

② 测量微小线量

一些非常微小的线量，如细金属丝、蚕丝、头发丝等的直径，可以利用劈尖干涉的原理进行测量。如图 13-18 所示，将直径为 d 的金属细丝夹在两块平玻璃板之间，形成空气劈尖。用波长为 λ 的单色光垂直入射劈尖，测出相邻明纹或暗纹间的距离 l，金属丝与劈尖棱边的距离 L，由相似三角形的关系得

$$\frac{d}{L} = \frac{\lambda/2}{l}$$

因此，金属丝的直径为

$$d = \frac{\lambda L}{2l} \tag{13-30}$$

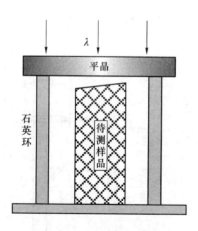

图 13-17　干涉膨胀仪的结构示意图

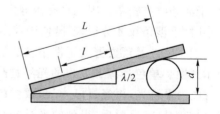

图 13-18　测量微小线量

③ 光学元件表面的检查

由于劈尖干涉条纹代表等厚线，因此可以用劈尖干涉法检查光学表面的平整度。在图 13-19 中，劈尖上面的玻璃片是标准透明平板，下面是待验平板。如果待验平板的表面也是理

想的光学平面,其干涉条纹是一组间距为 l 的平行直线,如图 13-19(a)所示。如果待验平板的表面存在缺陷,则在缺陷处干涉条纹将不再是直线,如图 13-19(b)所示。根据某处条纹弯曲的方向可以判断待检平板在该处的缺陷状况,根据条纹弯曲的尺度可以估算出缺陷的程度。

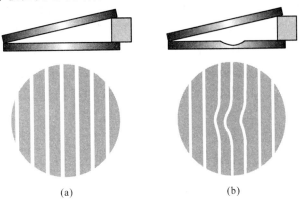

(a)　　　　　　　　(b)

图 13-19　光学元件表面检查的干涉图样

如图 13-20(a)所示,设在待检平板上有一个凹陷,为了考察干涉条纹的弯曲方向,首先补平待检平板,如图中的点画线所示,然后通过凹陷的中点 O 作待检平板的垂线,与标准平板相交于点 E,则 OE 的长度对应于弯曲程度最大的干涉条纹的直线部分。通过 O 点作标准平板的平行线,与凹陷相交于 N 点,通过 N 点作 OE 的平行线,与标准平板相交于点 F,则 NF 的长度等于 OE 的长度,也就是说,F 点与 E 点在同一条干涉条纹上,F 点就是弯曲度最大的干涉条纹的顶点。因此,如果待检平板上有一个凹陷,干涉条纹将向劈尖的棱边方向弯曲。其实图 13-20(b)显示的就是这种情况。可以认为 N 点到待检平板表面的距离 NM 就是凹陷深度,用 Δh 表示。设干涉条纹弯曲的最大量值为 b。如图 13-20(b)所示的 $\triangle ABC$ 是正常情况下条纹宽度与相邻条纹厚度差构成的直角三角形,由图中的几何关系容易看出,$\triangle OMN$ 与 $\triangle ABC$ 是相似三角形,由相似比得

$$\frac{\Delta h}{b} = \frac{\lambda/2}{l}$$

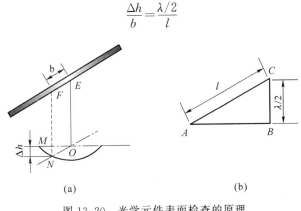

(a)　　　　　　　　(b)

图 13-20　光学元件表面检查的原理

因此，凹陷深度为

$$\Delta h = \frac{\lambda b}{2l} \tag{13-31}$$

如果待检平板上有一个凸起，利用式(13-31)也可以计算凸起的高度。读者自己可以分析一下，如果待检平板上有一条划痕，干涉条纹会发生怎样的变化。

例 13-5 由两玻璃片构成一空气劈尖，其夹角为 $\theta = 5.0 \times 10^{-5}$ rad，用波长 $\lambda = 500$ nm 的平行单色光垂直照射，在空气劈尖的上方观察在劈尖表面上的等厚条纹，如图 13-21 所示。

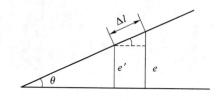

图 13-21　例 13-5 图

(1) 若将下面的玻璃片向下平移，看到有 15 条条纹移过，求玻璃片下移的距离。

(2) 若向劈尖中注入某种液体，看到第 5 个明纹在劈尖上移动了 0.5 cm，求液体的折射率。

解 利用劈尖干涉的光程差、干涉条纹即膜的等厚线性质及明纹条件求解。

(1) 劈尖下面的玻璃片下移，但劈尖角保持不变，形成在劈尖表面上的等厚干涉条纹(平行于劈尖棱边的一些等间距的直线段)整个向棱边方向移动(条纹间距不变)。

设原来第 k 级明纹处劈尖的厚度为 e_1，光垂直入射时，劈尖干涉明纹条件(有半波损失)为

$$2e_1 + \frac{\lambda}{2} = k\lambda$$

下面的玻璃片下移后，原来的第 k 级明纹处变成第 $k+15$ 级明纹处，该处的厚度从 e_1 变成 e_2，由干涉条件有

$$2e_2 + \frac{\lambda}{2} = (k+15)\lambda$$

两式相减，得到

$$e_2 - e_1 = \frac{15\lambda}{2} = \frac{15 \times 5 \times 10^{-7}}{2} \text{ m} = 3.75 \ \mu m$$

即为玻璃片下移的距离。

(2) 玻璃片不动，在劈尖中注入某种液体时，劈尖上条纹也发生移动(也向棱边方向移动，条纹间距也变)，未加液体时，第 5 级明纹在厚度 e 处，满足

$$2e + \frac{\lambda}{2} = 5\lambda$$

加液体(设折射率为 n)后,第 5 级明纹移至厚度为 e' 处,满足

$$2ne' + \frac{\lambda}{2} = 5\lambda$$

两式相减,得到

$$e' = \frac{e}{n}$$

条纹在劈尖上移动的距离由几何关系有

$$\Delta l = \frac{e - e'}{\theta} = \frac{e - \dfrac{e}{n}}{\theta} = \frac{n-1}{n\theta}e$$

由 $2e + \dfrac{\lambda}{2} = 5\lambda$ 解出

$$e = \frac{1}{2}\left(5 - \frac{1}{2}\right)\lambda = \frac{1}{2} \times \frac{9}{2} \times 5.0 \times 10^{-7} \text{ m} = 1.125 \ \mu\text{m}$$

由上式解出

$$n = \frac{e}{e - \theta \Delta l} = \frac{1.125 \times 10^{-6}}{1.125 \times 10^{-6} - 5.0 \times 10^{-5} \times 0.5 \times 10^{-2}} = 1.28$$

(2) 牛顿环

牛顿环的实验装置如图 13-22 所示,在一块平玻璃上放一曲率半径及很大的平凸透镜,则在透镜和平玻璃之间形成厚度不均匀的空气薄膜(厚度变化也不均匀),用波长为 λ 的单色平行光垂直入射时,在空气薄膜上下表面的反射光发生干涉,于是可观察到在空气薄膜的上表面出现一组等厚干涉条纹。由于空气薄膜的等厚线是以接触点为圆心的一系列同心圆,所以干涉条纹的形状也是明暗相间的同心圆环,称为牛顿环。

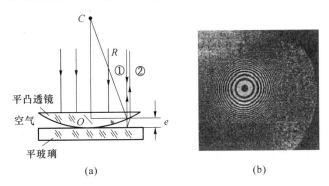

图 13-22　牛顿环实验和干涉图样

考虑到透镜的曲率半径很大,在光垂直入射的情况下,各点入射角近似为 $i = 0$,又因空气的折射率 $n_2 \approx 1$,所以在薄膜上任一厚度 e 处,反射光产生明环的条件为

$$\delta = 2e + \frac{\lambda}{2} = k\lambda \quad k = 1, 2, 3, \cdots \tag{13-32}$$

形成暗环的条件为

$$\delta = 2e + \frac{\lambda}{2} = (2k+1)\frac{\lambda}{2} \quad k = 0,1,2,\cdots \tag{13-33}$$

两式中 $\lambda/2$ 是光在空气薄膜下表面即平板玻璃的分界面上反射产生半波损失引起的附加光程差。在中心处，$e=0$，由于有半波损失，光程差为 $\lambda/2$，因而形成一暗斑。

由图 13-22 可得出环半径 r、光波波长和平凸透镜曲率半径 R 的关系。

$$r^2 = R^2 - (R-e)^2 = 2Re - e^2$$

因为 $R \gg e$，可略去 e^2，得

$$e \approx \frac{r^2}{2R}$$

代入式(13-32)和式(13-33)，得到明环半径为

$$r = \sqrt{\frac{(2k-1)R\lambda}{2n_2}} \quad k = 1,2,3,\cdots \tag{13-34}$$

暗环半径为

$$r = \sqrt{\frac{kR\lambda}{n_2}} \quad k = 0,1,2,\cdots \tag{13-35}$$

由于半径 r 与环的级次的平方根成正比，所以越往外，级次越高，条纹越密，相邻条纹的间距越小。

由式(13-34)或式(13-35)知，如果已知入射光的波长，只要测出第 k 级明环或暗环的半径，即可求得透镜的曲率半径。实际测量时，由于牛顿环中心暗斑大，半径不易准确测定，采用的方法是测距中心较远两个干涉环的直径。设第 k 个暗环的直径 $d_k = 2r_k$，再往外数第 m 个暗环的直径 $d_{k+m} = 2r_{k+m}$，则由暗环公式可算出透镜的曲率半径为

$$R = \frac{d_{k+m}^2 - d_k^2}{4m\lambda}$$

此外，也可以观察到透射光的干涉条纹，它们和反射光的干涉条纹明暗互补，即反射光为明环处，透射光为暗环。

在实验室中，常用牛顿环来测量光波的波长或平凸透镜的曲率半径。在光学元件加工中，利用牛顿环来检查透镜表面曲率是否合格，检查的方法是将标准件 A 盖在待测透镜 L 上，如果两者完全密合，即达到标准值要求，不出现牛顿环，如果被测透镜未达到要求，则标准件与待测件之间形成空气劈尖，于是可见到牛顿环。与标准件相比，待测件曲率是大还是小，应如何判断呢？我们只要在标准件上轻轻加压，则空气层各处的厚度减小，相应的光程差也减小，条纹发生移动。若条纹向外扩展，说明零级条纹在中心，被测透镜的曲率半径太小，如图 13-23(a)所示。若条纹向内收缩，说明零级条纹在边缘，被测透镜的曲率半径太大，如图 13-23(b)所示。

例 13-6 一块平面玻璃板上滴上一滴油滴，如图 13-24 所示，在单色光($\lambda = 576$ nm)垂直照射下，从反射光中看到图 13-24 所示的干涉条纹，设油的折射率 $n_2 = 1.60$，玻璃的

折射率 $n_3 = 1.50$，试问：

(1) 油滴与玻璃交界处是明纹还是暗纹？

(2) 油膜的最大厚度是多少？

(3) 若油滴逐渐摊开,条纹将如何变化？

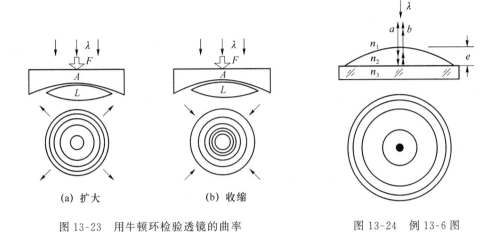

图 13-23　用牛顿环检验透镜的曲率　　　　图 13-24　例 13-6 图

解　(1) 由于 $n_1 < n_2 > n_3$，即在油膜上表面反射的光有半波损失,交界处($e = 0$)的光程差为 $\dfrac{\lambda}{2}$，所以为暗纹。

(2) 由于最外圆环为零级暗环,由图可数得中心点为第 4 级($k = 4$)暗纹,根据干涉条件得

$$2n_2 e + \frac{\lambda}{2} = (2k+1)\frac{\lambda}{2}$$

最大厚度为

$$e = \frac{k\lambda}{2n_2} = \frac{4 \times 576 \times 10^{-9}}{2 \times 1.6}\ \text{m} = 7.2 \times 10^{-7}\ \text{m}$$

(3) 随着油膜逐渐向外摊开,最外暗环逐渐向外扩大,中心点明暗不断变化,条纹级数逐渐减少。

13.5　迈克耳孙干涉仪

　　1881 年,美国物理学家迈克耳孙利用分振幅法产生双光束干涉,设计了一种高精度的干涉仪。迈克耳孙和他的合作者应用此干涉仪不仅进行了测量"以太风"的著名实验,而且还用它研究了光谱的精细结构,并第一次以光的波长为基准对标准米尺进行了测定。后人又根据这种干涉仪的基本原理研制出各种具有实用价值的干涉仪。因此,迈克耳孙

干涉仪在近代物理和近代计量技术发展中起着重要的作用。

迈克耳孙干涉仪的光路如图 13-25 所示。M_1 和 M_2 是两块精密磨光的平面反射镜，分别安装在相互垂直的两臂上。M_2 固定不动，M_1 通过精密丝杠的带动，可以沿臂轴方向移动。G_1 和 G_2 是两块厚度相同、折射率相同、相互平行，并与 M_1 和 M_2 成 45°角的平面玻璃板。其中 G_1 板背面镀有半透明、半反射的薄银膜，它可使入射光分成强度相等的反射光 1 和透射光 2，故 G_1 称为分光板；由图 13-25 可以看出，经 G_1 反射后光束 1 来回两次穿过玻璃板 G_1。设置玻璃板 G_2 的目的是使光束 2 穿过玻璃板同样的次数，

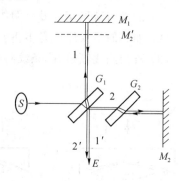

图 13-25　迈克耳孙干涉仪示意图

以避免两束光有较大的光程差而不能产生干涉，因此 G_2 称为补偿板。在使用复色光（尤其是白光）作光源时，因为玻璃和空气的色散不同，补偿板更不可缺少。

自光源 S 发出的单色光经 G_1 板分成光束 1 和光束 2 后分别入射到 M_1 和 M_2 上，经 M_1 反射的光束回到分光板后，一部分透过分光板成为光束 $1'$；而透过 G_2 板并由 M_2 镜反射的光束回到分光板后，其中一部分被反射成为光束 $2'$。显然，光束 $1'$ 和 $2'$ 是相干光。因此，当它们在 E 处（透镜的焦平面或人眼的视网膜）相遇时，便发生干涉现象。

由于 G_1 的反射，在 E 处看来，使 M_2 在 M_1 附近形成一个虚像 M_2'，因此光波 $1'$ 和光波 $2'$ 的干涉等效于由 M_1、M_2' 之间空气薄膜产生的干涉。M_1、M_2 镜的背面有螺钉，用来调节它们的方位。

调节 M_1 和 M_2 相互精确垂直，则两反射面 M_1 和 M_2' 就严格平行。若光源为面光源，就能观察到如图 13-11(b)所示的等倾干涉条纹。假设这时中心为亮点，可知中心处满足

$$\delta = 2ne\cos\gamma + \delta' = 2e = k\lambda$$

式中，中心处折射角 γ 等于零，由于 M_1、M_2 两表面反射情况相同，所以 $\delta' = 0$。

移动 M_1，即改变空气膜的厚度 e，当中心"冒出"或"吞入"一个条纹时，原中心处的第 k 级亮点就变成第 $k+1$ 级或第 $k-1$ 级亮点，此时 e 增加或减少 $\lambda/2$。若在实验中移动 M_1 镜时，有 N 个条纹"冒出"或"吞入"，则 M_1 移动的距离为

$$\Delta e = N\frac{\lambda}{2}$$

上式表明，在波长 λ 一定的情况下，若记录条纹的变化数 N，便可计算出 M_1 移动的微小距离，这就是激光干涉测长仪的原理。也可以借助标准长度来测量光波的波长，这就是干涉仪测量波长的原理。

如果 M_1 和 M_2 不严格垂直，则 M_1 和 M_2' 有一定的夹角，此时用垂直于 M_2 的平行光照明，则反射系统等价于一个"空气劈尖"，在视场中可看到等厚干涉条纹。当 M_1 镜移动 $\lambda/2$ 距离时，观察者可以看到一条亮纹（或暗纹）移过视场内的某一参考标记。如果记录条纹移动的数目 N，也可以由 $\Delta e = N\frac{\lambda}{2}$ 求出 M_1 镜的平移距离。

1892 年,迈克耳孙利用干涉仪测出镉(Cd)红线的波长为 $\lambda_{Cd}=643.846\,96$ nm,以该谱线为光源,测量标准米尺的长度,结果是 1 m 等于镉红线波长的 1 553 164.13 倍,其精度远优于 10^{-9} m。

由于迈克耳孙干涉仪设计精巧,特别是其光路的两臂分得很开,便于在光路中安置被测量的样品,而且两束相干光的光程差可由移动一个反射镜来改变,调节十分容易,测量结果可以精确到光波波长的数量级,所以应用广泛。例如,在某一光路上加入待测物质后,相干光的光程差就发生了变化,观测相应的条纹变化,即可测量待测物质的性质(如厚度、折射率、光学元件的质量等),它还可用于光谱的精细结构分析等。迈克耳孙因发明干涉仪和借助干涉仪进行光谱学和度量学研究等工作获得了 1907 年诺贝尔物理学奖。迈克耳孙干涉仪至今仍是许多光学仪器的核心。

13.6　光的衍射现象　惠更斯-菲涅耳原理

1. 光的衍射现象

日常生活中,一定条件下,也可以观察到光的衍射现象。例如,眯上眼睛,交叉的睫毛就会使灯光在跟前形成彩色光晕;在夜间,透过窗纱眺望远处的灯光,会看到光源周围有美丽的辐射状光芒;“月晕”、峨眉山“佛光”等现象也存在着衍射的情况。只是一般情况下,光波的衍射不明显、不易被观察到,这是由于光的波长很短,并且普通光源不是相干面光源的缘故。因此,要能够明显地观察到光的衍射现象,就必须满足一定的要求。

让我们来观察一些实验现象。光源 S 发出的单色光照射在衍射屏 K 上,衍射屏是狭缝、小孔或细丝等微小障碍物。以宽度可调的狭缝屏为例,如图 13-26(a)所示,当缝宽比较大时,在接收屏 E 上呈现一个与狭缝形状相似的矩形亮斑,即狭缝的像,其他区域光强为零,狭缝的像宽度随缝宽的缩小而缩小,符合几何光学的直线传播规律。但当缝宽继续缩小到一定程度时,如图 13-26(b)所示,接收屏上的图样亮度降低,但范围扩大,光线进入了光屏上的几何阴影区,并出现了明暗相间的直线条纹分布现象。如果把衍射屏 K 换成很小的圆盘,如图 13-27 所示,则接收屏出现明暗相间的圆环状图样分布,更奇妙的是无论接收屏是靠近还是远离圆盘,在图样中心始终是亮斑,这个亮斑也称菲涅耳斑(泊松亮斑)。其他一些不同形状的衍射屏也会得到与其对应的衍射条纹,如图 13-28 所示。

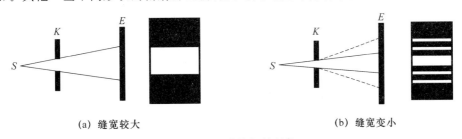

(a) 缝宽较大　　　　　　　　　　　(b) 缝宽变小

图 13-26　狭缝衍射现象

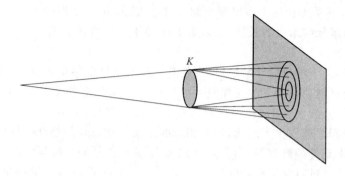

图 13-27　圆盘衍射现象

由以上光的衍射现象可以得出如下结论。

（1）衍射是否明显取决于障碍物线度与光波长之间的相对大小，当光波长与障碍物的线度可比拟时，衍射效应才显著。

（2）衍射光不仅绕过了障碍物，而且在物体的几何像边缘附近还出现明暗相间的条纹，也就是引起了出射光强的重新分布。

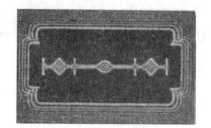

图 13-28　刀片的衍射现象

（3）光波在衍射屏上的某个方位受到限制，则接收屏上的衍射图样就沿该方向扩展；衍射孔的线度越小，对光波的限制就越大，衍射图样就扩展得越厉害，即衍射效应越明显。

这种光波遇到障碍物时偏离直线传播而进入几何阴影区域，并在接收屏上出现光强分布不均匀的现象称为**光衍射现象**。

2. 惠更斯-菲涅耳原理

前面我们曾介绍了惠更斯原理，应用惠更斯原理可以定性地解释光的衍射现象，但却不能定量分析衍射图样中光强的分布。

菲涅耳发展了惠更斯原理，补充了描述子波的相位和振幅的定量表达式，并在此基础上提出了子波相干叠加的原理，此原理称为惠更斯-菲涅耳原理。此原理可简述为：波阵面上的每一点都可看成是产生子波的子波源，从同一波阵面上各点发出的子波是相干波，这些子波在空间某点相遇时，产生相干叠加。

惠更斯-菲涅耳原理中关于子波的振幅和相位可表述如下：如图 13-29 所示，波阵面 S 上每个面积元 dS 都可看成子波波源，则（1）波阵面是等相位面，可认为面积元 dS 上各点所发出的子波都具有相同的初相位，可设为 0；（2）子波在空间某点 P 处所引起的振幅与距离 r 成反比；（3）从面积元 dS 所发出的子波在 P 点的振幅正比于面积元 dS，且与倾

角 θ 有关,其中 θ 为 dS 的法线 e_n 与 dS 到点 P 的连线 r 之间的夹角;(4)子波在点 P 的相位由光程差 $\delta = nr$ 决定,即 $\varphi = \dfrac{2\pi\delta}{\lambda} = \dfrac{2\pi nr}{\lambda}$。

据此可得,面积元 dS 发出的子波在点 P 的振动可表示为(设 $t=0$ 时,波阵面 S 的相位为零)

$$dE = Ck(\theta)\frac{dS}{r}\cos\left(\omega t - \frac{2\pi nr}{\lambda}\right)$$

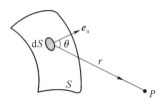

图 13-29　子波相干叠加

式中,C 为比例系数;$k(\theta)$ 为倾斜因子,随 θ 角的增大而减小,沿原波传播方向的子波振幅最大,当 $\theta=0$ 时,$k(\theta)$ 可取 1,子波不能向后传播,即当 $\theta \geqslant \dfrac{\pi}{2}$ 时,$k(\theta)=0$。

波阵面前方点 P 的振动是 S 面上所有面积元 dS 发出的子波在该点振动的叠加,所以

$$E = \int_S dE = C\int_S \frac{k(\theta)}{r}\cos\left(\omega t - \frac{2\pi nr}{\lambda}\right)dS \qquad (13\text{-}36)$$

式(13-36)称为菲涅耳衍射积分。此公式较为复杂,只有在某些特殊条件下,积分可用代数加法或矢量加法代替。

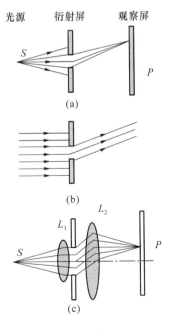

图 13-30　菲涅耳衍射和夫琅禾费衍射

3. 菲涅耳衍射和夫琅禾费衍射

观察光衍射的装置通常由三个部分组成:光源、衍射屏(缝或孔等障碍物)和观察屏。按三者相对位置的不同,通常把衍射现象分为两类。一类如图 13-30(a)所示,光源和观察屏离衍射屏的距离有限,这种衍射称为**菲涅耳衍射**,这类衍射的数学处理比较复杂;另一类如图 13-30(b)所示,光源和观察屏离衍射屏的距离都是无穷远,即照射到衍射屏上的入射光和离开的衍射光都是平行光,这种衍射称为**夫琅禾费衍射**。在实验室中,夫琅禾费衍射可用两个会聚透镜来实现,如图 13-30(c)所示。因为夫琅禾费衍射的分析和计算都比菲涅耳衍射简单,而且应用广泛,所以本书只介绍夫琅禾费衍射。

13.7 单缝的夫琅禾费衍射和圆孔的夫琅禾费衍射

1. 单缝的夫琅禾费衍射

图 13-31 所示是单缝夫琅禾费衍射实验。在衍射屏 K 上开有一个细长狭缝,单色光源 S 发出的光经透镜 L_1 后变为平行光束,射向单缝后产生衍射,再经透镜 L_2 聚焦在焦平面处的屏幕 E 上,呈现出一系列平行于狭缝的衍射条纹。

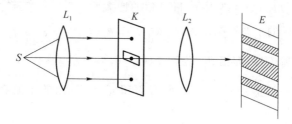

图 13-31　单缝衍射实验装置

现在用菲涅耳半波带法来分析产生明暗纹的条件。

设单缝 K 的宽度为 a(如图 13-32 所示的 AB,为便于说明,特将缝放大),在平行单色光的垂直照射下,单缝所在处的平面 AB 也就是入射光束的一个波阵面(同相位面)。按照惠更斯原理,波阵面上的每一点都可以发射子波,并以球面波的形式向各方向传播。显然每一子波源发出的光线有无穷多条,每个可能的方向都有,这些光线都称为衍射光线。例如,图 13-32 中 A 点处的 1、2、3 就代表该点发出光线的任意 3 个传播方向。而波阵面上各点发出的各条衍射光则互相构成各方向的平行光束,如图 13-32 中,光线 1、1′、1″、1‴构成一个平行光束,光线 2、2′、2″、2‴构成另一个方向的平行光束,依此类推。每一个方向的平行光与原入射方向间的夹角用 φ 表示,φ 就称为衍射角。按几何光学原理,各平行光束经过透镜 L_2 后,会聚于焦平面 E 上的不同位置处。由于每一束平行光中所包含的光线

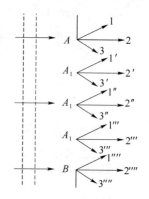

图 13-32　单缝衍射

均来自同一光源 S,根据惠更斯-菲涅耳原理,各平行光线间有干涉作用,因而在屏幕上形成明暗条纹。

首先,我们来考虑沿入射光方向传播的衍射光(1),如图 13-33 所示,这些衍射光线从 AB 面发出时的位相是相同的,而经过透镜又不会引起附加光程差,它们经透镜会聚于焦点 P_0 时,位相仍然相同,因此它们在 P_0 处的光振动是相互加强的,于是在 P_0 处出现明条纹,为中央明纹中心。

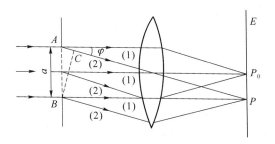

图 13-33 单缝衍射条纹的位置

其次,再来考虑一束与原入射方向成 φ 角的衍射光线(2),它们经透镜后会聚于屏幕上的 P 点。显然,由单缝 AB 上各点发出的衍射光到达 P 点的光程各不相同,因而各子波在 P 点的位相也各不相同。其光程差可作这样的分析:过 B 作平面 BC 与衍射光线(2)垂直,由透镜的等光程性可知,BC 面上各点到达 P 点的光程都相等,因此各衍射光到达 P 点时的位相差就等于它们在 BC 面上的位相差,它决定于各衍射光从 AB 面上相应位置到 BC 面间的光程差,例如,单缝边缘 A、B 两点衍射光间的光程差为 $AC = a\sin\varphi$,显然,这是沿 φ 角方向各衍射光线之间的最大光程差,其他各衍射光间的光程差连续变化。衍射角 φ 不同,最大光程差 AC 也不相同,P 点的位置也不同。由菲涅耳半波带法分析可知,屏幕上不同点的强度分布正是取决于这最大光程差。

菲涅耳将波阵面 AB 分割成许多面积相等的波带来研究。其方法是:将 AC 用一系列平行于 BC 的平面来划分,这些平面中两相邻平面间的距离等于入射单色光的半波长,即 $\dfrac{\lambda}{2}$,如图 13-34 所示。这些平面同时也将单缝处的波阵面 AB 分为 AA_1、A_1A_2、A_2B 等整数个波带,称为半波带。由于这些波带的面积相等,所以波带上子波源的数目也相等。任何两个相邻的波带上对应点所发出的光线到达 BC 面的光程差均为 $\dfrac{\lambda}{2}$,即位相差为 π,经透镜会聚在 P 点时,将一一相互抵消。如果 AC 是半波长的偶数倍,则可将单缝上的波面 AB 分成偶

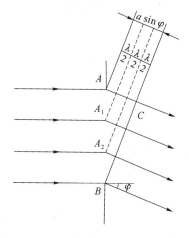

图 13-34 菲涅耳半波带法

数个半波带,于是在 P 点将出现暗条纹;如果 AC 是半波长的奇数倍,则可将单缝上的波面 AB 分成奇数个半波带,每相邻半波带发出的衍射光都成对一一抵消,最后剩下一个半波带的光线没有被抵消,于是 P 点将出现明条纹。

综上所述，当平行单色光垂直单缝入射时，单缝衍射明暗条纹的条件[①]为

$$a\sin\varphi = \begin{cases} 0 & \text{中央明纹中心} \\ \pm k\lambda & \text{暗条纹} \\ \pm(2k+1)\dfrac{\lambda}{2} & \text{明条纹} \end{cases} \qquad k=1,2,3,\cdots \qquad (13\text{-}37)$$

式中，k 为级数，正、负号表示衍射条纹对称分布于中央明纹的两侧。

必须指出，对于任意衍射角 φ 来说，AB 一般不能恰好分成整数个半波带，即 AC 不一定等于 $\dfrac{\lambda}{2}$ 的整数倍，对应于这些衍射角的衍射光束，经透镜会聚后，在屏幕上的光强介于最明与最暗之间。因而在单缝衍射条纹中，强度的分布并不是均匀的。如图 13-35(b)所示，中央明纹最亮，条纹也最宽（约为其他明条纹宽度的 2 倍），即两个第 1 级暗条纹中心的间距在 $a\sin\varphi_0 = -\lambda$ 与 $a\sin\varphi_0 = \lambda$ 之间。当 φ_0 很小时，$\varphi_0 \approx \sin\varphi_0 = \pm\dfrac{\lambda}{a}$，因此中央明纹的角宽度（条纹对透镜中心所张的角度）即为 $2\varphi_0 \approx 2\dfrac{\lambda}{a}$。有时也用半角宽度描述，即

$$\varphi_0 = \frac{\lambda}{a} \qquad (13\text{-}38)$$

这一关系称衍射的反比律，以 f 表示透镜的焦距，则在屏幕上观察到的中央明纹的线宽度为

$$\Delta x_0 = 2f\tan\varphi_0 = 2\frac{\lambda}{a}f \qquad (13\text{-}39)$$

显然，其他明条纹的角宽度近似为

$$\Delta\varphi = (k+1)\frac{\lambda}{a} - k\frac{\lambda}{a} = \frac{\lambda}{a} \qquad (13\text{-}40)$$

其线宽度为 $\Delta x = \dfrac{\lambda}{a}f$。而各级明条纹的亮度随着级数的增大而迅速减小。这是因为 φ 角越大，AB 波面被分成的波带数越多，每个波带的面积也相应减小，透过来的光通量亦相应减小，因而从未被抵消的波带上发出的光在屏幕上产生的明条纹的亮度越弱。

衍射光强在空间重新分配，利用光电元件（如硅光电池或光电二极管等）测量光强的相对变化，是近代技术常用的光强测量方法之一。

如图 13-35(a)所示，S 是波长为 λ 的单色光源，置于透镜 L_1 的焦平面上，形成平行光束垂直照射到缝为 a 的单缝 AB 上，通过单缝后的衍射光经透镜 L_2 后会聚于位于其焦平面处的屏幕上 P 处，呈现出一组明暗相间按一定规律分布的衍射条纹，和单缝平面垂直的衍射光束将会聚于屏上 O 处，它是中央条纹的中心，其光强为 I_0；与原入射平行光方

---

① 由菲涅耳半波带方法导出的式(13-37)只是近似准确。除中央明纹中心外，其余各处的 φ 值与式(13-37)相比，都要向中央移近少许，如图 13-35 中各 φ 值所示。

向成 φ 角的衍射光则会聚于屏上 P_φ 处,其光强为 I,由惠更斯-菲涅耳原理可知,单缝衍射图样的光强分布规律为

$$I = I_0 \frac{\sin^2 u}{u^2} \tag{13-41}$$

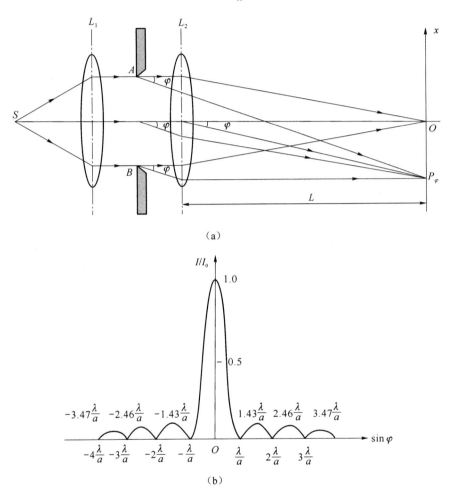

（a）

（b）

图 13-35 单缝衍射光强分布

式中,$u = \dfrac{\pi a \sin \varphi}{\lambda}$;$a$ 为单缝宽度;φ 为衍射角;λ 为单色光波长。当 $\varphi = 0$ 时,$u = 0$,$I = I_0$,这就是中央明条纹中心点的光强,称为中央极大。当

$$a \sin \varphi = k\lambda \quad k = \pm 1, \pm 2, \pm 3, \cdots \tag{13-42}$$

时 $u = k\pi$,$I = 0$ 即为暗条纹,实际上 φ 角往往是很小的,因此式(13-42)可近似地写成

$$\varphi = \frac{k\lambda}{a} \tag{13-43}$$

由图 13-35(a)可知，k 级暗条纹对应的衍射角为

$$\varphi_k = \frac{|x_k|}{L} \tag{13-44}$$

则可得单缝宽为

$$a = \frac{k\lambda L}{|x_k|} \tag{13-45}$$

根据式(13-43)讨论如下。

(1) 衍射角 φ 与单缝宽 a 成反比，缝变窄时，衍射角增大；缝加宽时，衍射角减小，各级条纹向中央收缩，当缝宽足够大，φ 接近于零时，衍射现象不显著，条纹消失，从而可将光看成沿直线传播。

(2) 中央亮条纹的宽度由 $k = \pm 1$ 级的两条暗条纹的衍射角确定，即中央亮条纹的角宽度为 $\Delta\varphi_0 = \dfrac{2\lambda}{a}$。

(3) 对应任何两相邻暗条纹的衍射夹角为 $\varphi_{k-1} - \varphi_k = \dfrac{\lambda}{a}$，即暗条纹是以中央主极大 O 点为中心、等间隔地向左右对称分布。

(4) 两相邻暗条纹之间是各级明条纹，这些明条纹的光强最大值称为次极大，以衍射角表示这些次极大的位置分别为

$$\varphi = \pm 1.43\frac{\lambda}{a}, \pm 2.46\frac{\lambda}{a}, \pm 3.47\frac{\lambda}{a}, \cdots, \tag{13-46}$$

它们的相对光强分别为

$$\frac{I}{I_0} = 0.047, 0.017, 0.008, \cdots \tag{13-47}$$

图 13-35(b)是单缝夫琅禾费衍射相对光强分布的情况。

当缝宽 a 一定时，对于同一级衍射条纹，波长 λ 越大，则衍射角 φ 越大，因此，若用白光入射时，除中央明纹的中部仍是白色外，其两侧将出现一系列由紫到红的彩色条纹，称为衍射光谱。

例 13-7 用平行单色可见光垂直照射到宽度 $a = 0.5\ \text{mm}$ 的单缝上，在缝后放置一个焦距 $f = 100\ \text{cm}$ 的透镜，则在透镜的焦平面上形成衍射条纹。若在离屏上中央明纹中心距离为 1.5 mm 处的 P 点为一明纹，试求：

(1) 入射光的波长。

(2) P 点条纹的级数和该条纹对应的衍射角。

(3) 单缝处的波面可分为几个半波带？

(4) 中央明纹的宽度。

解 (1) 由单缝衍射明纹的条件为

$$a\sin\theta = (2k+1)\frac{\lambda}{2}$$

因为 $\sin\theta\approx\dfrac{x}{f}$，所以有

$$\lambda=\frac{2ax}{(2k+1)f}=\frac{2\times0.05\times0.15}{(2k+1)\times100}\ \text{cm}=\frac{1.5\times10^{-4}}{2k+1}\ \text{cm}$$

k 取不同的值代入上式，得

$$k=1,\lambda_1=0.5\times10^{-4}\ \text{cm}=500\ \text{nm}$$

$$k=2,\lambda_2=0.3\times10^{-4}\ \text{cm}=300\ \text{nm}$$

由于可见光范围是 $390\ \text{nm}\leqslant\lambda\leqslant760\ \text{nm}$，$k\geqslant2$ 时求出的波长均不在可见光范围，所以入射光波长一定是 500 nm。

（2）因为 P 点的明纹对应的级数 $k=1$，所以对应的衍射角为

$$a\sin\theta=(2k+1)\frac{\lambda}{2}$$

得

$$\sin\theta=\frac{3\lambda}{2a}=1.5\times10^{-3}$$

$$\theta=0.086°$$

（3）单缝处波面所分的波带数和明纹对应的级数关系为

$$\text{波带数}=2k+1$$

因为 $k=1$，所以单缝处波面可分为 3 个半波带。

（4）中央明纹的宽度为两边第 1 级暗纹间的距离

$$\Delta x_0=2\frac{\lambda f}{a}=\frac{2\times5\times10^{-7}\times1}{0.5\times10^{-3}}\ \text{m}=2\times10^{-3}\ \text{m}=2\ \text{mm}$$

2. 圆孔衍射

如图 13-36 所示，单色平行光垂直入射到小圆孔上时，在透镜 L 焦平面处的接收屏 E 上呈现中央为圆形亮斑、周围是一系列明暗相间的同心圆环组成的衍射图样。这就是圆孔的夫琅禾费衍射。

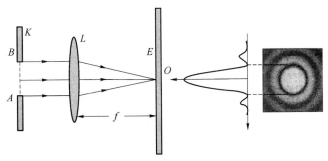

图 13-36　圆孔的夫琅禾费衍射

在圆孔衍射图样中，中心的光斑最亮，称为艾里斑，它集中了圆孔衍射光能的 84%。

而第一亮环和第二亮环的强度分别只有中央亮斑强度的 1.74% 和 0.41%，其余亮环的强度就更弱了，艾里斑的中心就是几何光学像点，其大小由第一暗环的角位置 θ_1 决定。如果圆孔的直径为 D，入射单色光波长为 λ，透镜的焦距为 f。如图 13-37 所示，第一级暗环的角位置由下式给出

$$\sin\theta_1 = 1.22\frac{\lambda}{D} \tag{13-48}$$

此式与单缝衍射第一级暗纹公式相对应，因数 1.22 反映了两者几何形状的不同。

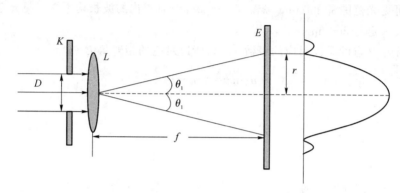

图 13-37　艾里斑对透镜中心的张角

艾里斑的半径对透镜中心的张角为

$$\theta_0 = \theta_1 = 1.22\frac{\lambda}{D} \tag{13-49}$$

称为艾里斑的**半角宽度(角半径)**。

艾里斑的半径大小

$$r = f\theta_0 = 1.22\frac{f\lambda}{D} \tag{13-50}$$

由此可知，孔径越小，波长越大，衍射现象越明显。增大孔径，可使艾里斑缩小，成像变得清晰。当 $D \gg \lambda$ 时，$\theta_1 \to 0$，艾里斑就是圆孔（或点光源）的几何像。

3. 光学仪器的分辨本领

从几何光学的观点来看，物体通过光学仪器成像时，每一物点就有一个对应的像点，从这个意义上说，一个微小的物体或远处的物体，只要选择合适的光学仪器，总能放大到清晰可见的程度。然而，光学仪器中常用的透镜、光阑等都相当于一个透光的小圆孔，当光透过这些小圆孔时，会发生衍射现象，这样，像点不再是一个几何点，而是一个主要部分是艾里斑的圆孔衍射图样。当然，光学仪器中所用的透镜或光阑等透光圆孔的孔径比波长大得多，不是衍射实验中的可与波长相比拟的小孔径，但孔径毕竟有限，像点仍是一个弥散的小亮斑，它的中心位置就是几何光学中像点的位置。如果两个物点相距很近，并且它们形成的衍射圆斑又比较大，以致两个圆斑大部分重合而混为一体，那么就不能分辨出

是两个物点了,如图 13-38(c)所示。如果圆斑足够小,或两个圆斑相距足够远,那么两个圆斑虽有一些重叠,但重叠部分的光强较艾里斑中心处的光强要小得多,此时仍能分辨出是两个物点,如图 13-38(a)所示。

如何确定能否分辨的定量标准呢? 德国物理学家瑞利提出了一个标准:如果一个物点衍射图样的中央最亮处刚好与另一个物点衍射图样的第一个暗环相重合,如图 13-38(b)所示,此时认为两个物点恰好能被人眼或光学仪器所分辨,这一标准称为瑞利判据。此时两个物点像的连线上中点处的光强约为每个艾里斑中心光强的 80%,对于人眼来说恰能分辨出是两个像点。

根据瑞利判据可定量分析光学仪器的分辨本领。以透镜为例,恰能分辨时两物点对透镜光心的张角称为最小分辨角,用 $\delta\theta$ 表示,如图 13-38(b)所示,最小分辨角也称为角分辨率,它的倒数称为分辨率,常用 R 表示。

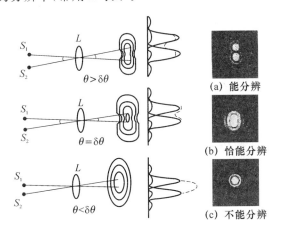

图 13-38　光学仪器的分辨本领

对于夫琅禾费圆孔衍射来说,瑞利判据最小分辨角 $\delta\theta$ 就是第一级暗环的衍射角,即

$$\sin\delta\theta=\sin\theta_1=1.22\frac{\lambda}{d}$$

即

$$\delta\theta_1=\theta_1=1.22\frac{\lambda}{d}$$

分辨率为

$$R=\frac{1}{\delta\theta}=\frac{d}{1.22\lambda} \tag{13-51}$$

由式(13-51)可以看出,分辨率 R 的大小与光学仪器的透光孔径和入射光波长有关。对于望远镜,通过增大物镜的孔径来提高其分辨率。1990 年发射的哈勃太空望远镜物镜的直径达到 2.4 m,而现在最大的反射式望远镜的直径已达到 10 m 以上。至于显微镜,则采用极短波长的光来提高其分辨率,光学显微镜一般使用波长为 400 nm 的紫光照射,分辨距离为 200 nm 左右,放大倍数约为 2 000。由于电子具有波动性,在 1.2×10^5 V 加

速电压下,电子束波长可达 0.1 nm 数量级,所以利用电子波动性成像的电子显微镜最小分辨距离可达几个纳米,放大倍数最高可达几百万倍。

例 13-8 在通常亮度下,人眼瞳孔直径约为 3 mm,视觉感受最灵敏的波长为 550 nm,试问:

(1) 人眼的最小分辨角为多大?

(2) 眼睛的明视距离为 250 mm,人眼能分辨的最小距离为多少?

(3) 如图 13-39 所示,要看清黑板上相距 $\Delta x = 2$ mm 的两点,人离黑板的最大距离应为多大?

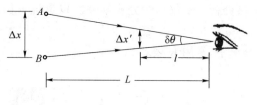

图 13-39 例 13-8 图

解 (1) 根据瑞利判据,人眼的最小分辨角为

$$\delta\theta = 1.22\frac{\lambda}{D} = \frac{1.22 \times 550 \times 10^{-9}}{3 \times 10^{-3}}\ \text{rad} = 2.2 \times 10^{-4}\ \text{rad}$$

(2) 设人眼能分辨的最小距离为 $\Delta x'$,明视距离 $l = 250$ mm,人眼恰能分辨,则人眼的最小分辨角

$$\delta\theta = \frac{\Delta x'}{l}$$

故

$$\Delta x' = l\delta\theta = 250 \times 2.2 \times 10^{-4}\ \text{m} = 0.055\ \text{mm}$$

(3) 设人离黑板的最大距离为 L,根据上面所得结论可以求得

$$L = \frac{\Delta x}{\delta\theta} = \frac{2 \times 10^{-3}}{2.2 \times 10^{-4}}\ \text{m} = 9.1\ \text{m}$$

13.8 衍射光栅和光栅光谱

1. 衍射光栅

在单缝衍射实验中,为了获得间隔较大的衍射条纹,必须将单缝制作得很窄,不然条纹排列得太密集,难以进行观测。但这样明条纹的亮度却很弱,观测起来也很困难。为了解决这个矛盾,人们设计了衍射光栅。

衍射光栅分为透射光栅和反射光栅。透射光栅是由许多平行、等宽度、等距离的细缝组成的,用金刚石在玻璃片上刻出许多等间距、等宽度的平行直线,刻痕处不透光,相当于毛玻璃,而两刻痕之间可以透光,相当于单缝,这些平行排列的等距离、等宽度的狭缝构成了透射光栅。反射光栅是在不透明的材料上刻出一系列等距离、等宽度的平行槽纹形成的,入射光经过槽纹反射形成衍射条纹。本教材只讨论透射光栅。

设透射光栅不透明的刻痕宽度为 b,透光缝的宽度为 a,将相邻透光缝之间的距离称为**光栅常数**,用 d 表示。显然 $d=a+b$。一般用于可见光区和紫外光区的光栅每毫米有 600 条或 1 200 条透光缝,它们的光栅常数分别为

$$d_1=\frac{1\times10^{-3}}{600}\ \text{m}=1.67\times10^{-6}\ \text{m},d_2=\frac{1\times10^{-3}}{1\ 200}\ \text{m}=0.83\times10^{-6}\ \text{m}$$

2. 光栅的透射场分布

图 13-40 为光栅衍射实验的示意图。波长为 λ 的平行单色光垂直入射到具有 N 个透光缝的光栅上,再用透镜把通过光栅沿各个方向衍射的光会聚到透镜的焦平面上,屏上可观察到一系列亮而细的衍射条纹。光栅衍射条纹的形成是由于光栅中的每一透光缝都会产生衍射,由于缝相同,所以从每个缝发出的衍射角 $\theta=0$ 的衍射光线都会聚在透镜的焦点 O 处,每个缝发出的衍射角为 θ 的衍射光线都会聚在透镜焦平面上的 P 点。换句话说,单缝的夫琅禾费衍射图样在屏幕上的位置与单缝在垂直于透镜光轴方向上的位置无关,即 N 个单缝衍射图样在屏上的位置完全重合。如果这 N 个缝各自发出的衍射光是不相干的,则屏上出现的仍然是单缝衍射图样,只不过各处光强都增加了 N 倍。现在这 N 个缝发出的衍射光是相干光,则缝与缝之间还会产生干涉效应,因此屏上 P 点的光振动将是各缝引起的光振动的相干叠加,同时 N 个缝干涉条纹的光强要受到单缝衍射条纹的调制,所以屏上光强的分布是不均匀的。总之,光栅衍射条纹是每个单缝衍射和各缝之间干涉的综合结果。

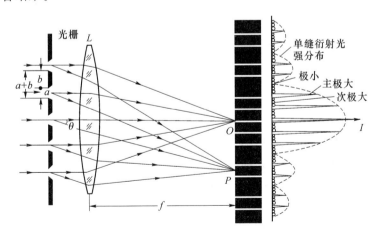

图 13-40　光栅衍射

下面用振幅矢量法来分析光栅衍射条纹的分布。

（1）明纹条件

设光栅的狭缝数为 N，对应于某个衍射角 θ，如果相邻两缝发出的衍射光到达 P 点的相位差为 0 或 2π 的整数倍，则 N 个缝发出的光在 P 点干涉加强。用矢量来表示，就是每个缝的光振幅矢量 A_1、A_2、$\cdots$、A_N 沿同一方向排列，则 P 点光振动的合振幅最大，如图 13-41(a)所示。所以屏上形成明纹的条件为

$$\frac{2\pi}{\lambda}(a+b)\sin\theta = \pm 2k\pi$$

或

$$(a+b)\sin\theta = \pm k\lambda \quad k=0,1,2,\cdots \tag{13-52}$$

即相邻两缝间的光程差等于波长的整数倍时，P 点为明纹。式(13-52)称为光栅方程，式中 k 是明纹级次，$k=0$，即为中央明纹，两边对称分布的有 $k=1,2,3,\cdots$ 的第 1 级、第 2 级$\cdots\cdots$明纹。满足光栅方程的明纹也称为主明纹或主极大，由于 $|\sin\theta|$ 最大为 1，因此，当光栅常数和入射光波长一定时，主极大级数 $k < \dfrac{a+b}{\lambda}$。

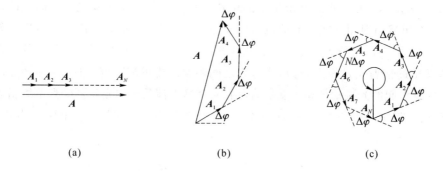

图 13-41　N 个光振幅矢量叠加

（2）暗纹和次明纹

如果每个缝上发出的衍射光在 P 点的相位不同，设相邻两缝光振动的相位差为

$$\Delta\varphi = \frac{2\pi}{\lambda}(a+b)\sin\theta$$

根据谐振动的矢量表示法，$\Delta\varphi$ 就是各个缝的光振幅矢量 $A_1,A_2,\cdots,A_N$ 间依次的夹角，用矢量多边形法则可求得合矢量 A，如图 13-41(b)所示。若 N 个光振幅矢量组成一个闭合的多边形，则合振幅为零，如图 13-41(c)所示，即 P 点干涉相消，所以屏上出现暗纹的条件为

$$N\Delta\varphi = \pm m2\pi$$

或

$$(a+b)\sin\theta = \pm \frac{m}{N}\lambda \tag{13-53}$$

必须注意，式中 $m=1,2,3,\cdots$，但 $m\neq kN$，因为这是满足式(13-52)主极大的情况，所以 m 取值为

$$m=1,2,\cdots,(N-1);(N+1),(N+2),\cdots,(2N-1);(2N+1),\cdots$$

可见在相邻两个主极大之间有 $N-1$ 个暗纹，两个暗纹之间应该是明纹，故必有 $N-2$ 个明纹。计算表明，这些明纹的强度仅为主明纹的 4% 左右，所以称为次明纹或次极大。

　　综上所述，光栅的狭缝数越多，在相邻两个主极大之间出现的暗纹越多，如果光栅有 1 000 条狭缝，在两个主极大之间就有 999 条暗纹，这时暗纹和次极大连成一片，形成一较宽的暗区。由于各级主极大分得很开，且很细，光强又都集中在这些主极大上，使条纹变得很亮，所以屏幕上呈现的是黑暗背景中一系列细而窄的亮线。图 13-42 所示为几种不同狭缝数多缝衍射图样的照片。

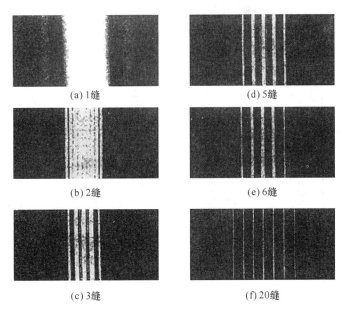

(a) 1缝　　　　　　　　(d) 5缝

(b) 2缝　　　　　　　　(e) 6缝

(c) 3缝　　　　　　　　(f) 20缝

图 13-42　不同狭缝数的多缝衍射条纹

（3）缺级

　　如果在某个衍射角 θ 方向上，缝与缝之间的干涉满足明纹条件，而又同时满足单缝衍射的暗纹条件，即在该方向上每个狭缝并没有衍射光射来，故该点的主极大消失，这一现象称为缺级，即衍射角 θ 同时满足

$$(a+b)\sin\theta=\pm k\lambda \quad k=0,1,2,\cdots$$
$$a\sin\theta=\pm k'\lambda \quad k'=1,2,3,\cdots$$

则得到所缺的级次 k 为

$$k = \frac{a+b}{a} k' \qquad (13-54)$$

式中，k 为光栅衍射主极大的级次；k' 为单缝衍射暗纹的级次。例如，$a+b=3a$，则缺级的级次为 $k=3,6,9,\cdots$，如图 13-43(c) 所示。

缺级现象实际上说明了单缝衍射对多缝干涉的影响。多缝中的每个狭缝在屏上产生的单缝衍射图样是重合的，但在不同的衍射方向上，光强是不同的，如中央明纹最亮，其他各级明纹的光强迅速减弱，如图 13-43(a) 所示。由于多缝或光栅衍射是每一狭缝衍射和缝与缝之间干涉的综合效果，特别是当狭缝宽度 a 不很小，且和 d 接近的情况下，可以明显看到每条狭缝的衍射作用对各缝干涉结果的调制，如图 13-43(c)。只有当缝数很多，缝宽 a 很小，即 $a \ll d$ 的情况下，衍射中央明纹区域变得很宽，在屏上只看到衍射中央明纹内的干涉条纹，这时衍射对干涉的影响就很小了，设想在图 13-43(c) 中，使衍射中央明纹逐渐变宽，最后就趋近于图 13-43(b) 中的情形。实际上，无论是干涉条纹还是衍射中出现的干涉条纹，都是衍射和干涉的综合结果，它们的区别仅在于衍射对干涉的影响不同而已。

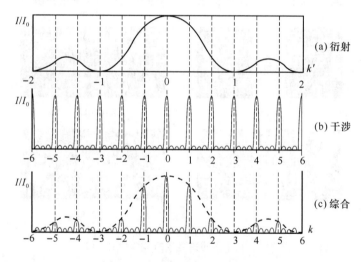

图 13-43　光栅衍射的光强分布

例 13-9　如图 13-44 所示，由线光源经透镜产生的平行白光垂直照射在光栅上，光栅的光栅常数为 2.4×10^{-4} cm，会聚透镜的焦距为 0.25 m。该光栅形成的第二级光谱与第三级光谱是否发生重叠？如果发生重叠，重叠宽度有多大？

解　如果第二级光谱与第三级光谱发生重叠，必然有红光二级谱线的衍射角 θ_{R_2} 大于紫光三级谱线的衍射角 θ_{V_3}，即 $\theta_{R_2} > \theta_{V_3}$。

由光栅方程 $d \sin\theta = k\lambda$ 得

$$\theta = \arcsin \frac{k\lambda}{d}$$

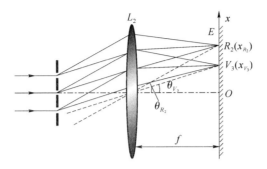

图 13-44　例 13-9 图

因此红光二级谱线的衍射角 θ_{R_2} 和紫光三级谱线的衍射角 θ_{V_3} 分别为

$$\theta_{R_2} = \arcsin \frac{2 \times 0.76 \times 10^{-6}}{2.4 \times 10^{-6}} = 39°18'$$

$$\theta_{V_3} = \arcsin \frac{3 \times 0.4 \times 10^{-6}}{2.4 \times 10^{-6}} = 30°$$

显然,$\theta_{R_2} > \theta_{V_3}$,即第二级光谱与第三级光谱发生重叠。

在题图的坐标系中,设红光二级谱线和紫光三级谱线的坐标分别为 x_{R_2}、x_{V_3}。由几何关系得

$$x_{R_2} = f\tan\theta_{R_2} = 0.25 \times \tan 39°18'\ \mathrm{m} = 0.204\ 6\ \mathrm{m}$$

$$x_{V_3} = f\tan\theta_{V_3} = 0.25 \times \tan 30°\ \mathrm{m} = 0.144\ 3\ \mathrm{m}$$

因此,第二级光谱与第三级光谱的重叠宽度为

$$\Delta x_{23} = x_{R_2} - x_{V_3} = (0.204\ 6 - 0.144\ 3)\ \mathrm{m} = 0.060\ 3\ \mathrm{m}$$

例 13-10　设光栅平面和透镜都与光屏平行,在平面透射光栅上每厘米有 5 000 条狭缝,用它来观察波长为 589 nm 的钠黄光的光谱线。

(1) 当光线垂直入射到光栅上时,能看到的光谱线的最高级次是多少?

(2) 当入射光与光栅平面的法线成 30°角斜入射到光栅上时,能看到的光谱线的最高级次又是多少?

解　该平面透射光栅的光栅常数为

$$d = \frac{1}{5\ 000} \times 10^7\ \mathrm{nm} = 2.0 \times 10^3\ \mathrm{nm}$$

(1) 当光线垂直入射时,其衍射角 $\theta \leqslant 90°$,或 $\sin\theta \leqslant 1$,由光栅方程 $d\sin\theta = k\lambda$,得

$$\sin\theta = \frac{k\lambda}{d}$$

因此

$$\frac{k\lambda}{d} \leqslant 1$$

解之得

$$k \leqslant \frac{d}{\lambda} = \frac{2.0 \times 10^3}{589} = 3.40$$

由于 k 只能取整数，因此能看到的光谱线的最高级次为 3 级。

（2）当入射光与光栅平面的法线成 30°角斜入射到
光栅上时，由图 13-45 得这种情况下的光栅方程为

$$d(\sin 30° + \sin \theta) = k\lambda$$

由此解得

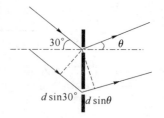

$$\sin \theta = \frac{k\lambda}{d} - \frac{1}{2}$$

由于 $\sin \theta \leqslant 1$，因此

$$\frac{k\lambda}{d} - \frac{1}{2} \leqslant 1$$

图 13-45　例 13-10 图

解之得

$$k \leqslant \frac{1.5d}{\lambda} = \frac{1.5 \times 2.0 \times 10^3}{589} = 5.09$$

由于 k 只能取整数，因此这时能看到的光谱线的最高级次为 5 级。

3. 衍射光谱

上面讨论的是单色光经光栅衍射后形成的衍射图样。如果用白光照射光栅，各种波长的单色光将各自产生衍射，由光栅方程可知，对于给定的光栅，各级主明纹衍射角的大小与入射光的波长有关，波长短的衍射角小，波长长的衍射角大。所以紫光衍射条纹距中央明纹最近，红光衍射条纹距中央明纹最远。这样，除中央明条纹仍为各色光混合的白光外，其两侧各级明纹都是由紫到红对称排列的彩色光带，把这种光栅衍射产生的按波长排列的谱线称为衍射光谱，如图 13-46 所示。由图可以看出，级数较高的光谱中有部分谱线是彼此重叠的。

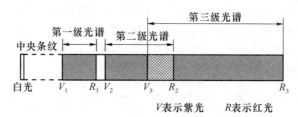

图 13-46　衍射光谱

每种物质都有自己特定的谱线，通过物质的光谱可研究物质的结构，而原子、分子的光谱是研究原子、分子结构及运动规律的主要途径。光谱分析是现代物理学重要的研究手段，广泛应用于工程技术分析、鉴定等领域。

光栅满足怎样的条件才能把不同波长的两条谱线分开呢？为此引入光栅的分辨本领（即分辨率）。光栅的分辨本领是指把波长靠得很近的两条谱线分辨清楚的本领，是表征

光栅性能的主要技术指标。通常把光栅恰能分辨的两条谱线的平均波长 λ 与这两条谱线的波长差 $\delta\lambda$ 之比定义为光栅的色分辨本领,用 R 表示,即

$$R = \frac{\lambda}{\delta\lambda}$$

一个光栅能分开的两波长的波长差 $\delta\lambda$ 越小,其分辨本领就越大。由瑞利判据知,一条谱线的中心恰与另一条谱线距谱线中心最近的一个极小重合时,两条谱线恰能分辨。也就是说,对于 k 级光谱中波长为 λ 和 $\lambda+\delta\lambda$ 的两条谱线而言,波长为 $\lambda+\delta\lambda$ 的 k 级主极大与波长为 λ 的第 $kN+1$ 级极小重合。

k 级主极大满足的条件为

$$(a+b)\sin\theta = k(\lambda+\delta\lambda)$$

$kN+1$ 级极小满足的条件为

$$(a+b)\sin\theta' = (kN+1)\frac{\lambda}{N}$$

两者重合 $\theta = \theta'$,因而得

$$k(\lambda+\delta\lambda) = \frac{(kN+1)\lambda}{N}$$

化简有

$$\frac{\lambda}{\delta\lambda} = kN$$

所以光栅的色分辨本领为

$$R = \frac{\lambda}{\delta\lambda} = kN \tag{13-55}$$

由此可知,光栅的色分辨本领与光栅的狭缝数 N 和光谱级次 k 有关,这就是为什么光栅在单位长度上的刻痕越多,光栅质量就越好的原因。

4. X 射线在晶体上的衍射

X 射线又称伦琴射线,它是一种波长极短的电磁波,X 射线的波长 λ 为 0.1 nm 左右。X 射线的特点是波长短,穿透力强。普通的衍射光栅的光栅常数远大于 X 射线的波长。这样,X 射线透过光栅时就不会产生衍射。

晶体内的原子是有规则排列的,它的原子间隔与 X 射线波长的数量级相同,因而它对于波长很短的 X 射线来说,是一个理想的三维光栅。劳厄的实验装置如图 13-47(a)所示,一束穿过铅板 PP' 上小孔的 X 射线(波长连续分布)投射在薄片晶体 C 上,在照相底片 E 上发现有很强的 X 射线束在一些确定方向上出现,其他方向上不会出现。这是由于 X 射线照射晶体时,组成晶体的每一个微粒相当于发射子波的中心,它们向各方向发出子波,而来自晶体中许多有规则排列的散射中心的 X 射线会相互干涉而使得沿某些方向的光束加强。图 13-47(b)中,由相互加强的 X 射线束在底片上感光所形成的斑点,叫作劳厄斑点。

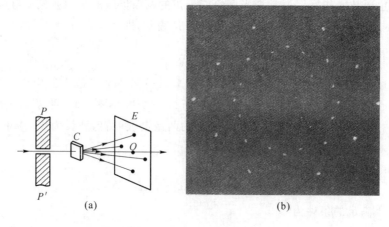

(a)　　　　　　　　　　　　(b)

图 13-47　劳厄实验和劳厄斑点

　　不久,布拉格父子提出另一种研究 X 射线的方法。他们把晶体看成是由一系列彼此相互平行的原子层所组成的。各原子层（晶面）之间的距离为 d（约为 0.1 nm 的量级）,如图 13-48 所示。小圆点表示晶体点阵中的原子（或离子）,当一束单色的、平行的 X 射线以掠射角 θ 入射到晶面上时,这些原子就成子波波源,向各个方向发出子波,也就是说,入射波被原子散射。其中一部分将为表面层原子所散射,其余部分为内部各原子层所散射。但是,在各原子层所散射的射线中,只有沿镜反射方向的射线的强度为最大。由图 13-48 可见,上下两层原子所发出的反射线的光程差为 $2d\sin\theta$。显然,各层散射射线相互加强而成亮点的条件是

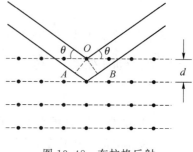

图 13-48　布拉格反射

$$2d\sin\theta = k\lambda \quad k=1,2,3,\cdots \tag{13-56}$$

上式称为布拉格公式,此时的掠射角 θ 称为布拉格角。由此可测出 X 射线的波长 λ 或晶格常数 d。

　　如果入射的单色 X 射线以任意掠射角 θ 投射到晶面上,一般不产生反射加强的图案,因为布拉格公式一般是得不到满足的。如果入射 X 射线的波长是连续分布的,则对于 X 射线中波长为

$$\lambda = \frac{2d\sin\theta}{k} \quad k=1,2,3,\cdots \tag{13-57}$$

的波,在反射中得到加强。

　　X 射线的衍射已广泛地用来解决下列两个方面的重要问题。

　　(1) 如果作为衍射光栅的晶体的结构为已知,亦即晶体的晶格常量为已知时,就可用

来测定 X 射线的波长。这一方面的工作发展了 X 射线的光谱分析,对原子结构的研究极为重要。

(2) 用已知波长的 X 射线在晶体上发生衍射,就可以测定晶体的晶格常量。这一应用发展为 X 射线的晶体结构分析,分子物理中很多重要结构都是以此为基础的。X 射线的晶体结构分析在工程技术上也有极大的应用价值。

13.9　偏振光　马吕斯定律

光的干涉和衍射现象都充分显示了光的波动性,证实光是一种波动。但还不能由此确定光是纵波还是横波,因为无论纵波和横波都可以产生干涉和衍射现象。实际上,从17 世纪末到 19 世纪初,即使相信光的波动学说的人都认为光波像空气中传播的声波一样是纵波,但用光的纵波观点无法解释马吕斯于 1809 年发现的光的偏振性,直到 1817年,托马斯·杨和菲涅耳各自独立提出了光是横波的观点,解释了当时发现的各种光的偏振现象。麦克斯韦电磁理论的建立认为光是可以在自由空间传播的横波,是由沿横向振动的电场矢量和磁场矢量构成的,形成完善的光的横波理论体系。

1. 自然光

普通光源发出的光是由组成该光源的大量分子或原子产生的。光源中的各个分子或原子发出的光的振动方向是杂乱无章的,而每一个分子或原子发光是间歇性的,前后发出的光波列的振动方向是随机的,因此普通光源发出的光包含一切可能方向的振动,即在一切可能的方向都有光振动,没有哪一个方向比其他更占优势,在一切可能的方向光矢量的振幅都相等。在一切可能的方向都有光振动并且各个方向的光矢量的振幅都相等的光称为**自然光**。图 13-49(a)表示自然光的振动情况,平面 Σ 与光的传播方向垂直,平面上的双箭头表示该点的光矢量的振动方向,其每一个方向都是可能的振动方向,即在自然光情况下,平面 Σ 上每一个方向都有光振动。

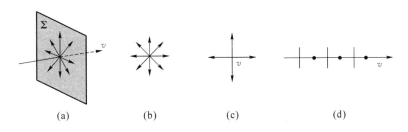

$$(a) \quad\quad (b) \quad\quad (c) \quad\quad (d)$$

图 13-49　自然光及其表示

图 13-49(b)表示自然光的传播方向与纸面垂直。可以将各个自然光的光矢量沿互相垂直的两个方向进行分解,再分别将这两个方向的各个分量合起来成为互相垂直的、振幅相等的光矢量,如图 13-49(c)所示。也就是说,自然光的光矢量可以用两个振动方向

互相垂直、振幅相等的分振动表示。不过要注意,由于自然光中各个方向的光矢量没有固定的相位差,因此这两个互相垂直的光矢量不能合成为一个单独的矢量。

为了简明地表示光的振动情况,常用与传播方向垂直的短线表示在纸面内的光振动,而用圆点表示与纸面垂直的光振动。对自然光而言,圆点和短线作等距分布,表示没有哪一个方向的光振动占优势,如图 13-49(d)所示。

2. 线偏振光

自然光经过反射、折射或吸收以后,可能只保留某一个方向的光振动。只在某一个固定方向上的光振动称为**线偏振光**,简称**偏振光**。在图 13-50(a)中,偏振光沿着 x 轴方向传播,其固定的振动方向为 z 轴。偏振光的振动方向与其传播方向构成的平面称为**振动面**。图 13-50(b)表示偏振光的传播方向与纸面垂直。图 13-50(c)表示偏振光的传播方向向右,其光振动方向垂直于纸面,振动面垂直于纸面。图 13-50(d)表示的偏振光的传播方向也向右,其光振动方向平行于纸面,振动面与纸面平行。

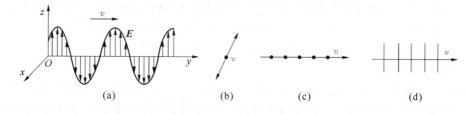

图 13-50　偏振光及其表示

介于自然光与偏振光之间还有一种光,它在某一方向的光振动比与之相垂直的光振动占优势,这种光称为**部分偏振光**。图 13-51(a)表示部分偏振光的振动情况。图 13-51(b)表示部分偏振光的传播方向与纸面垂直。将各个部分偏振光的光矢量沿互相垂直的两个方向进行分解,再分别将这两个方向的各个分量合起来,其一个方向的振幅大于与之垂直的另一个方向的振幅,如图 13-51(c)所示。图 13-51(d)表示部分偏振光的传播方向向右,其垂直于纸面方向的光振动比平行于纸面方向的光振动占优势。图 13-51(e)表示的部分偏振光的传播方向也向右,其平行于纸面方向的光振动比垂直于纸面方向的光振动占优势。

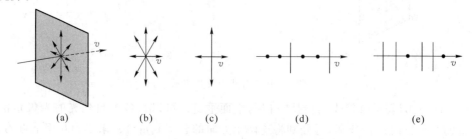

图 13-51　部分偏振光及其表示

3. 偏振光的起偏与检偏

（1）起偏

某些晶体对不同方向的光振动具有选择吸收的特性，即对光波中某一方向的光振动有强烈的吸收作用，而对与该方向相垂直的那个方向上的光振动的吸收甚微，晶体的这种特性叫作二向色性。这个允许光通过的光振动方向叫作二向色性物质的**偏振化方向**，如图 13-52 所示。例如，天然的电气石晶体就具有二向色性，1 mm 厚的电气石晶片就可以完全吸收某一方向的光振动。液晶也具有很强的二向色性。具有二向色性的晶体可以作为起偏器，然而，用天然晶体做成的起偏器不仅价格昂贵，而且尺寸小不能满足实际应用的需要。较为便宜的偏振器件是由聚乙烯醇分子加热拉伸，从而使分子并行排列而形成的膜片，并称为**偏振片**。当光照射在偏振片上时，与聚乙烯醇分子方向相同的光全部被吸收。而垂直方向的光可以通过。偏振片允许通过的光振动方向称为**偏振片的偏振化方向**。

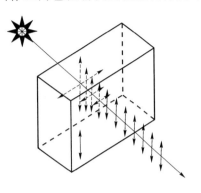

图 13-52 晶体的二向色性

当自然光照射到偏振片上时，透过偏振片的光具有同一振动方向，变为偏振光。

（2）检偏

一束光是否是偏振光？一束偏振光的偏振态如何？人眼是无法直接做出判断的，这需要借助于光学器件来检验，这一过程称为检偏。能够检验偏振光的光学器件称为**检偏器**。偏振片既可以当作起偏器，也可以当作检偏器。

如图 13-53 所示，偏振片 P_1 为起偏器，P_2 为检偏器。在图 13-53(a)中，当 P_1 和 P_2 的偏振化方向彼此平行时，P_1 所产生的线偏振光能够全部通过检偏器 P_2，则透过 P_2 的光强度最大；在图 13-53(b)中，当 P_1 和 P_2 的偏振化方向相互垂直时，P_1 所产生的线偏振光全部被 P_2 吸收，无光透过检偏器 P_2，这种现象称为**消光现象**。如果我们以光的传播方向为轴线，连续不断地旋转检偏器 P_2，则会看到透过 P_2 的光强由最亮逐渐变暗，以致完全消失，然后又由最暗逐渐变亮，又回到最亮的状态。在 P_2 旋转一周的过程中，透射光强度两次出现最强，两次出现消光现象，这是线偏振光入射到检偏器上所特有的现象，我们可以以此为判据，来判断一束光是否是线偏振光。

当我们以自然光垂直入射到检偏器上，并以光的传播方向为轴转动检偏器时，看不到光明暗强弱的变化，透过检偏器的光强恒为入射光强度的一半。反过来，如果看到这一现象，我们也可以判断，即入射光为自然光；若一束光垂直入射到检偏器上，并绕光的传播方向转动检偏器时，透过检偏器的光强不是恒定不变，也不出现消光现象，则入射光就为部分偏振光。

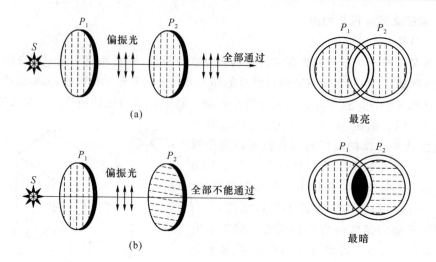

图 13-53　偏振光的检验

4. 马吕斯定律

自然光透过检偏器以后光强变为原来的一半，那么线偏振光透过检偏器以后，光强度有何变化呢？法国工程师马吕斯首先研究了这一问题，其结论称为**马吕斯定律**，具体内容如下。

强度为 I_1 的线偏振光垂直入射到检偏器上，透射线偏振光的强度为

$$I_2 = I_1 \cos^2 \theta \qquad (13\text{-}58)$$

式中，θ 为入射线偏光的光振动方向与检偏器的偏振化方向之间的夹角。

马吕斯定律的证明如下。

如图 13-54 所示，P_1 为入射线偏振光的光振动方向，P_2 为检偏器的偏振化方向，亦即透射线偏振光的光振动方向，P_1 与 P_2 的夹角为 θ。对于 P_1 对应的光振动振幅矢量 A_1，我们可以沿平行偏振片 P_2 的偏振化方向和垂直偏振片 P_2 的偏振化方向分解。其中的平行分量可以通过，而垂直分量被吸收。根据图 13-54 所示情况可知，透射光的振幅 $A_{/\!/}$ 的大小为 $A_{/\!/} = A_1 \cos \theta$。而光强度正比于光振动振幅的平方，所以

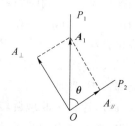

图 13-54　马吕斯定律的证明

$$\frac{I_2}{I_1} = \frac{A_{/\!/}^2}{A_1^2} = \frac{A_1^2 \cos^2 \theta}{A_1^2} = \cos^2 \theta$$

由此得

$$I_2 = I_1 \cos^2 \theta$$

显然，当 $\theta = 0$ 或 π 时，$I_2 = I_1$，此时为透射光最强的情况；当 $\theta = \dfrac{\pi}{2}$ 或 $\dfrac{3\pi}{2}$ 时，$I_2 = 0$，这时没

有透射光,即消光现象。

例 13-11　如图 13-55 所示,一束光强为 I_0 的自然光通过两片偏振化方向互相垂直的偏振片 P_1 和 P_2,如果在 P_1 和 P_2 之间平行地插入另一偏振片 P_3,设 P_3 与 P_1 偏振化方向夹角为 α,试求:

(1) 透过偏振片 P_2 后的光强为多少?

(2) 定性画出光强随 α 变化的函数曲线,并指出转动一周,通过的光强出现几次极大值和极小值。

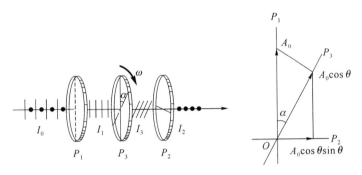

图 13-55　例 13-11 图一

解　(1) 光强为 I_0 的自然光通过偏振片 P_1 后,光强为 $\dfrac{I_0}{2}$,根据马吕斯定律,通过 P_3 的光强为

$$I_3 = \frac{I_0}{2}\cos^2\alpha$$

通过 P_2 的光强为

$$I_2 = I_3\cos^2(90° - \alpha) = \frac{I_0}{2}\cos^2\alpha\sin^2\alpha$$

$$= \frac{I_0}{8}\sin^2 2\alpha$$

(2) 光强随 α 变化的函数曲线如图 13-56 所示。可见,偏振片转一周,通过 P_2 的光强出现四次极大值、四次极小值。

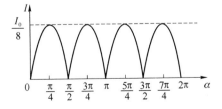

图 13-56　例 13-11 图二

13.10　反射和折射时产生的偏振　布儒斯特定律

1. 反射和折射起偏

自然光在两种介质的分界面上反射和折射时，反射光和折射光都成为部分偏振光。在特定的情况下，反射光有可能成为完全偏振光。

如图 13-57 所示，一束自然光入射到两种介质的分界面上，产生反射和折射。用偏振片检验反射光时，发现当偏振化方向与入射面垂直时，透过偏振片的光强最大；当偏振化方向与入射面平行时，透过偏振片的光强最小。这说明反射光为偏振方向垂直入射面成分较多的部分偏振光。同样的方法可以检测出折射光为偏振方向平行于入射面成分较多的部分偏振光。从以上实验结果可以看出，反射和折射过程会使入射的自然光变为部分偏振光。这种现象在日常生活中很常见，如人们看到的水面反射的光就是部分偏振光。

2. 布儒斯特定律

1815 年布儒斯特在研究反射光的偏振化程度时发现，反射光的偏振化程度和入射角有关。当入射角等于某一特定值 i_0 时，反射光是光振动垂直于入射面的线偏振光，如图 13-58 所示。这个特定的角度称为**布儒斯特角**，也称为**起偏角**。当光线以布儒斯特角入射时，反射光和折射光的传播方向相互垂直，即

$$i_0 + \gamma = 90° \tag{13-59}$$

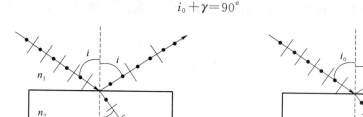

图 13-57　自然光反射和折射后产生的部分偏振光　　　图 13-58　布儒斯特角

根据折射定律，有

$$n_1 \sin i_0 = n_2 \sin \gamma = n_2 \cos i_0 \tag{13-60}$$

整理得

$$\tan i_0 = \frac{n_2}{n_1} \tag{13-61}$$

式(13-61)称为**布儒斯特定律**。

当自然光以布儒斯特角入射时，反射光只有垂直于入射面的光振动，所以入射光中平行于入射面的光振动全部被折射，而且垂直于入射面的光振动也大部分被折射，反射的仅

是其中的一部分。因此,反射光虽然完全偏振,但光强较弱;折射光虽然是部分偏振光,光强却很强。例如,自然光以布儒斯特角从空气射向玻璃而反射时,反射光的光强度只占约15%,约85%的光强被折射。为了增强反射光的强度和折射光的偏振化程度,可以把玻璃片叠起来,成为玻璃片堆。当自然光连续通过玻璃片堆时(图13-59),入射光在各层玻璃面上经过多次反射和折射,使得反射光的垂直于入射面的振动成分得到加强;同时折射光中的垂直于入射面的振动成分也被各层玻璃面不断地反射,从而使得折射光的偏振化程度逐渐加强。当玻璃片足够多时,最后透射出来的折射光就近似于完全偏振光,其振动面就在折射面(折射光与法线所成的面)内,与反射光的振动面相互垂直。

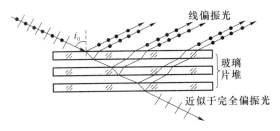

图 13-59 利用玻璃片堆产生完全偏振光

例 13-12 已知某一物质的全反射临界角是 $45°$,问它的起偏角是多大?

解 全反射时有

$$n_2 \sin i_2 = n_1 \sin 90°$$

整理得

$$\sin i_2 = \frac{n_1}{n_2} \sin 90° = \frac{n_1}{n_2}$$

由布儒斯特定律得

$$\tan i_0 = \frac{n_2}{n_1} = \frac{1}{\sin i_2} = \frac{1}{\sin 45°} = \sqrt{2}$$

故

$$i_0 = 54°42'$$

13.11 双折射现象

1. 双折射现象

(1) 双折射

一束自然光通过某些晶体时,折射光会分裂成两束,这样的现象称为光的**双折射现象**,能够产生双折射现象的晶体称为**双折射晶体**。例如方解石(又称冰洲石,化学成分为 $CaCO_3$)就是这样一种晶体。方解石晶体所产生的双折射现象如图 13-60(a)所示。正是由于这种原因,当我们把一块透明的方解石晶体放在一张写有字的纸面上时,将会看到每个字都成双像。

（2）寻常光和非常光

实验表明,由双折射所产生的两条折射光线的性质和状态有所不同。其中一条折射光线完全服从折射定律,我们把这条服从折射定律的折射光叫作寻常光,简称 o 光。另一条折射光线则不服从折射定律,我么把这条不服从折射定律的折射光叫作非常光,简称 e 光。由图 13-60(b)可知,o 光和 e 光的分开程度由晶体的厚度所决定,厚度越大,两种光分开程度越大。

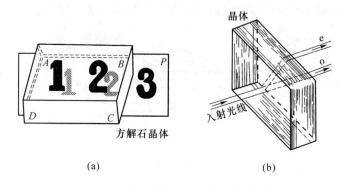

图 13-60　方解石的双折射现象

（3）o 光和 e 光的偏振性

为了比较方便地描述 o 光和 e 光的偏振性,我们首先介绍几个相关的概念。

① 晶体的光轴、光线的主平面

实验表明,在方解石等一类晶体中,总存在着一个特殊的方向,光沿该方向传播时,o 光和 e 光不再分开,不产生双折射现象。晶体内不发生双折射现象的特殊方向称为晶体的**光轴**。应该指出的是,光轴并不限于某一条特殊的直线,而是代表晶体内某一特定的方向,过晶体内任一点所作的平行于此方向的直线都是晶体的光轴。

在晶体中,某条光线与晶体的光轴所构成的平面叫作**该光线的主平面**,所以 o 光和 e 光各有一个主平面,分别叫作 o 光主平面和 e 光主平面,如图 13-61 所示。

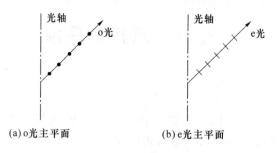

图 13-61　光线的主平面

② o 光和 e 光的偏振性

实验表明,o 光和 e 光都是线偏振光(可由检偏器来验证),o 光光矢量的振动方向垂直于 o 光主平面,而 e 光光矢量的振动方向就在 e 光主平面内(或平行于 e 光主平面),如图 13-61 所示。由于 o 光恒在入射平面内(因为遵守折射定律,所以入射光与折射光在同一平面内),而 e 光一般不在入射面内(因为不遵守折射定律),所以 o 光主平面与 e 光主平面一般并不重合,二者之间存在一微小夹角。这就是说,一般情况下,o 光和 e 光光矢量的振动方向近似垂直。但实验和理论指出,若光在光轴与晶体表面法线组成的平面内入射,则 o 光和 e 光都处于这个平面内,这个面就是这两种光共同的主平面,此时 o 光和 e 光光矢量的振动方向严格垂直。这个由主光轴与晶体表面法线组成的平面称为**晶体的主截面**。

在实际应用中,一般都选择光线沿主截面入射,此时双折射现象的研究得以简化。

2. 尼科耳棱镜

利用晶体的双折射现象,从一束自然光中获得振动方向相互垂直的两束偏振光,一般来说,这两束偏振光分开的程度由晶体的厚度决定。天然的方解石晶体往往厚度有限,不可能将 o 光和 e 光分得很开。苏格兰物理学家尼科耳在 1828 年发明了一种棱镜,使这个问题得以解决。为了纪念尼科耳对光学研究的贡献,将这种棱镜命名为尼科耳棱镜。

如图 13-62(a)所示,ABCD 是尼科耳棱镜的主截面(即光轴与晶体表面法线所确定的平面),用通过 AC 并与主截面相垂直的平面将方解石切割成两部分,再用加拿大树胶粘合起来。

图 13-62(b)为尼科耳棱镜的剖面 ABCD。方解石对单色钠黄光(波长为 589.0 nm)的主折射率为 $n_o = 1.658$、$n_e = 1.486$,加拿大树胶的折射率 1.550 介于 n_o 和 n_e 之间。当入射光到达分界面 AC 时,o 光发生全反射,并被涂黑了的侧面 DC 吸收,而 e 光则透过树胶层射出。这样出射的光就是振动方向在主截面上的偏振光了。在实验室中常用尼科耳棱镜作起偏器或检偏器。

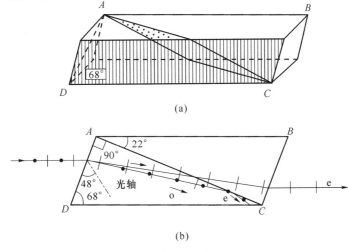

(a)

(b)

图 13-62 尼科耳棱镜

3. 偏振片

有一些双折射晶体(如电气石)对振动方向相互垂直的 o 光和 e 光有不同的吸收,这种特性称为**二向色性**。例如在 1 mm 厚的电气石内,o 光几乎全被吸收,而 e 光只略微被吸收。利用晶体的二向色性可以从自然光获得线偏振光。

通常的偏振片是利用二向色性很强的细微晶体物质的涂层制成的。例如,把聚乙烯醇薄膜加热,沿一定的方向拉伸,使碳氢化合物分子沿拉伸方向排列起来,然后浸入含碘的溶液,取出烘干后就制成了偏振片,这种偏振片称为 H 偏振片。另外,如果将聚乙烯醇薄膜放在高温炉上,通以氯化氢,除去聚乙烯醇分子中的一些水分子,形成聚乙烯醇的细长分子,再单向拉伸就制成了 K 偏振片。这种偏振片性能稳定、耐高温且不易褪色。H 型和 K 型偏振片组合成的 HK 偏振片是适用于远红外的偏振片。偏振片的成本低廉,轻便,面积能制作得很大,可大量生产,所以在实际中得到广泛应用。

13.12 偏振光的干涉

我们已经知道,两列光波能够产生干涉的条件是频率相同、振动方向相同和相位差恒定,偏振光的干涉也不例外。一束单色偏振光通过双折射晶片后所产生的 o 光和 e 光具有相同频率和恒定的相位差,但这两束偏振光的振动方向相互垂直,因此它们能够合成椭圆偏振光,而不能产生干涉。若使这两束光再经过一个偏振片,则它们在同一方向(偏振片的偏振化方向)上的分振动即为两束相干偏振光。

图 13-63(a)就是产生偏振光干涉的实验装置。若 P_1 和 P_2 的偏振化方向相互正交,单色自然光垂直入射起偏器 P_1 后成为线偏振光,设振幅为 A_1,再垂直入射晶片后,o 光和 e 光的振幅分别为

$$A_o = A_1 \sin \alpha$$

$$A_e = A_1 \cos \alpha$$

这两束光射入偏振片 P_2 时,只有与 P_2 的偏振化方向相同的光振动才能通过,从图 13-63(b)可知,它们通过的分量分别为

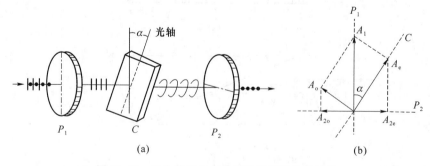

(a)   (b)

图 13-63 两个偏振化方向正交时偏振光的干涉

$$A_{2e}=A_e\sin\alpha=A_1\sin\alpha\cos\alpha$$
$$A_{2o}=A_o\cos\alpha=A_1\sin\alpha\cos\alpha$$

由此可见,透过偏振片 P_2 的光是由同一线偏振光产生的振幅相等、有恒定相位差且在同一直线上振动的相干光。由于 A_{2e} 与 A_{2o} 的方向相反,因此存在附加相位差 π。这样,两束相干偏振光总的相位差为

$$\Delta\varphi=\frac{2\pi}{\lambda}(n_o-n_e)d+\pi \tag{13-62}$$

故两偏振片 P_1、P_2 正交时,干涉加强的条件为

$$\Delta\varphi=2k\pi \quad k=1,2,\cdots$$

或

$$(n_o-n_e)d=(2k-1)\frac{\lambda}{2}$$

干涉减弱的条件为

$$\Delta\varphi=(2k+1)\pi \quad k=1,2,\cdots$$

或

$$(n_o-n_e)d=k\lambda$$

若将偏振片 P_2 旋转 90°,使 P_1、P_2 的偏振化方向相互平行,由图 13-64 可得两束透射光的振幅分别为

$$A_{2e}=A_e\cos\alpha=A_1\cos^2\alpha$$
$$A_{2o}=A_o\sin\alpha=A_1\sin^2\alpha$$

由图可见,A_{2e} 与 A_{2o} 方向相同,不存在附加的相位差,其总的相位差为

$$\Delta\varphi=\frac{2\pi}{\lambda}(n_o-n_e)d \tag{13-63}$$

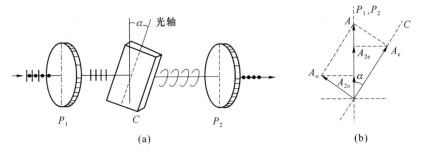

图 13-64 两个偏振化方向平行时偏振光的干涉

故两偏振片 P_1、P_2 平行时,干涉加强的条件为

$$\Delta\varphi=2k\pi \quad k=1,2,3,\cdots$$

或

$$(n_o-n_e)d=k\lambda$$

干涉减弱的条件为

$$\Delta\varphi = (2k+1)\pi \quad k=1,2,3,\cdots$$

或

$$(n_o - n_e)d = (2k+1)\frac{\lambda}{2}$$

由于 $A_{2e} \neq A_{2o}$，所以干涉相消时，其合振幅 $A = |A_{2e} - A_{2o}| \neq 0$，即光强最小但不等于零。只有当 $\alpha = 45°$ 时，$A_{2o} = A_{2e}$，合振幅为零，即光强极小值为零。

两束相干偏振光的相位差是随晶片厚度 d 变化的。当用单色自然光入射，干涉加强时，偏振片 P_2 后面的视场最亮，干涉减弱时视场最暗，并无干涉条纹；当晶片厚度不均匀时，各处干涉情况不同，视场中将出现干涉条纹。若用白光入射，对各种波长的光来讲，有的可能满足干涉加强条件，有的可能满足干涉减弱条件，所以当晶片的厚度一定时，视场中将出现对应的色彩，这种现象称为色偏振。如果这时晶片各处厚度不同，视场中则出现彩色条纹。

色偏振现象有着广泛的应用，如可以确定材料有无双折射性质、精确鉴别矿石的种类、研究晶体的内部结构等。在地质和冶金工业中有重要应用的偏振光显微镜也是根据偏振光干涉原理制成的。

阅读材料十三

科学家简介：迈克耳孙

阿尔伯特·亚伯拉罕·迈克耳孙(1852—1931年)：波兰物理学家。

主要成就：发明了一种用以测定微小长度、折射率和光波波长的干涉仪（迈克耳孙干涉仪），在研究光谱线方面起着重要的作用。

迈克耳孙童年随父母迁居美国。受旧金山男子中学校长的引导，迈克耳孙对光学和声学产生了兴趣，并展示了自己的实验才能。1869年被选拔到美国安纳波利斯海军学院学习，毕业后曾任该校物理和化学讲师。1880—1882年到欧洲攻读研究生，先后到柏林大学、海德堡大学、法兰西学院学习。1883年任俄亥俄州克利夫兰市开斯应用科学学院物理学教授。1889年成为麻省伍斯特的克拉克大学的物理学教授。1892年改任芝加哥大学物理学教授，后任该校第一任物理系主任。1910—1911年担任美国科学促进会主席。1922—1927年担任美国科学院院长。1931年5月9日因脑溢血于加利福尼亚州的帕萨迪纳逝世，终年79岁。

迈克耳孙的名字是和迈克耳孙干涉仪及迈克耳孙-莫雷实验联系在一起的,实际上这也是迈克耳孙一生中最重要的贡献。在迈克耳孙的时代,人们认为光和一切电磁波必须借助绝对静止的"以太"进行传播,而"以太"是否存在以及是否具有静止的特性在当时还是一个谜。有人试图测量地球对静止"以太"的运动所引起的"以太风",以此来证明以太的存在和具有静止的特性,但由于仪器精度所限没有成功。麦克斯韦曾于 1879 年写信给美国航海年历局的托德,建议用罗默的天文学方法研究这一问题。迈克耳孙知道这一情况后,决心设计出一种灵敏度提高到亿分之一的方法,测出与此有关的效应。1881 年他在柏林大学亥姆霍兹实验室工作,发明了高精度的迈克耳孙干涉仪,进行了著名的以太漂移实验。他认为如果地球绕太阳公转相对于以太运动时,其平行于地球运动方向和垂直地球运动方向上,光通过相等距离所需时间不同,因此在仪器转动 90°时,前后两次所产生的干涉必有 0.04 个条纹移动。1881 年迈克耳孙用最初建造的干涉仪进行实验,这台仪器的光学部分用蜡封在平台上,调节很不方便,测量一个数据往往要好几小时。实验得出了否定结果。1384 年在瑞利、开尔文等的鼓励下,他和化学家莫雷合作,提高了干涉仪的灵敏度,得到的结果仍然是否定的。1887 年他们继续改进仪器,光路增加到 11 m,花了整整 5 天时间,仔细地观察地球沿轨道与静止以太之间的相对运动,结果仍然是否定的。这一实验引起科学家的震惊和关注,暴露了以太理论的缺陷,动摇了经典物理学的基础,为狭义相对论的建立铺平了道路。

迈克耳孙的另一项重要贡献是对光速的测定。1879 年迈克耳孙在海军学院工作期间,开始了光速的测定工作。他是继菲佐、傅科、科组之后第四个在地面测定光速的人。他用正八角钢质棱镜代替傅科实验中的旋转镜,由此使光路延长 600 m。返回光的位移达 133 mm,提高了精度,改进了傅科的方法。他多次并持续进行光速的测定工作,其中最精确的测定值是在 1924—1926 年,在南加利福尼亚山间 22 英里长的光路上进行的,其值为 $(299\ 796 \pm 4)$ km/s。迈克耳孙从不满足已达到的精度,总是不断改进,反复实验,孜孜不倦,精益求精,整整花了半个世纪的时间,最后在一次精心设计的光速测定过程中,不幸因中风而去世,后来由他的同事发表了这次测量结果。

迈克耳孙在基本度量方面也作出了贡献。1893 年,他用自己设计的干涉仪测定了红镉线的波长,实验说明当温度为 15 ℃、气压在 760 mmHg 时,红镉线在干燥空气中的波长为 6 438.469 6Å,这是人类首次获得了一种永远不变且毁坏不了的长度基准。迈克耳孙提出用此波长为标准长度来核准基准米尺,用这一方法定出的基准长度经久不变。因此它被世界所公认,一直沿用到 1960 年。

1920 年迈克耳孙和天文学家皮斯合作,把一台 20 英尺的干涉仪放在 100 英寸反射望远镜后面,构成了恒星干涉仪,用它测量了恒星参宿四(即猎户座一等变光星)的直径。它的直径相当大,线直径为 2.5×10^8 米,约为太阳直径的 300 倍。此方法后来被用来测定其他恒星的直径。

在光谱学方面,迈克耳孙发现了氢光谱的精细结构以及水银和铊光谱的超精细结构,这一发现在现代原子理论中起了重大作用。迈克耳孙还运用自己发明的"可见度曲线法"对谱线形状与压力的关系、谱线展宽与分子自身运动的关系作了详细研究，其成果对现代分子物理学、原子光谱和激光光谱学等新兴学科都发生了重大影响。1898年，他发明了一种阶梯光栅来研究塞曼效应，其分辨本领远远高于普通的衍射光栅。

迈克耳孙是一位出色的实验物理学家，他所完成的实验都以设计精巧、精确度高而闻名，爱因斯坦曾赞誉他为"科学中的艺术家"。

科学家简介：夫琅禾费

夫琅禾费(1787—1826年)：德国物理学家。

主要成就：研究了太阳光谱中的若干条暗线（现称为夫琅禾费线）；设计和制造了消色差透镜；首创用牛顿环方法检查光学表面加工精度及透镜形状；第一个定量地研究了衍射光栅，制成260条平行线组成的光栅，用它测量了光的波长。

夫琅禾费出生在慕尼黑附近的斯特劳宾，是一位釉工的第11个儿子。他的父母都非常贫穷，而且没有文化。夫琅禾费11岁时就成了孤儿，在一个镜子制造商那里当学徒。夫琅禾费14岁时，他正在其中工作的建筑物突然塌毁，把他压在瓦砾下面。但他突然时来运转，巴伐利亚的一位贵族被这一悲剧事件所感动，给了他足够的钱，使他脱离了学徒生活，进入学校学习。这位贵族还把他推荐给一位著名的工业家和政治家乌泽什乃德，他办了许多企业，其中有一家光学工厂。夫琅禾费当时几乎还未进过学校，却对光学表现出了真正的爱好。乌泽什乃德雇用他到光学工厂工作。夫琅禾费迅速地上升为合伙人。企业家乌泽什乃德认识到了他的技术才能的巨大价值，帮助他获得了一个经济收入很好的位置。

夫琅禾费认识到所用玻璃的质量与制成的光学仪器的性能之间有着密切联系。于是他在慕尼黑附近的玻璃厂里研究如何改进玻璃的制作方法。瑞士玻璃制造商吉南德也许是当时欧洲最优秀的玻璃制造家，乌泽什乃德雇用了他，但他制造的玻璃不能使人满意。1811年夫琅禾费接过了这份工作，他作出了非常好的成绩。夫琅禾费坚信从仅凭经验的手工艺操作过渡到精密科学计划的巨大优越性，他研究了透镜的色差和其他像差。在精密地测量了玻璃对不同波长的折射率后，他重新发现了太阳光谱中出现的黑吸收线，并且编制出了"夫琅禾费谱线表"作基准用。夫琅禾费本人刻出的太阳光谱图是他的多才多艺的一个极好证明。这些努力使得他有了举世闻名的光学成就，无人能超过他。因为仪器的机械部分和光学部分是同样重要的，所以夫琅禾费还解决了各种技术问题。多帕特折射望远镜有一个直径24 cm的透镜，重量1 000 kg，就是他的杰作之一。夫琅禾费的贡献立即受到了巴伐利亚国王的赏识，国王封他为贵族。乌泽什乃德和夫琅禾费合办的光学研究所雇用了五十多名工作人员，成为世界上最先进的光学公司。夫琅禾费把理论光学工作、玻璃制造技术与机械精度和卓越才能结合起来的范例对德国的光学工业产生了长远的影响。许多著名光学家,例如佩茨瓦耳、斯坦海尔、阿贝和一些光学公司诸如蔡司和莱茨等,都是直接或间接地从夫琅禾费传录下来的。

夫琅禾费最受人称道的工作无疑是在光谱学方面。1814 年,夫琅禾费借助狭缝、棱镜和望远镜,作太阳光谱的观测研究工作。他在一间暗室的百叶窗上开了一条狭缝,让太阳光通过狭缝照射到一块棱镜上,棱镜后面则是经纬仪上的小望远镜。夫琅禾费想通过小望远镜看看由棱镜形成的太阳光谱是什么样的,是否有好多像他在灯光光谱中看到的那种亮线。使他感到纳闷的是,太阳光谱中出现许多条暗线,即现在所说的"夫琅禾费暗线",这样的暗线前后总共发现了 500 多条。我们知道,每条暗线或某些暗线都代表着某种元素,它们在光谱中的位置是固定的,因此,研究这些谱线的性质就有可能得知太阳上究竟有哪些元素。夫琅禾费当时不知道这些,他对自己的发现无法作出解释,对这种发现的重要意义也不清楚。四五十年之后,另一位德国天文学家、物理学家、化学家基尔霍夫和化学家本生发明了光谱分析法,即根据光谱线来确定某个物体中含有什么元素的方法以及有关的知识和论断,太阳光谱中暗线之谜才真相大白。夫琅禾费也对月球、金星和火星等天体的光谱,进行了观测和分析,发现它们的光谱里也有太阳光谱里的那些暗线,而且其位置也相同,这正好说明它们看起来明亮是由于反射太阳光的缘故。夫琅禾费由于发现了太阳光谱中的吸收线,认识到它们相当于火花和火焰中的发射线以及首先采用了衍射光栅(也曾制成了各种形式的光栅),也可被认为是光谱学的奠基者之一。但是,光谱学技术的精密化主要是在美国由罗兰德和迈克耳孙在夫琅禾费逝世五十年之后发展起来的。

可惜的是,夫琅禾费长期体弱,导致了他感染上肺结核,不到 40 岁就去世了。如果他能活得更长久的话,他对科学发展的贡献无疑会更大。

思 考 题

13-1　相干光的条件是什么? 怎样获得相干光?

13-2　为什么引入光程的概念? 光程差与相位差有什么关系?

13-3　衍射的本质是什么? 衍射和干涉有什么联系和区别?

13-4　在夫琅禾费单缝衍射实验中,如果把单缝沿透镜光轴方向平移时,衍射图样是否会跟着移动? 若把单缝沿垂直于光轴方向平移时,衍射图样是否会跟着移动?

13-5　在单缝夫琅禾费衍射中,改变下列条件,衍射条纹有何变化? (1)缝宽变窄;(2)入射波长变长;(3)入射平行光由正入射变为斜入射。

13-6　光栅衍射与单缝衍射有何区别? 为何光栅衍射的明条纹特别明亮而暗区很宽?

13-7　什么是光轴、主截面和主平面? 什么是寻常光和非常光? 它们的振动方向和各自的主平面有何关系？

13-8　自然光与线偏振光、部分偏振光有何区别？用哪些方法可以获得线偏振光？

13-9　在日常生活中,为什么声波的衍射比光波的衍射更加显著？

13-10　怎样确定偏振片的偏振化方向？

练 习 题

13-1　两块平板玻璃构成空气劈尖,左边为棱边,用单色平行光垂直入射,若上面的平玻璃慢慢地向上平移,则干涉条纹(　　)。

　　A. 向棱边方向平移,条纹间隔变小

　　B. 向棱边方向平移,条纹间隔变大

　　C. 向远离棱边方向平移,条纹间隔不变

　　D. 向远离棱边方向平移,条纹间隔变小

13-2　一束自然光自空气射向一块平板玻璃,如习题 13-2 图所示,设入射角等于布儒斯特角 i_0,则在界面 2 的反射光为(　　)。

　　A. 自然光

　　B. 线偏振光且光矢量的振动方向垂直于入射面

　　C. 线偏振光且光矢量的振动方向平行于入射面

　　D. 部分偏振光

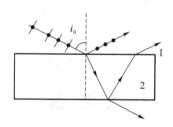

习题 13-2 图

13-3　白光垂直照射到空气中一厚度为 380 nm 的肥皂膜上,设肥皂膜的折射率为1.33,试问该膜的正面呈现什么颜色？背面呈现什么颜色？

13-4　把一平凸透镜放在平板玻璃上,构成牛顿环装置,当平凸透镜慢慢地向上平移时,由反射光形成的牛顿环(　　)。

　　A. 向外扩张,条纹间隔变大

　　B. 向中心收缩,环心呈明暗交替变化

　　C. 向外扩张,环心呈明暗交替变化

　　D. 向中心收缩,条纹间隔变小

13-5　用两块折射率相同的平板玻璃构成一个空气劈尖,用波长 $\lambda = 633$ nm 的单色光垂直入射,测得反射光等厚干涉条纹的间距 $\Delta l = 3.0$ mm。今将一未知折射率的油液填满空气劈尖,测得条纹间距为 $\Delta l' = 2.1$ mm,求劈尖夹角 θ 及油液折射率。

13-6 在折射率为 1.50 的玻璃上镀上折射率为 1.35 的透明介质薄膜。入射光波垂直照射在介质膜表面,观察反射光的干涉,发现对 600 nm 的光波干涉相消,对 700 nm 的光波干涉相长。且在 600~700 nm 之间没有其他的波长是最大限度相消或相长的情形。求所镀介质膜的厚度。

13-7 在牛顿环装置的平凸透镜和平玻璃板之间充满折射率 $n = 1.33$ 的透明液体(设平凸透镜和平玻璃板的折射率都大于 1.33)。凸透镜的曲率半径为 300 cm。波长 $\lambda = 650$ nm 的平行单色光垂直照射在牛顿环装置上,凸透镜顶部刚好与平玻璃板接触。求:

(1) 从中心向外数第 10 个明环所在处的液体的厚度。

(2) 第 10 个明环的半径。

13-8 波长为 λ 的单色光垂直照射到折射率为 n_2 的劈尖上,如习题 13-8 图所示,图中 $n_1 < n_2 < n_3$,观察反射光形成的干涉条纹。

(1) 从劈尖顶部 O 开始向右数起,第 5 条暗条纹中心所对应的薄膜厚度 e_5 是多少?

(2) 相邻的两条明条纹所对应的薄膜厚度之差是多少?

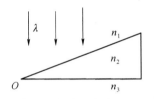

习题 13-8 图

13-9 一个由两玻璃片形成的空气劈尖末端的厚度为 0.05 mm,今用波长为 550 nm 的平行光垂直照射到劈尖的上表面,试求:

(1) 在空气劈尖的上表面一共能看到多少条干涉明纹?

(2) 若用尺寸完全相同的玻璃劈尖代替上述空气劈尖,则一共能看到多少条明纹(玻璃折射率 $n = 1.5$)?

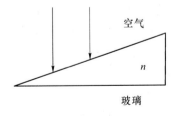

习题 13-9 图

13-10 如习题 13-10 图所示,由点 S 发出的 $\lambda = 600$ nm 的单色光自空气射入折射率 $n = 1.23$ 的透明物质,再折入空气。若透明物质的厚度 $e = 1.0$ cm,入射角 $\theta = 30°$,且 $\overline{SA}$

$=\overline{BC}=5$ cm，求：

（1）折射角 γ 为多少？

（2）此单色光在这层透明物质里的频率、速度和波长各为多少？

（3）S 到 C 的几何路程为多少？光程又为多少？

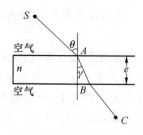

习题 13-10 图

13-11 用曲率半径 $R=4.5$ m 的平凸透镜做牛顿环实验，测得第 k 级暗环的半径 $r_k=4.950$ mm，第 $k+5$ 级暗环半径 $r_{k+5}=6.065$ mm，求所用单色光的波长是多少？级次 k 值如何？

13-12 单色平行光垂直照射在薄膜上，经上、下两表面反射的两束光发生干涉，如习题 13-12 图所示，若薄膜的厚度为 e，且 $n_1<n_2>n_3$，λ 为入射光在真空中的波长，则两束反射光的光程差为 _____。

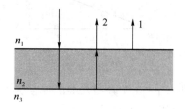

习题 13-12 图

13-13 用波长 $\lambda=500$ nm 的单色光垂直照射在由两块玻璃板（一端刚好接触成为劈棱）构成的空气劈形膜上。劈尖角 $\theta=2\times10^{-4}$ rad。如果劈形膜内充满折射率为 $n=1.40$ 的液体，求从劈棱数起第五个明条纹在充入液体前后移动的距离。

13-14 用波长为 500 nm 的平行光垂直入射劈形薄膜的上表面，从反射光中观察，劈尖的棱边是暗纹。若劈尖上面媒质的折射率 n_1 大于薄膜的折射率 $n(n=1.5)$。求：

（1）膜下面媒质的折射率 n_2 与 n 的大小关系。

（2）第 10 条暗纹处薄膜的厚度。

（3）使膜的下表面向下平移一微小距离 d，干涉条纹有什么变化？若 $d=2\times10^{-6}$ m，原来的第 10 条暗纹处将被哪级暗纹占据？

13-15 在折射率 $n_3=1.52$ 的照相机镜头表面涂有一层折射率 $n_2=1.38$ 的 MgF_2 增透膜，若此膜仅适用于波长 $=550$ nm 的光，则膜的最小厚度为多少？

13-16 在空气中,垂直入射的白光从肥皂膜上反射,在可见光谱 630 nm 处有一个干涉极大,而在 525 nm 处有一干涉极小,并且在这极大与极小之间没有另外的极值情况。已知膜的厚度是均匀的,并设肥皂膜的折射率为 1.33,试求该膜的厚度。

13-17 用波长为 500 nm 的单色光垂直照射到由两块光学平板玻璃构成的空气劈形膜上。观察反射光的干涉现象,距劈形膜棱边 1.56 cm 的 A 处是从棱边算起的第四条暗条纹中心。

(1) 求此空气劈形膜的劈尖角 θ。

(2) 改用 600 nm 的单色光垂直照射到此劈尖上仍观察反射光的干涉条纹,A 处是明条纹还是暗条纹?

(3) 在(2)情形下,从棱边到 A 处的范围内共有几条明纹和几条暗纹?

13-18 如习题 13-18 图所示的单缝夫琅禾费衍射装置中,用波长为 λ 的单色光垂直入射在单缝上,若 P 点是衍射条纹中的中央明纹旁第二个暗条纹的中心,则由单缝边缘的 A、B 两点分别到达 P 点的衍射光线光程差是_____。

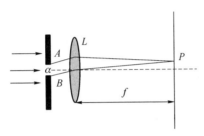

习题 13-18 图

13-19 在平玻璃板 B 上放置一柱面平凹透镜 A,曲率半径为 R,如习题 13-19 图所示。现用波长为 λ 的平行单色光自上方垂直往下照射,观察 A 和 B 间空气薄膜的反射光的干涉条纹,设空气膜的最大厚度 $d=2\lambda$。

(1) 干涉图样是什么形状?

(2) 求明、暗条纹的位置(用 r 表示)。

(3) 总共能形成多少条明条纹?

(4) 若将玻璃片 B 向下平移,条纹如何移动?

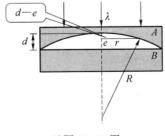

习题 13-19 图

13-20 利用牛顿环的干涉条纹可以测定凹曲面的曲率半径。在透镜磨制工艺中常用的一种检测方法是：将已知半径的平凸透镜的凸面放在待测的凹面上（如习题 13-20 图所示），在两镜面之间形成空气层，可观察到环状的干涉条纹。设从中心向外数的第 40 个暗环的半径为 2.25 cm，平凸透镜的曲率半径 $R_1 = 1.023$ m，波长 $\lambda = 589.3$ nm，求待测凹面的曲率半径 R_2。

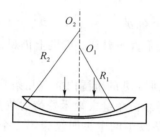

习题 13-20 图

13-21 如习题 13-21 图所示，波长为 680 nm 的平行光垂直照射到 $L = 0.12$ m 长的两块玻璃片上，两玻璃片一边相互接触，另一边被直径 $d = 0.048$ mm 的细钢丝隔开。求：

(1) 两玻璃片间的夹角 θ 是多少？

(2) 相邻两明条纹间空气膜的厚度差是多少？

(3) 相邻两暗条纹的间距是多少？

(4) 在这 0.12 m 内呈现多少条明条纹？

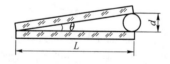

习题 13-21 图

13-22 在理想情况下，火星上两物体的线距离为多大时恰能被孔径为 $d = 5.08$ m 的天文望远镜所分辨？已知地球至火星的距离为 8.0×10^{10} m，光的波长为 550 nm。

13-23 制造半导体元件时，常常要精确测定硅片上二氧化硅薄膜的厚度，这时可把二氧化硅薄膜的一部分腐蚀掉，使其形成劈尖，利用等厚条纹测出其厚度。已知 Si 的折射率为 3.42，SiO_2 的折射率为 1.5，入射光波长为 589.3 nm，观察到如题 13-23 图所示的 7 条暗纹。问 SiO_2 薄膜的厚度 e 是多少？

习题 13-23 图

13-24 有一单缝，缝宽 $a = 0.10$ mm，在缝后放一焦距为 50 cm 的凸透镜，用波长

$\lambda = 546\ nm$ 的平行绿光垂直照射单缝,求:

(1) 位于透镜焦平面处的屏幕上中央明纹的宽度。

(2) 如果把此装置浸入水中($n = 1.33$),同时换一透镜,使该透镜在水中的焦距仍为 50 cm,中央明纹宽度如何变化?

13-25 习题图 13-25 所示为牛顿环装置,设平凸透镜中心恰好与平板玻璃接触,透镜凸表面的曲率半径是 4 m。用某单色平行光垂直入射,观察反射光形成的牛顿环,测得第五个明环的半径为 0.30 cm。

(1) 求入射光的波长。

(2) 测得图中 $OP = 1.00\ cm$,求在半径为 OP 的范围内可观察到的明环数目。

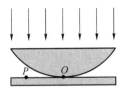

习题 13-25 图

13-26 在折射率为 1.50 的玻璃板上有一层折射率为 1.30 的油膜。已知对于波长为 500 nm 和 700 nm 的垂直入射光都发生反射相消,而这两波长之间没有别的波长光反射相消,求此油膜的厚度。

13-27 一束自然光从空气中入射到某一介质的表面上,反射光为完全偏振光,已知折射角为 30°,试求:

(1) 入射角为多少?

(2) 介质的折射率为多少?

13-28 如习题 13-28 图所示,狭缝的宽度 $a = 0.60\ mm$,透镜焦距 $f = 0.40\ m$,有一与狭缝平行的接收屏放置在透镜的焦平面处,若以单色平行光垂直照射狭缝,则在屏上离点 O 为 $x = 1.4\ mm$ 的点 P 看到衍射明条纹。试求:

(1) 该入射光的波长。

(2) 点 P 衍射条纹的级数。

(3) 从点 P 看,对该光波而言,狭缝处的波阵面可分作半波带的数目。

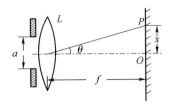

习题 13-28 图

13-29 单色平行光垂直照射单缝，发现屏上第 2 级明纹的衍射角为 5°，试求：

(1) 第 1 级明纹的衍射角为多少？

(2) 第 1 级暗纹的衍射角为多少？

13-30 某种单色平行光垂直入射在单缝上，单缝的宽度为 0.15 mm。缝后放焦距为 400 mm 的凸透镜，在透镜的焦平面上，测得中央明条纹两侧的两个第三级暗条纹之间的距离为 8.0 mm，求入射光的波长。

13-31 用波长 $\lambda = 480$ nm 的平行光垂直照射到宽为 0.4 mm 的狭缝上，会聚透镜的焦距为 60 cm。试计算当缝两边的光线 AP 和 BP 的相位差为 $\dfrac{\pi}{2}$ 时，P 点到焦点 O 的距离。

13-32 在夫琅禾费圆孔衍射实验中，已知圆孔半径 a、透镜焦距 f 和入射光波长 λ。求透镜焦平面上中央亮斑的直径 D。

13-33 两束波长分别为 450 nm 和 750 nm 的单色光垂直照射在光栅上，它们的谱线落在焦距为 1.50 m 的透镜的焦平面上，它们第 1 级谱线之间的距离为 6×10^{-2} m，试求此光栅的光栅常数。

13-34 如习题 13-34 图所示，有一块平面玻璃板放在水中，板面与水面的夹角为 α。已知水和玻璃的折射率分别为 1.333 和 1.517。测得图中水面的反射光是完全偏振光，欲使在玻璃板面的反射光也是完全偏振光，α 角应该等于多少？

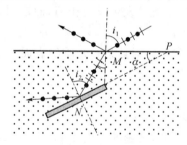

习题 13-34 图

13-35 在通常的环境中，人眼的瞳孔直径为 3 mm。设人眼最敏感的光波长为 $\lambda = 550$ nm，人眼最小分辨角为多大？如果窗纱上两根细丝之间的距离为 2.0 mm，人在声远处恰能分辨？

13-36 用两偏振片平行放置作为起偏器和检偏器。在它们的偏振化方向成 30° 时，观察一光源，又在成 60° 时，观测同一位置处的另一光源，两次所得的强度相等。求两光源照到起偏器上的光强之比。

13-37 波长为 600 nm 的单色光垂直入射在一光栅上，第 3 级明纹出现在 $\sin\theta = 0.30$ 处，第 4 级缺级，试求：

(1) 光栅上相邻两缝的间距为多少？

(2) 光栅上狭缝的最小宽度为多少？

(3) 按以上算得的 a、b 值，可求得屏上实际呈现的全部级次是多少？

第 14 章　量子物理基础

随着生产和实验技术的发展,到 20 世纪初,人们从大量精确的实验中发现了许多新现象,这些新现象用经典物理理论是无法解释的,其中主要有热辐射、光电效应和原子的线光谱。为了解释这些新现象,人们突破经典物理概念,建立起一些新概念,如微观粒子的能量量子化的概念、光及微观粒子都具有波和粒子二象性的概念等。以这些新概念为基础,建立了描述微观粒子运动规律的理论——量子物理。从此,人们对微观粒子的运动规律的认识进入了一个全新的阶段。如今,量子物理已成为近代物理,包括原子分子物理、核物理、粒子物理以及凝聚态物理的基础,在化学、生物、信息、激光、能源和新材料等方面的科学研究和技术开发中,发挥着越来越重要的作用。

本章将介绍热辐射、光电效应和康普顿散射、氢原子光谱、微观粒子波粒二象性、一维定态薛定谔方程和元素周期表。

14.1　光的量子性

1. 黑体辐射

（1）热辐射的基本概念

当加热铁块时,开始看不出它发光。随着温度的不断升高,铁块变得暗红、赤红、橙色而最后成为黄白色。其他物体加热时发的光的颜色也有类似的随温度而改变的现象。这似乎说明在不同温度下物体能发出频率不同的电磁波。事实上,在任何温度下,物体都向外发射各种频率的电磁波。只是在不同的温度下所发出的各种电磁波的能量按频率有不同分布。当一个带电粒子相对于观察者静止或匀速直线运动时,将建立稳定的电磁场,而当电荷加速运动时,将向周围辐射电磁波。一切物体,无论是固体还是液体,其内部的分子和原子都在不停地、无规则地运动着(这种运动称为热运动),所以也都不断地以电磁波的形式向外辐射能量。这种由于物体中的分子、原子受到热激发而发射电磁辐射的现象,称为热辐射。热辐射最明显的特征是与温度有关。温度越高,辐射的总功率就越大,随着温度的增加,辐射强度的分布由长波向短波方向移动。在常温下,物体热辐射的能量主要分布在红外波长范围内,人的眼睛无法观察到,只能通过仪器测量。在较高温度下,热辐射能量的分布从红外波长区间逐渐移向可见光区,才被人们所看到。

同时,任何物体在任何温度下都要接受外界射来的电磁波,除一部分反射回外界外,其余部分都被物体所吸收。这就是说,物体在任何时候都存在着发射和吸收电磁辐射的过程。如果物体辐射出去的能量恰好等于在同一时间内所吸收的能量,则称辐射过程达到了平衡,这种热辐射称为平衡热辐射或平衡辐射,此时物体具有确定的温度。以下讨论的就是这种平衡热辐射,平衡辐射状态下,物体的热辐射、吸收以及反射的规律可以通过下列物理量和定律进行定量的描述。

① 辐射出射度

在单位时间内从物体表面单位面积上所辐射出来的各种波长电磁波能量的总和,称为该物体的辐射出射度(辐射本领),简称**辐出度**。它是辐射物体的热力学温度或绝对温度 T 的函数,用 $M(T)$ 表示。故在单位时间从物体表面单位面积上所辐射出来的、波长在 $\lambda \sim \lambda + d\lambda$ 范围内的电磁波能量为 $dM(T)$,把

$$M_\lambda(T) = \frac{dM(T)}{d\lambda} \tag{14-1}$$

称为该物体的**单色辐射出射度**,简称**单色辐出度**(光谱辐射本领),它是辐射物体的热力学温度 T 和辐射波长 λ 的函数。显然,辐出度就是单色辐出度对各种波长的求和,即

$$M(T) = \int dM(T) = \int_0^\infty M_\lambda(T) d\lambda \tag{14-2}$$

② 单色吸收比与单色反射比

当有外界的辐射入射到物体上时,被物体吸收的能量与入射能量的比值称为**吸收比**,被物体反射的能量与入射能量的比值称为**反射比**。吸收比和反射比都与温度 T 和波长 λ 有关。单位波长范围内的吸收比和反射比分别称为该物体的单色吸收比和单色反射比,分别用 $\alpha(\lambda, T)$ 和 $\rho(\lambda, T)$ 表示。显然,对于不透明的物体,应该有

$$\alpha(\lambda, T) + \rho(\lambda, T) = 1 \tag{14-3}$$

③ 基尔霍夫定律和黑体

实验表明,物体发出或吸收辐射的能力不仅与温度有关,还与材料及表面状况有关。1859 年,基尔霍夫利用热力学理论得到:对每一个物体来说,单色辐出度与吸收比的比值是一个与物体性质无关而只与温度和辐射波长有关的普适函数,即对于处于热平衡状态的任意种类和个数的物体,有

$$\frac{M_{1\lambda}(T)}{\alpha_1(\lambda, T)} = \frac{M_{2\lambda}(T)}{\alpha_2(\lambda, T)} = \cdots = M_0(\lambda, T) \tag{14-4}$$

这就是**基尔霍夫辐射定律**。

该定律表明:凡是辐射本领大的物体,其吸收辐射的能力也强。如果一个物体能够百分之百地吸收外界辐射到其上的能量而不反射,即 $\alpha(\lambda, T) = 1$,这个物体称为**绝对黑体**,简称**黑体**。黑体是完全的吸收体,也是最理想的辐射体。它的光谱辐射出射度是各种材料中最大的,而且只与频率和温度有关。因此研究黑体辐射的规律具有更基本的意义。

（2）黑体辐射的规律

自然界中并不存在真正意义上的黑体,煤烟是很黑的,但也只能吸收 99％ 的入射光能,还不是理想黑体。实验室获得黑体可以采用在腔壁上开一个小洞的空腔(可由任意材料制成),如图 14-1 所示。当电磁波通过小洞射入空腔之后,在空腔内多次反射和吸收,不断损失能量,极少有可能再从小洞射出,这意味着射入空腔小孔的各种波长的入射电磁波能量几乎全部被吸收,吸收比近似为 1。因此,空腔小洞可以看作绝对黑体的模型,而空腔中的电磁辐射常称为**黑体辐射**。应注意,在常温下所有物体的辐射都很弱,由于黑色物体或空腔小洞的反射极少,故看起来它们很暗;然而在高温下,由于黑体的辐射最强,所以看起来它们最明亮。

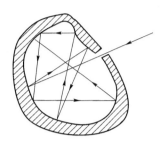

图 14-1 黑体模型

黑体是完全的吸收体,也是理想的发射体,同时其辐射本领只取决于黑体的温度而与组成黑体的物质无关,所以将它作为研究热辐射的理想模型。若用 $M_{0\lambda}(T)$ 表示黑体的单色辐出度,因为其吸收比为 $\alpha_0(\lambda, T) = 1$,因此根据基尔霍夫定律有

$$M_{0\lambda}(T) = M_0(\lambda, T) \tag{14-5}$$

加热这个空腔到不同温度,就成了不同温度下的黑体。用分光技术测出由它发出的电磁波的能量按频率的分布,即可研究黑体辐射的规律。

19 世纪末,在德国钢铁工业大发展的背景下,许多德国的实验和理论物理学家都很关注黑体辐射的研究。有人用精巧的实验测出了黑体的 $M_\lambda(T)$ 和 λ 的关系曲线,有人试图从理论上给以解释。图 14-2 给出在一定温度下,黑体的单色辐出度按波长分布的能谱实验曲线。在一般温度下(800 K 以下),大多数物体所发出的热辐射处于电磁波谱的红外区。随着物体温度的升高,物体辐射能的分布逐渐向高频方向移动。按照辐出度的定义,黑体的辐出度 $M(T)$ 表示为每一条曲线下的总面积。由此可得出黑体辐射的两条实验规律。

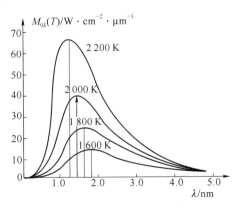

图 14-2 黑体辐射的实验曲线

① 黑体的辐射出射度与黑体温度的四次方成正比，即

$$M_0(T) = \int_0^\infty M_\lambda \, \mathrm{d}\lambda = \sigma T^4 \qquad (14\text{-}6)$$

式中，$\sigma = 5.670\,51 \times 10^{-8}$ W/(m² · K⁴) 称为斯特藩常数。1884 年，玻耳兹曼从理论上证明了这一结论。通常把上式称为**斯特藩-玻耳兹曼定律**。它说明对于黑体，温度越高，辐出度 $M_0(T)$ 越大且随着 T 的增高而迅速增大。

② 黑体辐射的能谱曲线峰值所对应的波长 λ_m 与黑体温度 T 之间满足

$$\lambda_m T = b \qquad (14\text{-}7)$$

式中，$b = 2.897\,756 \times 10^{-3}$ m · K 称为维恩常数。上式称为**维恩位移定律**。这说明，当温度升高时，单色辐出度的峰值频率 ν_m 向高频方向"移动"，其峰值波长向短波方向传播。

斯特藩-玻耳兹曼定律和维恩位移定律反映了黑体辐射的基本规律，它们在现代科学技术中具有广泛的应用。例如，从太阳光谱测出太阳的 $\lambda_m = 480$ nm，由式（14-7）即可计算出太阳表面温度约为 6 000 K；又如由地面温度 $T = 300$ K 可计算出地面辐射的峰值波长在红外波段，这样地球卫星可利用红外遥感技术对地球进行资源、地质考察；另外关于宇宙起源的大爆炸理论曾预言宇宙中残留温度为 2.7 K 的背景辐射，1964 年人们发现了这种背景辐射，1990 年，美国 COBE 星对宇宙背景辐射进行了精密观测，证实了其能谱分布与 $T = (2.735 \pm 0.06)$K 的黑体辐射谱完全吻合。现代的高温测量、遥感技术、红外跟踪等实用技术正是以热辐射理论为基础而得到了快速发展。

2. 光电效应与康普顿效应

（1）光电效应

当光照射到金属表面上时，电子会从表面逸出，这种现象称为**光电效应**。光电效应是由赫兹于 1887 年首先发现的。

图 14-3 为研究光电效应的实验装置图，一个抽成真空的容器，当光通过石英窗口照射阴极 K 时，就有电子从阴极表面逸出。逸出的电子称为**光电子**。在 AK 两端加上电势差，光电子在电场加速下向阳极 A 运动，就形成光电流，光电流的强弱由电流计读出，实验结果总结如下。

① 饱和光电流

入射光频率一定且光强一定时，光电流 I 和 AK 两极之间的电势差关系如图 14-4 中的曲线所示，表明光电流 I 随电势差 U 增加而增加，当 U 增加到一定值时，光电流不再增加，而达到一

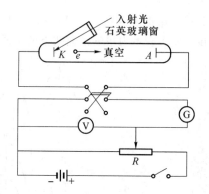

图 14-3 光电效应实验装置图

饱和值 I_S，意味着从阴极 K 发射出的电子全部飞到阳极 A 上。在相同的加速电势差下，如果增加光的强度，光电流及相应的 I_S 也增大，说明从阴极 K 逸出的电子数增加了，即

单位时间内从阴极逸出的光电子数与入射光的强度成正比。

② 遏止电势差

当加速电势差减小时,光电流也随之减小,但加速电势差为零时,光电流并不为零,表明从阴极 K 逸出的电子具有初动能。当加反向电势差并到达某一数值时,光电流才等于零。这一电势差的绝对值 U_a 称为**遏止电势差**。遏止电势差的存在说明这时从阴极逸出的具有最大速度 v_{max} 的电子也不能到达阳极 A,即光电子的初动能具有一定的限度,与遏止电势差的关系为

$$\frac{1}{2}mv_{max}^2 = eU_a \tag{14-8}$$

式中,m、e 分别是电子的质量和电量。由此得到结论:光电子从金属表面逸出时具有一定的动能,最大初动能等于电子的电量和遏止电势差的乘积,与入射光的强度无关。

③ 红限频率

实验指出,遏止电势差与入射光的频率之间具有线性关系(如图 14-5 所示),即

$$U_a = K\nu - U_0 \tag{14-9}$$

式中,K、U_0 均为正数,K 是与金属材料无关的普适常量,U_0 对同一金属是一个常量,不同金属的 U_0 不同。将式(14-8)代入式(14-9),得

$$\frac{1}{2}mv_{max}^2 = eK\nu - eU_0 \tag{14-10}$$

式(14-10)表明光电子从金属表面逸出时的最大初动能随入射光的频率 ν 线性地增加。因为逸出电子的最大初动能 $\frac{1}{2}mv_{max}^2$ 必须是非负数,所以入射光的频率 ν 必须满足 $\nu \geqslant \dfrac{U_0}{K}$ 的条件,即当 $\nu > \nu_0 = \dfrac{U_0}{K}$ 时,才有光电子逸出。ν_0 就称为光电效应的**红限频率**,不同金属具有不同的红限频率。当入射光的频率小于 ν_0 时,不管入射光的强度多大,都不会产生光电效应。表 14-1 列出了几种金属的红限频率和逸出功(电子克服引力作用逸出金属表面所需的功)。

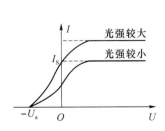

图 14-4　光电效应的伏安特性曲线

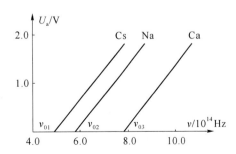

图 14-5　遏止电势差与频率的关系

表 14-1　几种金属的红限频率和逸出功

金属	钨	钙	钠	钾	铷	铯
红限频率 $\nu_0/10^{14}$ Hz	10.95	7.73	5.53	5.44	5.15	4.69
逸出功 W/eV	4.54	3.20	2.29	2.25	2.13	1.94

④ 光电效应的瞬时性

实验发现,无论光的强度如何,从入射光照射至金属表面到光电子的逸出,几乎是同时发生的,延迟时间不超过 10^{-9} s。

光电效应的实验事实是波动光学无法解释的。按照光的波动说,光照射金属,金属中的电子从入射光中吸收能量,从而逸出表面。逸出时的动能应决定于光的强度,无论入射光的频率多么低,只要光照时间足够长,电子就能从入射光中获得足够的能量而脱离金属表面,即光电效应只与入射光的强度、光照时间有关,而与入射光频率无关。根据波动光学,金属中电子从入射光中吸收能量,必须积累到一定值,才能逸出金属表面,显然入射光越弱,能量积累的时间就越长,即从开始照射到电子逸出的时间就越长。但实验并非如此,只要入射光频率大于红限频率,不论光强多么弱,光电子几乎是立刻逸出的。

1905 年,爱因斯坦在普朗克能量子假设的启发下,提出了光子理论,成功地解释了光电效应。光子理论认为:光在空间传播时,也具有粒子性。一束光是一束以光速 c 运动的粒子流,这些粒子称为**光量子**,简称为**光子**,每一个光子的能量就是 $\varepsilon = h\nu$,不同频率的光子具有不同的能量。

按照光子理论,用频率为 ν 的单色光照射金属时,金属中一个自由电子从入射光中吸收一个光子后就获得 $h\nu$ 的能量,若 $h\nu$ 大于电子逸出金属表面所需的逸出功 W,这个电子就能从金属表面逸出,剩余的那部分能量就成为电子离开金属表面后的最大初动能。根据能量守恒定律,得到

$$h\nu = \frac{1}{2}mv_{\max}^2 + W \qquad (14\text{-}11)$$

式(14-11)称为**爱因斯坦光电效应方程**。该方程表明,光电子的初动能与入射光频率之间成正比关系,入射光强度增加时,照射到阴极的光子数越多,逸出的电子数也越多,饱和光电流也随之增大。若假定 $\frac{1}{2}mv_{\max}^2$ 等于零,那么 $\nu_0 = \dfrac{W}{h}$,表明频率为 ν_0 的光子具有发射光电子的最小能量,同时也给出了红限频率和逸出功的关系。若 $h\nu < W$,则电子从光子处吸收的能量不足以克服逸出功而脱离金属表面,就不能产生光电效应。此外,由于电子对光子的能量是一次吸收,几乎不需要积累能量的时间,因此光电效应的延迟时间非常短。

光电效应中的光电流与入射光强成正比,因此可以利用它实现光信号与电信号的相互转换,用于电影、电视及其他现代通信技术。光电效应的瞬时性在自动控制、自动计数等方面也有极为广泛的用途。

人们通过光的干涉、衍射现象已认识到光是一种波动,进入 20 世纪,又认识到光是粒子流,可见,光既具有波动性,又具有粒子性,即光具有**波粒二象性**。当光在空间传播时,波动性较为明显,当光与物质相互作用时,则更多地显示出其粒子性。

一个光子的能量为

$$\varepsilon = h\nu \tag{14-12}$$

根据相对论的质能关系式 $E = mc^2$,其质量为

$$m = \frac{h\nu}{c^2} = \frac{h}{c\lambda} \tag{14-13}$$

由相对论质速关系式

$$m = \frac{m_0}{\sqrt{1 - \dfrac{v^2}{c^2}}}$$

光子是以光速运动的,但 m 是有限的,所以只能 $m_0 = 0$,即光子是静质量为零的一种粒子。根据相对论能量和动量的关系式 $E^2 = p^2c^2 + m_0^2c^4$,光子的动量为

$$p = \frac{\varepsilon}{c} = \frac{h\nu}{c} \text{ 或 } p = \frac{h}{\lambda} \tag{14-14}$$

在描述光的性质的基本关系式中,p、ε 描述了光的粒子性,ν、λ 则描述了光的波动性,这两种性质是通过普朗克常量 h 联系在一起的。

(2) 康普顿效应

康普顿效应也是光子与电子发生作用的一种形式。1922 年,美国著名物理学家康普顿在研究 X 射线通过金属、石墨等物质的散射现象时,发现在散射 X 射线中,除有与入射波长相同的射线外,还有波长比入射波长更长的射线,这种现象称为**康普顿效应**。

图 14-6 是康普顿效应实验装置的示意图,由射线管 R 发出波长为 λ_0 的单色 X 射线,通过光阑系统 B_1、B_2 后成为一束很窄的 X 射线,并被投射到散射物质 A(如金属、石墨等)上,用摄谱仪 D 探测不同方向(散射角 φ 不同)的散射 X 射线的强度 I。

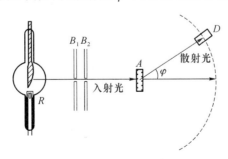

图 14-6　康普顿效应实验装置示意图

康普顿采用上述实验装置得到如图 14-7 所示的结果。在 $\varphi = 0$ 的方向上,散射 X 射线的波长与入射 X 射线的波长 λ_0 相同,没有其他波长的 X 射线。而在 $\varphi \neq 0$ 的方向上,

散射 X 射线中含有两种波长的 X 射线，一种散射 X 射线的波长仍然与入射 X 射线的波长 λ_0 相同，另一种散射 X 射线的波长 $\lambda > \lambda_0$。并且当散射角 φ 增大时，λ 也变大，波长的增量 $\lambda - \lambda_0$ 与散射物质无关。康普顿发现 $\lambda - \lambda_0$ 与散射角 φ 之间符合如下关系：

$$\lambda - \lambda_0 = 2\lambda_C \sin^2 \frac{\varphi}{2} \tag{14-15}$$

式中，$\lambda_C = 2.426 \times 10^{-12}$ m 称为**康普顿波长**。

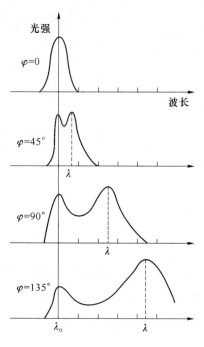

图 14-7　康普顿效应实验结果

按照经典的电磁理论，当频率为 ν_0 的单色电磁波作用在散射物体的自由电子上时，带电粒子将以入射电磁波相同的频率做电磁振动，单色电磁波将使自由电子做同频率 ν_0 的受迫振动，并向各方向辐射出同一频率 ν_0 的电磁辐射。然而，在康普顿 X 射线的散射实验中却出现了散射光的波长变长的现象，这表明经典理论不能解释康普顿效应。

1922 年，康普顿用光子理论解释了康普顿效应，他认为康普顿效应是 X 射线光子与电子碰撞的结果。在碰撞过程中自由电子得到光子的部分能量而成为反冲电子，散射光子由于能量减少，频率降低，波长变长。此外，如果光子与原子中的束缚电子发生碰撞，这时可以认为是光子与整个原子发生了碰撞。由于原子的质量远远大于光子的质量，因此在碰撞过程中光子的能量几乎没有损失，散射光的频率和波长不变。如果散射物的原子序数较大，原子中就有更多的电子受到原子核的束缚，导致波长为 λ_0 的散射光强度增强，而波长为 λ 的散射光强度相应地减弱。

下面来定量分析光子和自由电子的碰撞。由于自由电子的速度远远小于光子的速度，因此可认为在碰撞前是静止的。如图 14-8 所示，设碰撞前光子沿 x 轴正方向运动，其能量为 $h\nu_0$、动量为 $\dfrac{h\nu_0}{c}$，电子的能量为 $m_0 c^2$、动量为 0；碰撞以后光子沿着与 x 轴正方向成 φ 角的方向运动，其能量为 $h\nu$、动量为 $\dfrac{h\nu}{c}$，电子沿着与 x 轴正方向成 θ 角的方向运动，其能量为 mc^2、动量为 mv^2。由能量守恒定律得

$$h\nu_0 + m_0 c^2 = h\nu + mc^2 \tag{14-16}$$

由动量守恒定律得碰撞系统分别在 x 方向和 y 方向的动量守恒方程为

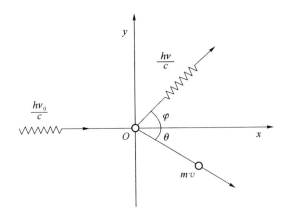

图 14-8　光子和自由电子的碰撞

$$\frac{h\nu_0}{c}=\frac{h\nu}{c}\cos\varphi+mv\cos\theta \qquad (14\text{-}17)$$

$$0=\frac{h\nu}{c}\sin\varphi-mv\sin\theta \qquad (14\text{-}18)$$

将式(14-17)和式(14-18)分别移项得

$$\frac{h\nu_0}{c}-\frac{h\nu}{c}\cos\varphi=mv\cos\theta$$

$$\frac{h\nu}{c}\sin\varphi=mv\sin\theta$$

将以上两式分别平方后再相加,得

$$m^2v^2c^2=h^2\nu^2+h^2\nu_0^2-2h^2\nu\nu_0\cos\varphi \qquad (14\text{-}19)$$

将式(14-16)改写为

$$mc^2=h(\nu_0-\nu)+m_0c^2$$

上式两边平方得

$$m^2c^4=h^2\nu_0^2+h^2\nu^2-2h^2\nu_0\nu+m_0^2c^4+2hm_0c^2(\nu_0-\nu) \qquad (14\text{-}20)$$

由式(14-20)减去式(14-19)得

$$m^2c^4\left(1-\frac{v^2}{c^2}\right)=m_0^2c^4-2h^2\nu\nu_0(1-\cos\varphi)+2hm_0c^2(\nu_0-\nu) \qquad (14\text{-}21)$$

由狭义相对论的质速关系式 $m=\dfrac{m_0}{\sqrt{1-v^2/c^2}}$ 得

$$m\left(1-\frac{v^2}{c^2}\right)=m_0$$

将上式代入式(14-21)中,整理后得

$$m_0c^2(\nu_0-\nu)=h\nu\nu_0(1-\cos\varphi)$$

上式两边除以 $m_0c\nu\nu_0$ 得

$$\frac{c}{\nu} - \frac{c}{\nu_0} = \frac{h}{m_0 c}(1 - \cos \varphi)$$

其中 $\frac{c}{\nu} = \lambda$，$\frac{c}{\nu_0} = \lambda_0$，$1 - \cos \varphi = 2\sin^2 \frac{\varphi}{2}$，即得波长的改变量为

$$\Delta\lambda = \lambda - \lambda_0 = \frac{2h}{m_0 c}\sin^2 \frac{\varphi}{2} \tag{14-22}$$

将式(14-22)与式(14-15)比较可以看出，康普顿波长为

$$\lambda_C = \frac{h}{m_0 c} \tag{14-23}$$

将 h、m_0、c 代入式(14-23)，计算结果为 $\lambda_C = 2.426 \times 10^{-12}$ m，与实验值完全符合。

在式(14-22)中，当 $\varphi = 0$ 时，光子与电子没有发生碰撞，因此波长不变。而当 $\varphi \neq 0$ 时，光子与电子发生了碰撞，因此 $\lambda > \lambda_0$，当 φ 增大时，$\lambda - \lambda_0$ 也随之增大。应注意，散射光的波长改变量 $\Delta\lambda$ 的数量级为 10^{-12} m。对于波长较长的光波(如可见光波)来说，康普顿效应是难以观察到的，只有波长较短的光波(如 X、γ 射线等)才能观察到康普顿效应。

康普顿效应的理论分析和实验结果的高度一致性不仅有力地证实了光子学说的正确性，同时也证实了在微观粒子的相互作用过程中，同样严格地遵守着能量守恒定律和动量守恒定律。

由于经典物理观念根深蒂固，康普顿效应一经提出，就遭到很多人的怀疑和非难。他们认为这个实验证据不充分，期望提出新的实验结果向康普顿的结论挑战。为了取得更全面的实验证据，康普顿所在的芝加哥大学物理实验室开展了深入的研究，其中来自中国的研究生吴有训工作最有成效。他以高超的实验技术为康普顿效应的确认作出了重大贡献。

14.2 原子结构与玻尔的氢原子理论

1. 氢原子的光谱及其实验规律

人们在很早就知道每个原子都有它自己的特征光谱。气体放电中的原子发射光谱表现为一系列的分立谱线，因此对原子光谱的研究是探索原子内部结构的一条重要途径。

图 14-9 是氢原子光谱中可见光部分的实验结果。图中 $H_\alpha, H_\beta, H_\gamma, \cdots$ 谱线的波长经光谱学测定已在图中标明。1885 年瑞士物理学家巴耳末首先发现这一谱系的波长可用一个简单的经验公式表达出来，即

$$\lambda = B\frac{n^2}{n^2 - 4} \text{ nm} \qquad n = 3, 4, \cdots \tag{14-24}$$

式(14-24)称为巴耳末公式。式中 B 是常量，其量值为 365.46 nm。

当 $n = 3, 4, 5, \cdots$ 时，分别给出氢光谱中 $H_\alpha, H_\beta, H_\gamma, \cdots$ 谱线的波长。式(14-23)也可用波数(波长的倒数) $\frac{1}{\lambda}$ 来表述，即

$$\frac{1}{\lambda}=\frac{4}{B}\left(\frac{1}{2^2}-\frac{1}{n^2}\right)\quad n=3,4,\cdots\qquad(14\text{-}25)$$

H_α ———————— 656.28 nm

1890 年,瑞典物理学家里德伯提出了一个普遍的方程,得出氢原子光谱的其他谱系,这个方程是

$$\frac{1}{\lambda}=R\left(\frac{1}{m^2}-\frac{1}{n^2}\right)\quad m=1,2,3,\cdots\quad n=m+1,m+2,\cdots$$
$$(14\text{-}26)$$

H_β ———————— 486.13 nm

其中 $R=\dfrac{4}{B}=1.096\,776\times10^7\ \mathrm{m}^{-1}$,称为里德伯常数。氢

原子光谱各谱系的名称分别为:

H_γ ————

H_δ ————

莱曼系(紫外区)　　$\dfrac{1}{\lambda}=R\left(\dfrac{1}{1^2}-\dfrac{1}{n^2}\right)\quad n=2,3,4,\cdots$

巴耳末系(可见区)　$\dfrac{1}{\lambda}=R\left(\dfrac{1}{2^2}-\dfrac{1}{n^2}\right)\quad n=3,4,5,\cdots$

帕邢系(红外区)　　$\dfrac{1}{\lambda}=R\left(\dfrac{1}{3^2}-\dfrac{1}{n^2}\right)\quad n=4,5,6,\cdots$

布拉开系(红外区)　$\dfrac{1}{\lambda}=R\left(\dfrac{1}{4^2}-\dfrac{1}{n^2}\right)\quad n=5,6,7,\cdots$

H_∞ ————————— 364.56 nm

普丰德系(红外区)　$\dfrac{1}{\lambda}=R\left(\dfrac{1}{5^2}-\dfrac{1}{n^2}\right)\quad n=6,7,8,\cdots$

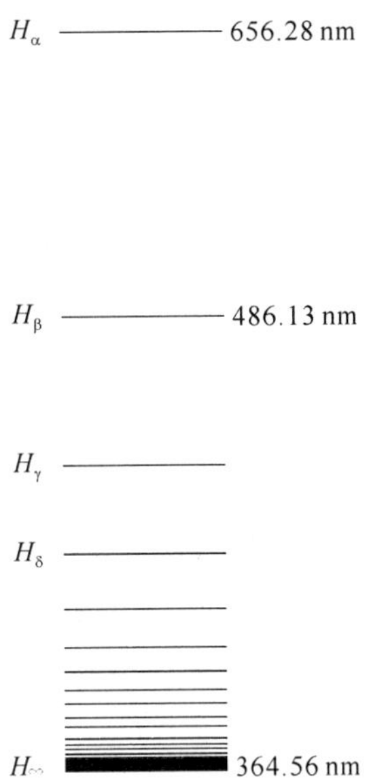

图 14-9　氢原子光谱的巴耳末系

如果令 $T(m)=\dfrac{R}{m^2}$,$T(n)=\dfrac{R}{n^2}$,那么式(14-26)可写为

$$\frac{1}{\lambda}=T(m)-T(n)$$

式中,$T(m)$ 称为光谱项,以后发现碱金属等其他原子光谱的波数也可以用两个光谱项之差来表示,只是光谱项较复杂一些而已。

以上事实说明氢原子发射的光谱是分立的线光谱,氢原子是稳定的。

2. 玻尔的氢原子理论

1913 年,丹麦物理学家玻尔在卢瑟福的原子模型和原子光谱实验规律的基础上,把普朗克的能量子概念引用到原子系统,对原子结构问题提出了新的假设。玻尔的基本假设可归纳如下。

① 稳定态假设:氢原子中的电子在原子核库仑场的作用下绕核做圆周运动,电子只能处在一些离散的轨道上,整个原子体系只能处在一些不连续的能量状态,在这些状态中,电子虽做加速运动,但不产生电磁辐射,这样的状态称为原子的稳定状态,简称**定态**。每一个定态都对应一个确定的能量值,此称定态条件。

② **跃迁假设**:原子从一个定态(E_k)跃迁到另一个定态(E_n)时,会以电磁波的形式发射或吸收能量 $h\nu$,其值由下式决定:

$$h\nu = E_n - E_k$$

所以

$$\nu = \frac{E_n - E_k}{h} \tag{14-27}$$

此称频率条件。$E_n > E_k$ 时，原子吸收辐射；当 $E_n < E_k$ 时，原子发出辐射。

③ 轨道角动量量子化假设：只有电子绕原子核做圆周运动的轨道角动量 L 等于 $\hbar = \frac{h}{2\pi}$ 的整数倍的状态，才是可能取的定态。即

$$L = n\frac{h}{2\pi} = n\hbar \tag{14-28}$$

式中，n 为量子数，是不为零的正整数。上式称为轨道角动量量子化条件。

玻尔在自己提出的三条假设的基础上，利用牛顿定律和库仑定律计算了氢原子处于定态时的轨道半径和能量，成功地解释了氢原子的光谱规律。

（1）氢原子的轨道半径

因为原子核的质量远大于电子的质量，所以我们可以认为氢原子中电子绕原子核做圆周运动，而核静止不动。设电子的质量为 m，电子做圆周运动的线速度为 v，可能的定态轨道半径为 r，电子受核的库仑引力充当向心力，则

$$\frac{e^2}{4\pi\varepsilon_0 r^2} = m\frac{v^2}{r}$$

根据玻尔第三条假设

$$L = mvr = n\frac{h}{2\pi}$$

由以上两式消去 v，并用 r_n 代替 r 表示具有一定 n 值时（第 n 个稳定轨道）的轨道半径。则

$$r_n = n^2\left(\frac{\varepsilon_0 h^2}{\pi m e^2}\right) \tag{14-29}$$

式中，$n = 1, 2, 3, \cdots$，当 $n = 1$ 时，得氢原子中电子绕核运动的最小轨道半径，称为玻尔半径，常用 a_0 表示。

$$a_0 = \frac{\varepsilon_0 h^2}{\pi m e^2} = 0.529 \times 10^{-10} \text{ m}$$

于是，式（14-29）又可写成

$$r_n = n^2 a_0 \tag{14-30}$$

由上式可知，氢原子中第 n 个定态的轨道半径 r_n 与量子数 n 的平方成正比。由于 n 只能取大于零的正整数，所以 r_n 也只能取一些不连续的离散值。$n = 1$ 的定态称为基态，$n = 2, 3, 4, \cdots$ 各态均称为激发态。氢原子处于各定态时电子轨道如图 14-10 所示。这种物理量只能取某些不连续离散值的现象，叫作量子化。下面我们会看到，其他一些物理量

（能量、角动量等）的取值也是量子化的。这正是微观体系区别于宏观体系的显著标志之一。

（2）氢原子的能级

氢原子的总能量应等于电子绕核运动的动能和原子核与电子这一带电系统的静电势能之和，若以电子在无穷远处为电势能的零点，则当电子在半径 r_n 的轨道上运动时，氢原子的能量为

$$E_n = \frac{1}{2}mv_n^2 - \frac{e^2}{4\pi\varepsilon_0 r_n}$$

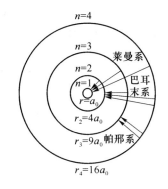

图 14-10　氢原子处于各定态时的电子轨道

由

$$m\frac{v_n^2}{r_n} = \frac{e^2}{4\pi\varepsilon_0 r_n^2}$$

得

$$\frac{1}{2}mv_n^2 = \frac{e^2}{8\pi\varepsilon_0 r_n}$$

将此式及式（14-30）代入上式，可得

$$E_n = -\frac{1}{n^2}\left(\frac{me^4}{8\varepsilon_0^2 h^2}\right) \quad n = 1,2,3\cdots \tag{14-31}$$

这就是氢原子处在第 n 定态的总能量。E_n 为负值是由于规定电子在无穷远处势能为零的必然结果，负能量表示电子被束缚在原子核周围。

式（14-31）表明，E_n 与 n^2 成反比。由于电子轨道角动量不能连续变化，氢原子的能量也只能取一系列的离散值，这称为能量量子化，这种量子化的能量值称为能级。式（14-31）就是氢原子的能级公式。

当 $n=1$ 时，氢原子的能量最低，称为基态能量。由式（14-31），得

$$E_1 = -\frac{me^4}{8\varepsilon_0^2 h^2} = -2.17\times10^{-18}\ \text{J} = -13.6\ \text{eV}$$

原子处于基态时，能量最低，原子最稳定，随量子数 n 增大，能量 E_n 也增大，能级间能量间隔减小。$E>0$ 时，原子处于电离状态，这时能量可连续变化。图 14-11 是氢原子的能级图。所以，式（14-31）也可写成

$$E_n = \frac{E_1}{n^2} \tag{14-32}$$

$n>1$ 的态称为激发态，激发态的能量比基态大。当 $n\to\infty$ 时，$E_\infty\to0$，表明电子已经脱离原子核的束缚，而成为自由电子，即被电离，称为电离态。可见，要将氢原子中处于基态（$E_1=-13.6\ \text{eV}$）的电子激发到电离态（$E_\infty\to0$），需要的能量为 $0-(-13.6\ \text{eV})=13.6\ \text{eV}$，

这就是电离能。相反，一个自由电子与原子核结合成为一个基态氢原子，至少要释放出 13.6 eV 的能量，此称为氢原子的结合能。

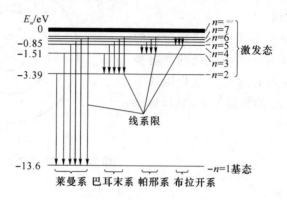

图 14-11　氢原子的能级图

（3）氢原子光谱规律的解释

根据玻尔理论，氢原子光谱的产生是由于不同能级间跃迁的结果。由玻尔的第二条假设，原子中电子由较高能级 E_n 跃迁到较低能级 E_k 时，所发射出单色光的频率为

$$\nu = \frac{E_n - E_k}{h}$$

其波数为

$$\tilde{\nu} = \frac{E_n - E_k}{hc}$$

将式（14-31）代入上式，得

$$\tilde{\nu} = \frac{me^4}{8\varepsilon_0^2 h^3 c}\left(\frac{1}{k^2} - \frac{1}{n^2}\right) \tag{14-33}$$

只要令

$$R = \frac{me^4}{8\varepsilon_0^2 h^3 c}$$

则上式可变为

$$\tilde{\nu} = R\left(\frac{1}{k^2} - \frac{1}{n^2}\right)$$

这正是里德伯提出的描述氢原子光谱规律的公式（14-26）。将已知数据代入，可得里德伯常数

$$R = -1.097\,373 \times 10^7 \ \mathrm{m}^{-1}$$

这个理论值与 R 的实验值完全相符。

按照玻尔的理论，原子在正常状态下处于最稳定的基态。当受到外界激发（如辐射照射、高能粒子碰撞等）时，将吸收一定的能量从基态跃迁到较高能量的激发态。由于原子处在激发态是不稳定的,它将自发地跃迁到基态或较低能量的激发态,同时发射出一个单色光子。原子从不同的初态跃迁到同一末态时,所发射出的光谱线属于同一谱线系。巴耳末系是氢原子中的核外电子从 $n>2$ 的能态跃迁到 $n=2$ 的能态时所发射出的谱线;帕邢系是氢原子中电子从 $n>3$ 的能态跃迁到 $n=3$ 的能态时所发射出的谱线;图 14-11 是氢原子光谱中的不同线系的跃迁过程,表示氢原子能级的变换与线光谱之间的对应关系。

玻尔不仅用自己的理论成功地对巴耳末系和帕邢系进行了计算,他还预言,氢原子中电子从不同的高能级跃迁到与量子数 $k=1,4,5$ 所相应的能级时,还存在一些新的谱线系。这一预言被莱曼(1916 年)、布拉开(1922 年)、普丰德(1924 年)的实验所证实。

应该说明,在某一时刻,一个处于激发态的氢原子只能发射出具有确定频率的一个光子。处在不同激发态的氢原子才能发射出不同频率的光子。通常大量氢原子总是处在不同的激发态,因此,能同时观测到不同的谱线。

3. 玻尔理论的缺陷

我们看到,玻尔理论圆满地解释了氢原子光谱的规律性,从理论上算出了里德伯常量,并能对只有一个价电子的原子或离子,即类氢离子光谱给予说明。玻尔提出的能级概念即原子能量是量子化的,不久被弗兰克-赫兹实验所证实。

但是,玻尔理论也有一些缺陷,例如,玻尔理论只能说明氢原子及类氢原子的光谱规律,不能解释多电子原子的光谱。对谱线的强度、宽度、偏振等一系列问题也无法处理。此外,玻尔的理论还存在逻辑上的缺点,他一方面把微观粒子(电子、原子等)看作是遵守经典力学规律的质点;另一方面又赋予它们量子化的特征(角动量的量子化、能量量子化),这使得微观粒子非常不协调。因此,玻尔理论是经典理论加上量子条件的混合物。正如当时布拉格对这种理论评论时所说:"好像应当在星期一、三、五引用经典规律,而在星期二、四、六引用量子规律。"这一切都反映出玻尔理论的局限性。

后来,在微观粒子具有波粒二象性的基础上建立起来的量子力学以正确的概念和理论完满地解决了玻尔理论的缺陷,成为一个完整地描述微观粒子运动规律的力学体系。

14.3　微粒的波粒二象性

1. 德布罗意关系

物理学家十分看重自然界的和谐和对称,运用对称性思想研究新问题,发现新规律,以至于在科学上取得突破性成就,这在物理学史上屡见不鲜。例如,知道了变化的磁场能产生电场,法拉第等就根据对称性原则,推测变化的电场也应能产生磁场,这一设想随后在实践中得到确认,从而使电磁学理论发展到一个崭新的阶段,为人类进入电气化时代奠定了基础。

既然光具有波粒二象性，人们自然会思考，运动的实物粒子是否也具有波粒二象性。受此启发，德布罗意产生了疑问：光波是粒子，则粒子是否是波呢？光的波粒二象性是否可以推广到电子这类的粒子呢？他猜测波粒二象性可能是一切物质的基本属性。他提出了这样的问题："整个世纪以来，在辐射理论方面，比起波动的研究方法来，过于忽略了粒子的研究方法；那么在实物理论上，是否发生了相反的错误，把粒子的图像想象得太多，而过于忽略了波的图像？"于是，1923 年他接连发表三篇论文，提出"物质波"的新概念，他坚信大至一个行星、一块石头，小至一粒灰尘、一个电子，都能生成物质波。1924 年德布罗意在他的博士论文中大胆提出**实物粒子也具有波动性**的假设，完成了从经典物理到量子理论的第二个飞跃，也因此获得了诺贝尔物理学奖。

德布罗意物质波假设：包括光子在内的所有微观实物粒子在运动中既表现出粒子的行为，也表现出波动的行为，此即**波粒二象性**。且把表示粒子波动特性的物理量波长 λ、频率 ν 与表示其粒子特性的物理量质量 m、动量 p 和能量 E 用下述关系式联系起来：

$$p = mv = \frac{h}{\lambda} \tag{14-34a}$$

$$E = mc^2 = h\nu \tag{14-34b}$$

也可写成

$$\lambda = \frac{h}{p} = \frac{h}{mv} = \frac{h}{m_0 v}\sqrt{1 - v^2/c^2} \tag{14-35a}$$

$$\nu = \frac{E}{h} = \frac{mc^2}{h} = \frac{m_0 c^2}{h\sqrt{1 - v^2/c^2}} \tag{14-35b}$$

式(14-35a)和式(14-35b)称为**德布罗意关系式**，这种与实物粒子相联系的波称为**德布罗意波**，又称为**物质波**。

德布罗意关系式与表示光的波粒二象性的爱因斯坦关系式完全一致，是自然界一切物质的普适关系，只不过前者突出了实物粒子的波动性，而后者突出了光的粒子性。在两式中，普朗克常数 h 都起着重要的作用。由于普朗克常数很小，可以预见，宏观物体由于其质量相对很大，因此物质波的波长极短，以至于难以观测。而微观粒子，如电子，其质量很小，物质波的波长可以观测到。

2. 电子衍射实验对德布罗意关系的证实

1925 年，戴维孙和革末进行了电子束在晶体表面上的散射，观察到和 X 射线衍射图案类似的结果。在了解到德布罗意的物质波概念后，通过分析，他们认为这就是电子的衍射现象，并于 1927 年进行了较精确的实验，证实了电子的波动性。他们的实验装置简图如图 14-12(a)所示，一束电子射到镍晶体的某一晶面上，同时用探测器测量沿不同方向散射的电子束强度。实验发现,当入射电子的能量为 54 eV 时,在 $\varphi = 50°$ 的方向上散射电子束的强度最大,如图 14-12(b)所示。

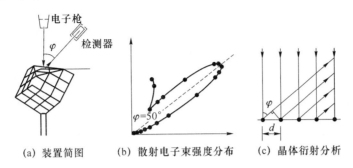

(a) 装置简图　　(b) 散射电子束强度分布　　(c) 晶体衍射分析

图 14-12　电子的波动性实验

如果将电子束按类似于 X 射线在晶体表面的衍射来分析,由图 14-12(c)可知,由布拉格衍射方程,散射电子束出现强度极大的方向应满足下列条件:

$$2d\sin\theta = k\lambda \quad (k = 1, 2, 3, \cdots) \tag{14-36}$$

其中,d 为原子层之间的距离,θ 为掠射角。已知镍的一组晶面间距为 $d = 9.1 \times 10^{-11}$ m,按式(14-36)给出"电子波"的波长应为

$$\lambda = \frac{2d\sin\theta}{k} = \frac{2d\sin(90° - \varphi/2)}{k} = \frac{2 \times 9.1 \times 10^{-11} \times \sin 65°}{1} \text{ m} = 0.165 \text{ nm}$$

而按德布罗意物质波假设公式(14-35),该"电子波"的波长应为

$$\lambda = \frac{h}{mv} = \frac{h}{\sqrt{2mE_k}} = \frac{6.63 \times 10^{-34}}{\sqrt{2 \times 9.1 \times 10^{-31} \times 54 \times 1.6 \times 10^{-19}}} \text{ m} = 0.167 \text{ nm}$$

可见,按物质波假设得到的这一结果和实验结果符合得很好,这就证明了电子具有波动性。

同年,汤姆孙进行了电子束穿过多晶薄膜的衍射实验,如图 14-13(a)所示,成功得到了电子衍射图样,如图 14-13(b)所示。电子衍射图样与 X 射线通过多晶薄膜产生的衍射图样极为相似。

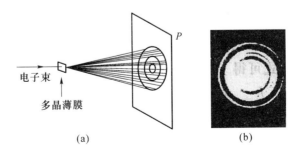

(a)　　　　　　　　　　(b)

图 14-13　电子衍射实验

除了电子外，之后还陆续用实验证实了中子、质子以及原子甚至分子等都具有波动性，如图 14-14 和图 14-15 所示，德布罗意公式对这些粒子同样正确。

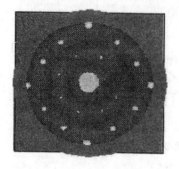

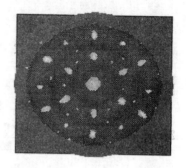

图 14-14　UO_2 晶体的电子衍射　　　　图 14-15　NaCl 晶体的中子衍射

在经典物理中，电子、质子、中子等微粒只具有粒子的特性，而电子衍射等实验中又观测到它们具有波动的特性，这样微观粒子表现出波粒二象性。

物质的波粒二象性是客观的普遍规律，所有物体都具有粒子性和波动性。从式（14-35）可见，普朗克常数是联系客观物体波动性和粒子性的桥梁，在微观领域中，普朗克常数是一个非常重要的常数。若不考虑普朗克常数，物理规律就回到了宏观领域，宏观物体的德布罗意波长小到难以测量的程度，因而宏观物体仅表现出粒子性的一面，而不表现出波动性的一面。

14.4　氢原子

前面介绍的玻尔的氢原子理论只是半经典、半量子的理论，对氢原子光谱规律的解释并不完美，量子力学使这一问题得到了圆满的解决。

1. 氢原子的薛定谔方程

氢原子中的电子在原子核的库仑场中运动，其势能函数为

$$U(r) = -\frac{e^2}{4\pi\varepsilon_0 r}$$

因而氢原子的哈密顿算符为

$$\hat{H} = -\frac{\hbar^2 \nabla^2}{2m} - \frac{e^2}{4\pi\varepsilon_0 r}$$

由于 $\hat{H}$ 不显含时间，所以氢原子问题仍是一个定态问题，定态薛定谔方程为

$$\nabla \Psi + \frac{2m}{\hbar^2}\left(E + \frac{e^2}{4\pi\varepsilon_0 r}\right)\Psi = 0 \tag{14-37}$$

考虑到势能是 r 的函数, 为了方便起见, 我们采用球坐标 (r, θ, φ) 代替直角坐标 (x, y, z), 因 $x = r\sin\theta\cos\varphi, y = r\sin\theta\sin\varphi, z = r\cos\varphi$, 所以有

$$\nabla^2 = \frac{1}{r^2}\frac{\partial}{\partial r}\left(r^2\frac{\partial}{\partial r}\right) + \frac{1}{r^2\sin\theta}\frac{\partial}{\partial\theta}\left(\sin\theta\frac{\partial}{\partial\theta}\right) + \frac{1}{r^2\sin^2\theta}\frac{\partial^2}{\partial\varphi^2} \tag{14-38}$$

代入式 (14-37) 得氢原子的定态薛定谔方程

$$\frac{1}{r^2}\frac{\partial}{\partial\theta}\left(r^2\frac{\partial\Psi}{\partial\theta}\right) + \frac{1}{r^2\sin\theta}\frac{\partial}{\partial\theta}\left(\sin\theta\frac{\partial\Psi}{\partial\theta}\right) + \frac{1}{r^2\sin^2\theta}\frac{\partial^2\Psi}{\partial\varphi^2} + \frac{2m}{\hbar^2}\left(E + \frac{e^2}{4\pi\varepsilon_0 r}\right)\Psi = 0 \tag{14-39}$$

通常采用分离变量法求解该方程, 即设

$$\Psi(r, \theta, \varphi) = R(r)\Theta(\theta)\Phi(\varphi)$$

其中 $R(r)$、$\Theta(\theta)$、$\Phi(\varphi)$ 分别只是 r、θ、φ 的函数。将上式代入式 (14-39), 经过一系列的数学换算后, 可得到三个独立函数 $R(r)$、$\Theta(\theta)$、$\Phi(\varphi)$ 所满足方程分别为

$$\frac{1}{R}\frac{d}{dr}\left(r^2\frac{dR}{dr}\right) + \frac{2mr^2}{\hbar^2}\left(E + \frac{1}{4\pi\varepsilon_0 r}\right) = \lambda \tag{14-40}$$

$$\frac{1}{\Theta}\frac{1}{\sin\theta}\frac{d}{d\theta}\left(\sin\theta\frac{d\Theta}{d\theta}\right) - \frac{m_l^2}{\sin^2\theta} = -\lambda \tag{14-41}$$

$$\frac{1}{\Phi}\frac{d^2\Phi}{d\varphi^2} = -m_l^2 \tag{14-42}$$

式中, m_l 和 λ 是引入的常数。解此三个方程, 并考虑波函数必须满足的标准化条件, 即可得到氢原子的波函数。

2. 氢原子中电子的概率分布

氢原子的波函数为 $\Psi = R(r)\Theta(\theta)\Phi(\varphi)$, 通常也记为 $\Psi_{nlm}(r, \theta, \varphi) = R_{nl}(r)Y_{lm}(\theta, \varphi)$。不同的量子数 (n, l, m) 将得到原子的不同状态, 对氢原子来说, 主量子数 n 确定时, 将包含 n^2 个原子态, 这些原子态具有相同的能量。

波函数的平方表示在空间发现电子的几率密度, 归一化应该有

$$\int\Psi^*\Psi dV = \int_0^\infty R^2(r)r^2 dr\int_0^\pi\Theta^2(\theta)\sin\theta d\theta\int_0^{2\pi}\Phi^*(\varphi)\Phi(\varphi)d\varphi = 1 \tag{14-43}$$

而且应该是三个积分内都等于 1, 因为在全部的 r 范围内, 或全部的 θ 范围内, 或全部的 φ 范围内, 发现电子的几率都是 1, 即必然发现电子。

电子的几率密度随 r 和 θ 变化比较复杂, 图 14-16 和图 14-17 画出了几种量子数组合的几率密度随 r 和 θ 变化的幅度。在电子态的表示中, 将角量子数 $l = 0, 1, 2, 3, 4, 5, \cdots$ 的态通常分别用 s, p, d, f, g, h, $\cdots$ 表示。发现电子的几率密度不同, 说明电子在某处出现的机会大小不同。

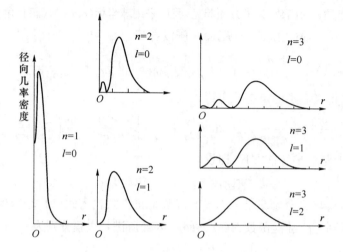

图 14-16　氢原子的几率密度与半径的关系图

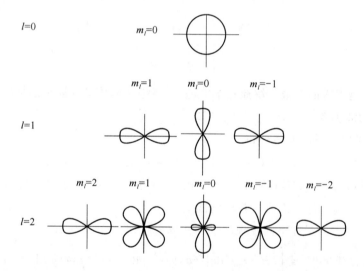

图 14-17　氢原子的 s、p、d 态电子的角分布几率密度

14.5　原子的电子壳层结构　元素周期表

1. 原子的电子壳层结构

　　除了氢原子以外,其他原子都有两个以上的电子,它们是多电子原子。在多电子原子中,电子之间的相互作用也要影响电子的运动状态。求解多电子原子的薛定谔方程是非常复杂的数学问题,一般认为每一个电子是在原子核和其他电子的平均场中运动,并且这个平均场是有心力场。这样多电子原子中的每一个电子的量子态与氢原子类似,仍然由

四个量子数描述。

(1) 主量子数 n：$n=1,2,3,\cdots$。

(2) 角量子数 l：当 n 确定后，l 有 n 个可能值，即 $l=0,1,2,\cdots,n-1$。

(3) 磁量子数 m_1：当 l 确定后，m_1 有 $2l+1$ 个可能值，即 $m_1=0,\pm1,\pm2,\cdots,\pm l$。

(4) 自旋磁量子数 m_s：m_s 有两个可能值，即 $m_s=\pm1/2$。

多电子原子中的每一个电子的能级除了与主量子数 n 有关以外，还与角量子数 l 有关，因此，可以将一个原子中的所有电子分为若干个壳层和支壳层。主量子数 n 相同的电子属于同一个壳层，$n=1$ 的壳层称为 K 壳层，$n=2$ 的壳层称为 L 壳层，依次称为 M 壳层、N 壳层等，在每一壳层中角量子数 l 相同的电子构成支壳层，$l=0,1,2,3,\cdots$ 的支壳层称为 s，p，d，f，$\cdots$ 支壳层。原子中的电子在各壳层中的分布遵从以下两个原理。

泡利不相容原理：不可能有两个或两个以上的电子具有完全相同的量子态，即任何两个电子不可能有完全相同的一组量子数 (n,l,m_1,m_s)。

根据泡利不相容原理可以算出每一壳层最多能容纳的电子数。当 n 给定时，l 的可能值为 $l=0,1,2,\cdots,n-1$，共有 n 个值；当 l 给定时，m_1 的可能值为 $0,\pm1,\pm2,\cdots,\pm l$，共有 $2l+1$ 个可能值；当 n、l、m_1 都给定时，m_s 取 $+1/2$ 和 $-1/2$，有两个可能值，因此量子数为 n 的壳层最多能容纳的电子数为

$$Z_n = \sum_{l=0}^{n-1} 2(2l+1) = 2n^2 \tag{14-44}$$

由式(14-44)可知，K($n=1$)壳层最多能容纳 2 个电子，以 $1s^2$ 表示。L($n=2$)壳层最多能容纳 8 个电子，其中 s($l=0$)支壳层最多能容纳 2 个电子，以 $2s^2$ 表示。p($l=1$)支壳层最多能容纳 6 个电子，以 $2p^6$ 表示。将多电子原子中各个壳层所能容纳的电子数列在表 14-2 中。

表 14-2　原子中壳层和支壳层所能容纳的电子数

n ╲ l	0(s)	1(p)	2(d)	3(f)	4(g)	5(h)	6(i)	Z_n
1(K)	$1s^2$							2
2(L)	$2s^2$	$2p^6$						8
3(M)	$3s^2$	$3p^6$	$3d^{10}$					18
4(N)	$4s^2$	$4p^6$	$4d^{10}$	$4f^{14}$				32
5(O)	$5s^2$	$5p^6$	$5d^{10}$	$5f^{14}$	$5g^{18}$			50
6(P)	$6s^2$	$6p^6$	$6d^{10}$	$6f^{14}$	$6g^{18}$	$6h^{22}$		72
7(Q)	$7s^2$	$7p^6$	$7d^{10}$	$7f^{14}$	$7g^{18}$	$7h^{22}$	$7i^{26}$	98

能量最小原理：在原子系统内，每一个电子都尽量占有最低的能级，这时整个原子的能量最低，原子最稳定。

电子的能级主要决定于主量子数 n，一般情况下，n 越小能级越低，因此电子总是由 K 壳层填起，一个壳层填满后再填下一个壳层。如图 14-18 所示，H 原子核外的一个电子填

在 K 壳层。He 原子核外的两个电子也填在 K 壳层。Li 原子核外有两个电子将 K 壳层填满，另外一个电子填在 L 壳层。Be、B 等原子从第三个电子开始都是填在 L 壳层，直到 Ne 将 L 壳层填满为止。原子的最外层电子称为价电子，如 Li 原子有 1 个价电子，Be 原子有两个价电子，Na 原子有一个价电子。

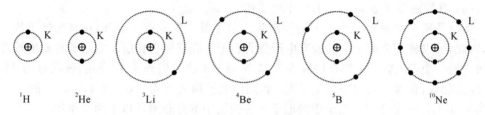

图 14-18　原子核外的电子填充情况

原子能级除了与主量子数 n 有关以外，还与量子数 l 有关，所以按能量最小原理排列时，电子并不是完全按照 K，L，M，…主壳层次序来排列的。图 14-19 是 K 原子核外的电子填充示意图。K 原子核外有 19 个电子，有 2 个电子将 K 壳层填满，8 个电子将 L 壳层填满，M 壳层的 3s 能级填 2 个电子、3p 能级填 8 个电子以后，最后 1 个电子填在 4s 能级了，其原因是 4s 能级比 3d 能级低。

原子中的电子的各能级由小到大的排列次序为：1s、2s、2p、3s、3p、4s、3d、4p、5s、4d、5p、6s、4f、5d、6p、7s、6d……

电子在泡利不相容原理和能量最小原理的限制下，按照以上次序填充。

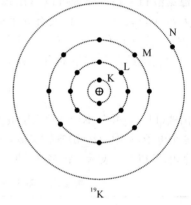

图 14-19　K 原子核外的电子填充示意图

2. 元素周期表

自从 1869 年门捷列夫提出和创立按原子量的次序排列元素周期表以后，经 1913 年莫塞莱、1925 年泡利和我国科学家徐光宪等人的不断探究，同时也随着新元素的不断发现，根据目前的资料，元素周期表如表 14-3 所示。

如表 14-3 所示的元素周期表给出了元素的电子组态。从表中可以看到，第一周期填充的是 1s 支壳层，只包含 2 个元素；第二和第三周期分别填充 2s、2p 和 3s、3p 支壳层，各包含 8 个元素；第四和第五周期分别填充 4s、3d、4p 和 6s、4d、5p 支壳层，各包含 18 个元素，其中电子逐渐填充 d 支壳层的 2×10 个元素称为过渡元素；第六周期分别填充 6s、4f、5d、6p 支壳层，包含 32 个元素，其中有 24 个过渡元素，电子逐渐填充 4f 支壳层的 14 个元素称为镧系元素，它们与钪、钇、镧一起统称为稀土元素；第七周期分别填充 7s、5f、6d、7p 支壳层，所包含元素都是不稳定的，其中电子逐渐填充 5f 支壳层的 14 个元素称为锕系元素。自然界存在的元素到铀（$z=92$）为止，比铀更重的元素都是人工合成的。

表 14-3　元素周期表

族＼周期	1a	2a	3b	4b	5b	6b	7b	8			1b	2b	3a	4a	5a	6a	7a	0
1	$_{1}$H 1s^1																	$_{2}$He 1s^2
2	$_{3}$Li 2s^1	$_{4}$Be 2s^2											$_{5}$B 2s^{2}2p^1	$_{6}$C 2s^{2}2p^2	$_{7}$N 2s^{2}2p^3	$_{8}$O 2s^{2}2p^4	$_{9}$F 2s^{2}2p^5	$_{10}$Ne 2s^{2}2p^6
3	$_{11}$Na 3s^1	$_{12}$Mg 3s^2											$_{13}$Al 3s^{2}3p^1	$_{14}$Si 3s^{2}3p^2	$_{15}$P 3s^{2}3p^3	$_{16}$S 3s^{2}3p^4	$_{17}$Cl 3s^{2}3p^5	$_{18}$Ar 3s^{2}3p^6
4	$_{19}$K 4s^1	$_{20}$Ca 4s^2	$_{21}$Sc 3d^{1}4s^2	$_{22}$Ti 3d^{2}4s^2	$_{23}$V 3d^{3}4s^2	$_{24}$Cr 3d^{5}4s^1	$_{25}$Mn 3d^{5}4s^2	$_{26}$Fe 3d^{6}4s^2	$_{27}$Co 3d^{7}4s^2	$_{28}$Ni 3d^{8}4s^2	$_{29}$Cu 3d^{10}4s^1	$_{30}$Zn 3d^{10}4s^2	$_{31}$Ga 4s^{2}4p^1	$_{32}$Ge 4s^{2}4p^2	$_{33}$As 4s^{2}4p^3	$_{34}$Se 4s^{2}4p^4	$_{35}$Br 4s^{2}4p^5	$_{36}$Kr 4s^{2}4p^6
5	$_{37}$Rb 5s^1	$_{38}$Sr 5s^2	$_{39}$Y 4d^{1}5s^2	$_{40}$Zr 4d^{2}5s^2	$_{41}$Nb 4d^{4}5s^1	$_{42}$Mo 4d^{5}5s^1	$_{43}$Tc 4d^{5}5s^2	$_{44}$Ru 4d^{7}5s^1	$_{45}$Rh 4d^{8}5s^1	$_{46}$Pd 4d^{10}	$_{47}$Ag 4d^{10}5s^1	$_{48}$Cd 4d^{10}5s^2	$_{49}$In 5s^{2}5p^1	$_{50}$Sn 5s^{2}5p^2	$_{51}$Sb 5s^{2}5p^3	$_{52}$Te 5s^{2}5p^4	$_{53}$I 5s^{2}5p^5	$_{54}$Xe 5s^{2}5p^6
6	$_{55}$Cs 6s^1	$_{56}$Ba 6s^2	$_{57}$La / $_{71}$Lu	$_{72}$Hf 5d^{2}6s^2	$_{73}$Ta 5d^{3}6s^2	$_{74}$W 5d^{4}6s^2	$_{75}$Re 5d^{5}6s^2	$_{76}$Os 5d^{6}6s^2	$_{77}$Ir 5d^{7}6s^2	$_{78}$Pt 5d^{9}6s^1	$_{79}$Au 5d^{10}6s^1	$_{80}$Hg 5d^{10}6s^2	$_{81}$Tl 6s^{2}6p^1	$_{82}$Pb 6s^{2}6p^2	$_{83}$Bi 6s^{2}6p^3	$_{84}$Po 6s^{2}6p^4	$_{85}$At 6s^{2}6p^5	$_{86}$Rn 6s^{2}6p^6
7	$_{87}$Fr 7s^1	$_{88}$Ra 7s^2	$_{89}$Ac / $_{103}$Lr	$_{104}$Rf 6d^{2}7s^2	$_{105}$Db 6d^{3}7s^2	$_{106}$Sg 6d^{4}7s^2	$_{107}$Bh 6d^{5}7s^2	$_{108}$Hs 6d^{6}7s^2	$_{109}$Mt 6d^{7}7s^2	$_{110}$Uun 6d^{7}7s^1	$_{111}$Uuu 6d^{10}7s^1	$_{112}$Uub 6d^{10}7s^2						

镧系	$_{58}$Ce 4f^{1}5d^{1}6s^2	$_{59}$Pr 4f^{3}6s^2	$_{60}$Nd 4f^{4}6s^2	$_{61}$Pm 4f^{5}6s^2	$_{62}$Sm 4f^{6}6s^2	$_{63}$Eu 4f^{7}6s^2	$_{64}$Gd 4f^{7}5d^{1}6s^2	$_{65}$Tb 4f^{9}6s^2	$_{66}$Dy 4f^{10}6s^2	$_{67}$Ho 4f^{11}6s^2	$_{68}$Er 4f^{12}6s^2	$_{69}$Tm 4f^{13}6s^2	$_{70}$Yb 4f^{14}6s^2	$_{71}$Lu 4f^{14}5d^{1}6s^2
锕系	$_{90}$Th 6d^{2}7s^2	$_{91}$Pa 5f^{2}6d^{1}7s^2	$_{92}$U 5f^{3}6d^{1}7s^2	$_{93}$Np 5f^{4}6d^{1}7s^2	$_{94}$Pu 5f^{6}7s^2	$_{95}$Am 5f^{7}7s^2	$_{96}$Cm 5f^{7}6d^{1}7s^2	$_{97}$Bk 5f^{9}7s^2	$_{98}$Cf 5f^{10}7s^2	$_{99}$Es 5f^{11}7s^2	$_{100}$Fm 5f^{12}7s^2	$_{101}$Md 5f^{13}7s^2	$_{102}$No 5f^{14}7s^2	$_{103}$Lr 5f^{14}6d^{1}7s^2

阅读材料十四

科学家简介：薛定谔

埃尔温·薛定谔(1887—1961年)：奥地利物理学家、概率波动力学的创始人。

主要成就：提出著名的薛定谔方程，为量子力学奠定了坚实的基础。

薛定谔1887年8月12日出生于奥地利的维也纳，1906年入维也纳大学物理系学习，1910年取得博士学位。毕业后在维也纳大学第二物理研究所工作。1913年与科尔劳施合写了关于大气中镭含量测定的实验物理论文，为此获得了奥地利帝国科学院的海廷格奖金。第一次世界大战期间，他服役于一个偏僻的炮兵要塞，利用闲暇时间研究理论物理学。战后他回到第二物理研究所。1920年移居德国耶拿，担任维恩物理实验室的助手。

1921—1927年，在瑞士苏黎世大学任数学物理学教授。最初几年他主要研究有关热学的统计理论问题，在此期间还研究过色觉理论，他对有关红绿色盲和蓝黄色盲与频率之间的关系的解释被生理学家们所接受。1925年年底到1926年年初，薛定谔在爱因斯坦关于单原子理想气体的量子理论和德布罗意物质波假说的启发下，将经典力学与几何光学作了类比，提出了对应于波动光学的波动力学方程，奠定了波动力学的基础。他最初试图建立一个相对论性理论，得出了后来称之为克莱因-戈登方程的波动方程，但由于当时还不知道电子存在自旋，所以在关于氢原子光谱的精细结构的理论上与实验数据不符。以后他又改用非相对论性波动方程（即薛定谔方程）来处理电子，得出与实验数据相符的结果。1926年1—6月，他一连发表了四篇论文，题目都是《量子化就是本征值问题》，系统地阐明了波动力学理论。在此之前，德国物理学家海森伯、玻尔和约旦于1925年7—9月建立了矩阵力学。1926年3月，薛定谔发现波动力学和矩阵力学在数学上是等价的，是量子力学的两种形式，可以通过数学变换从一个理论转到另一个理论。

薛定谔在1927—1933年接替普朗克到柏林大学担任理论物理学教授，并成为普鲁士科学院院士。1933年，由于纳粹迫害犹太人，离开德国移居英国牛津，在马格达伦学院任访问教授。同年与狄拉克共同获得诺贝尔物理学奖。在1935年发表一篇题为《量子力学的现状》的论文，论文中提到了著名的薛定谔猫猜想，为量子力学的发展作出了贡献。1939年转到爱尔兰，在都柏林高级研究所工作了17年。

薛定谔在1944年出版的《什么是生命——活细胞的物理面貌》中，试图用热力学、量子力学和化学理论来解释生命的本性。这本书使许多青年物理学家开始注意生命科学中提出的问题,引导人们用物理学、化学方法去研究生命的本性,薛定谔成为蓬勃发展的分子生物学的先驱。薛定谔在后期主要研究有关波动力学的应用及统计诠释、新统计力学的数学特征以及它与通常的统计力学的关系等问题。他还探讨了有关广义相对论的问题,并对波场作了相对论性的处理。此外他还写了一些有关宇宙学问题的论著。与爱因斯坦一样,薛定谔在晚年特别热衷于将引力理论推广为统一场论,但也没有取得成功。

薛定谔对哲学也有浓厚的兴趣。早在第一次世界大战期间,他就深入研究过斯宾诺沙、叔本华、马赫、西蒙、阿芬那留斯等人的哲学著作。晚年他还致力于物理学基础和有关哲学问题的研究,写了《科学和人文主义——当代的物理学》等哲学性著作。

1956 年,薛定谔回到维也纳大学物理研究所,任维也纳大学荣誉教授。1961 年 1 月 4 日卒于奥地利的阿尔卑巴赫山村,享年 75 岁。

思 考 题

14-1　用可见光能产生康普顿效应吗? 能观察到吗?

14-2　光电效应和康普顿效应都包含有电子与光子的相互作用,这两个过程有什么不同?

14-3　玻尔理论的要点是什么?

14-4　试说明德布罗意波长公式的意义。德布罗意的假设是在物理学的什么发展背景下提出的? 又最先被什么实验所证实?

14-5　在氢原子的玻尔理论中,势能为负值,但其绝对值比动能大,它的含义是什么?

14-6　若一个电子和一个质子具有同样的动能,哪个粒子的德布罗意波长较大?

14-7　确定氢原子中电子的状态需要哪几个量子数? 每个量子数的物理意义是什么?

练 习 题

14-1　下列哪一能量的光子能被处在 $n=2$ 的能级的氢原子吸收?(　　)。

A. 1.50 eV　　　B. 1.89 eV　　　C. 2.16 eV　　　D. 2.41 eV　　　E. 2.50 eV

14-2　在康普顿效应实验中,若散射光波长是入射光波长的 1.2 倍,则散射光光子能量 ε 与反冲电子动能 E_k 之比 ε/E_k 为(　　)。

A. 2　　　　　B. 3　　　　　C. 4　　　　　D. 5

14-3　当波长为 300 nm 的光照射在某金属表面时,光电子的能量范围为 $0 \sim 4.0 \times 10^{-19}$ J。在做上述光电效应实验时遏止电压为 $|U_a| = $ _____ V;此金属的红限频率

$\nu_0 = $ _____ Hz。

14-4 康普顿实验中，当能量为 0.5 MeV 的 X 射线射中一个电子时，该电子获得 0.10 MeV 的动能。假设原电子是静止的，则散射光的波长 $\lambda_1 = $ _____，散射光与入射方向的夹角 $\varphi = $ _____（1 MeV $= 10^6$ eV）。

14-5 黑体是指的这样的一种物体，即（　　）。

A. 不能反射任何可见光的物体　　　　　B. 不能发射任何电磁辐射的物体

C. 能够全部吸收外来的任何电磁辐射的物体　　D. 完全不透明的物体

14-6 在光电效应的实验中，如果：(1)入射光强度增加 1 倍；(2)入射光频率增加 1 倍，按光子理论，对实验结果有何影响？

14-7 假设电子的德布罗意波长与某种光的波长相等，均为 0.20 nm，试求电子和光子的动量、动能、总能量。

14-8 在与波长为 0.01 mn 的入射伦琴射线束成某个角度 θ 的方向上，康普顿效应引起的波长改变为 2.4×10^{-3} nm，试求：

(1) 散射角 θ。

(2) 这时传递给反冲电子的能量。

14-9 康普顿散射中，当散射光子与入射光子方向成夹角 $\varphi = $ _____ 时，散射光子的频率小得最多；当 $\varphi = $ _____ 时，散射光子的频率与入射光子相同。

14-10 常温下的中子称为热中子，试计算 $T = 300$ K 时热中子的平均动能，由此估算其德布罗意波长。（中子的质量 $m_n = 1.67 \times 10^{-27}$ kg）

14-11 玻尔氢原子理论中，电子轨道角动量最小值为 _____；而量子力学理论中，电子轨道角动量最小值为 _____。实验证明 _____ 理论的结果是正确的。

14-12 已知 X 射线的光子能量为 0.60 MeV，在康普顿散射后波长改变了 20%，求反冲电子获得的能量。

14-13 在玻尔氢原子理论中，当电子由量子数 $n = 5$ 的轨道跃迁到 $k_1 = 2$ 的轨道上时，对外辐射光的波长为多少？若再将该电子从 $k_2 = 2$ 的轨道跃迁到游离状态，外界需要提供多少能量？

14-14 能量为 15 eV 的光子，被氢原子中处于第一玻尔轨道的电子所吸收而形成一光电子，求：

(1) 当此光电子远离质子时的速度为多大？

(2) 它的德布罗意波长是多少？

14-15 铝表面电子的逸出功为 6.72×10^{-19} J，今有波长为 $\lambda = 2.0 \times 10^{-7}$ m 的光投射到铝表面，试求：

(1) 产生光电子的最大初动能。

（2）遏止电势差。

（3）铝的红限波长。

14-16　试证明带电粒子在均匀磁场中做圆轨道运动时,其德布罗意波长与圆半径成反比。

14-17　求下列粒子的德布罗意波长：

（1）能量为 100 eV 的自由电子。

（2）能量为 0.1 eV 的自由电子。

（3）能量为 0.1 eV、质量为 1 g 的质点。

14-18　康普顿散射中入射 X 射线的波长是 $\lambda = 0.7 \times 10^{-10}$ m,散射的 X 射线与入射的 X 射线垂直,求：

（1）反冲电子的动能 E_k。

（2）散射 X 射线的波长。

（3）反冲电子的运动方向与入射 X 射线间的夹角 θ。

参考答案

第9章

9-1 速率区间 $0 \sim v_p$ 的分子数占总分子数的百分比：$\bar{v} = \dfrac{\displaystyle\int_{v_p}^{\infty} v f(v) \mathrm{d}v}{\displaystyle\int_{v_p}^{\infty} f(v) \mathrm{d}v}$

9-2 4 000 m/s，1 000 m/s

9-3 略

9-4 略

9-5 (1) 2.45×10^{25} m^{-3}；　(2) 1.3 kg/m^3；　(3) 3.21×10^{-21} J；　(4) 3.4×10^{-9} m

9-6 (1) $\dfrac{3N}{4\pi V_F^3}$；　(2) 略

9-7 略

9-8 (1) 6.21×10^{-21} J，4.83 m/s；(2) 300 K

9-9 (1) 12.9 keV；　(2) 1.58×10^6 m/s

9-10 (1) $f(v) = \begin{cases} av/Nv_0 & (0 \leqslant v \leqslant v_0) \\ a/N & (v_0 \leqslant v \leqslant 2v_0) \\ 0 & (v \geqslant 2v_0) \end{cases}$；　(2) $a = \dfrac{2N}{3v_0}$

　　　(3) $\Delta N = \dfrac{1}{3} N$；　(4) $\bar{v} = \dfrac{11}{9} v_0$；　(5) $\bar{v} = \dfrac{7v_0}{9}$

9-11 略

9-12 (1) 5.0×10^2 m/s；　(2) 481 K

9-13 (1) 略；　(2) $3v_F^{-3}$；　(3) v_F，$3v_F/4$，$\sqrt{3/5}\,v_F$

9-14 (1) 5.42×10^8 次/秒；　(2) 0.71 次/秒

9-15 略

9-16 $\varepsilon_P = \dfrac{kT}{2}$

9-17 略

9-18 (1) 系统的总分子数; (2) $2N/(3v_0)$; (3) $5N/108$; (4) $13mv_0^2/12$

第 10 章

10-1 略

10-2 略

10-3 略

10-4 150 J

10-5 吸热 5.35×10^3 J,做功 1.34×10^3 J,放热 4.01×10^3 J

10-6 略

10-7 1.2×10^{-5} J

10-8 ① 623 J,623 J,0; ② 623 J,1 039 J,416 J

10-9 ① 0; ② -7.86×10^2 J; ③ -7.86×10^2 J

10-10 ① -1.42×10^3 J; ② -5.7×10^2 J; ③ -1.99×10^3 J

10-11 ① 9.06×10^2 J; ② -9.06×10^2 J; ③ 0

10-12 (1) $V_2 = 1 \times 10^{-3}$ m^3,$T = 300$ K,$A = -4.67 \times 10^3$ J

      (2) $V_2 = 1.93 \times 10^{-3}$ m^3,$T = 579$ K,$A = -2.35 \times 10^3$ J

10-13 略

10-14 (1) $\Delta E = 1\,246$ J,$A = 2\,033$ J,$= Q = 3\,279$ J

      (2) $\Delta E = 1\,246$ J,$A = 1\,687$ J,$Q = 2\,933$ J

10-15 $A = RT_0/2$

10-16 ① 371 J; ② 929 J; ③ 1.3×10^3 J

10-17 ① 1.25×10^3 J; ② 2.30×10^3 J; ③ 3.28×10^3 J

10-18 略

10-19 略

10-20 ① 2.77×10^3 J,2.77×10^3 J; ② 2.0×10^3 J,2.0×10^3 J; ③ 10%

10-21 略

10-22 略

10-23 $\eta = 1 - \dfrac{T_3}{T_2}$

10-24 ① 57.1%; ② 8.76×10^6 J

10-25 略

10-26 (1) ab 吸热 $-6\,232.5$ J,bc 吸热 $3\,739.5$ J,ca 吸热 $3\,456$ J

      (2) 系统做功 963 J

（3）循环的效率 13.4%

10-27　略

10-28　略

10-29　略

10-30　（1）$Q=266.0$ J；　（2）$Q=-308.0$ J

10-31　① ab 段：6.23×10^3 J，4.15×10^3 J，4.15×10^3 J，10.38×10^3 J；

　　　　bc 段：-6.23×10^3 J，0，-6.23×10^3 J；

　　　　ca 段：0，-3.37×10^3 J，-3.37×10^3 J；

　　　　② 7.5%

10-32　略

第 11 章

11-1　B

11-2　略

11-3　$T=2\pi\sqrt{\dfrac{m}{k_1+k_2}}$ ；$T=2\pi\sqrt{\dfrac{(k_1+k_2)m}{k_1k_2}}$

11-4　（1）$A\cos\left(\dfrac{2\pi t}{T}-\dfrac{1}{2}\pi\right)$；　（2）$A\cos\left(\dfrac{2\pi t}{T}+\dfrac{1}{3}\pi\right)$

11-5　（1）8π s^{-1}，0.25 s，0.5 m，$\dfrac{\pi}{3}$，4π m/s^2，$32\pi^2$ m/s^2

　　　（2）$8\pi+\dfrac{\pi}{3}$，$16\pi+\dfrac{\pi}{3}$，$80\pi+\dfrac{\pi}{3}$

　　　（3）略

11-6　B

11-7　$T=2\pi=\sqrt{\dfrac{m+I/R^2}{k}}$

11-8　① 0.5 s，0.1 m，$\dfrac{\pi}{3}$，0.4π m/s，$1.6\pi^2$ m/s；　② 0.16π；　③ $\dfrac{8\pi}{3}$

11-9　略

11-10　$\pi/4$，$x=2\times10^{-2}\cos(\pi t+\pi/4)$　（SI）

11-11　① 0.06 m，2 Hz，4π rad/s，0.5 s，$\dfrac{\pi}{3}$

　　　　② 0.03 m，$-0.12\sqrt{3}\pi$ m/s，$-0.48\pi^2$ m/s^2

11-12　（1）$\varphi_2=\pi$，$x=A\cos\left(\dfrac{2\pi}{T}t+\pi\right)$；　（2）$\varphi_0=\dfrac{3\pi}{2}$，$x=A\cos\left(\dfrac{2\pi}{T}t+\dfrac{3\pi}{2}\right)$

(3) $\varphi_0 = \dfrac{\pi}{3}$, $x = A\cos\left(\dfrac{2\pi}{T}t + \dfrac{\pi}{3}\right)$;　(4) $\varphi_0 = \dfrac{5}{4}\pi$, $x = A\cos\left(\dfrac{2\pi}{T}t + \dfrac{5}{4}\pi\right)$

11-13　$\dfrac{24}{7}$ s, $-\dfrac{2\pi}{3}$ rad/s

11-14　略

11-15　$x = 0.1\cos\left(\pi t - \dfrac{\pi}{3}\right)$ m, $x = 0.1\cos\left(\dfrac{2}{3}\pi t - \dfrac{\pi}{3}\right)$ m

11-16　(1) 略;　(2) $2\pi\sqrt{\dfrac{k}{m + J/R^2}}$;　(3) $x = \dfrac{mg}{k}\left[\cos\left(\sqrt{\dfrac{k}{m + J/R^2}}\,t + \pi\right)\right]$

11-17　$|A_1 - A_2|$, $x = |A_2 - A_1|\cos\left(\dfrac{2\pi}{T}t + \dfrac{1}{2}\pi\right)$

11-18　① $2\sqrt{2}\times10^{-1}$ m;　② ±0.2 m;　③ 0.4 m/s

11-19　(1) 0.17 m,　-4.19×10^{-3} N;　(2) $\dfrac{2}{3}$ s;　(3) 7.1×10^{-4} J

11-20　0.02 m, $\dfrac{\pi}{3}$, $x = 0.02\cos\left(2t + \dfrac{\pi}{3}\right)$

11-21　(1) $\pm\dfrac{A}{\sqrt{2}} = \pm0.14$ m;　(2) 0.39 s, 1.2 s, 2.0 s, 2.7 s

11-22　略

11-23　略

第 12 章

12-1　B

12-2　略

12-3　A、B、C、H、I 运动方向向下, D、E、F、G 运动方向向上, 波形曲线略

12-4　(1) $y = 3\cos\left[4\pi\left(t + \dfrac{x}{20}\right)\right]$;　　(2) $y = 3\cos\left[4\pi\left(t + \dfrac{x}{20}\right) - \pi\right]$

12-5　AC

12-6　$y = 3.0\times10^{-2}\cos\left[50\pi(t - x/6) - \dfrac{1}{2}\pi\right]$

12-7　(1) A, $\dfrac{B}{C}$, $\dfrac{B}{2\pi}$, $\dfrac{2\pi}{B}$, $\dfrac{2\pi}{C}$;　(2) $y = A\cos(Bt - Cl)$;　(3) cd

12-8　$\dfrac{w\lambda}{2\pi}S\omega$

12-9　略

12-10　(1) 0.2 m, 2.5 m/s, 1.25 Hz, 2.0 m;　(2) 1.57 m/s

12-11 $\quad y=0.01\cos\left(4t+\pi x+\dfrac{1}{2}\pi-10\pi\right)$

12-12 $\quad$ (1) $\dfrac{\pi}{2},0,-\dfrac{\pi}{2},-\dfrac{3}{2}\pi;\quad$ (2) $-\dfrac{\pi}{2},0,\dfrac{\pi}{2},\dfrac{3}{2}\pi$

12-13 $\quad$ (1) O 点的振动表达式: $y_O=0.1\cos\left(\pi t+\dfrac{\pi}{3}\right)$

$\qquad$ (2) 波动方程为: $y=0.1\cos\left(\pi t-5\pi x+\dfrac{\pi}{3}\right)$

$\qquad$ (3) $y_A=0.1\cos\left(\pi t-\dfrac{5\pi}{6}\right)$，或 $y_A=0.1\cos\left(\pi t-\dfrac{7\pi}{6}\right)$

$\qquad$ (4) $x_A=\dfrac{7}{30}$ m$=0.233$ m

12-14 $\quad$ (1) $y=A\cos\left[\omega\left(t+\dfrac{L}{u}\right)+\varphi\right]$

$\qquad$ (2) $y=A\cos\left[\omega\left(t+\dfrac{L+x}{u}\right)+\varphi\right]$

$\qquad$ (3) $x=-L\pm k\dfrac{2\pi u}{\omega}(k=1,2,3,\cdots)$

12-15 $\quad$ (1) $y=0.1\cos\left[5\pi\left(t-\dfrac{x}{5}\right)-\dfrac{\pi}{2}\right]$m;$\quad$ (2) 略

12-16 $\quad$ 略

12-17 $\quad$ (1) $\overline{w}=\dfrac{I}{u}=\dfrac{9.0\times10^{-3}}{300}$ J/m^2$=3\times10^{-5}$ J/m^2，$w_{max}=2\overline{w}=6\times10^{-5}$ J/m^3

$\qquad$ (2) 4.62×10^{-7} J

12-18 $\quad$ (1) 1.58×10^5 W/m^2;$\quad$ (2) 3.79×10^3 J

12-19 $\quad$ (1) $y=A\cos\left[2\pi\nu(t-t')+\dfrac{1}{2}\pi\right]$

$\qquad$ (2) $y=A\cos\left[2\pi\nu(t-t'-x/u)+\dfrac{1}{2}\pi\right]$

12-20 $\quad$ (1) $P=W/t=2.70\times10^{-3}$ J/s

$\qquad$ (2) $I=P/S=9.00\times10^{-2}$ J/(s·m^2)

$\qquad$ (3) $w=I/u=2.65\times10^{-4}$ J/m^3

12-21 $\quad$ (1) $\Delta\varphi=0$;$\quad$ (2) 0.4×10^{-2} m;$\quad$ (3) 0.283×10^{-2} m

12-22 $\quad$ 略

12-23 $\quad$ (1) $y=0.1\cos\left(2\pi x+\dfrac{\pi}{2}\right)\cos\left(50\pi t+\dfrac{\pi}{2}\right)$

$\qquad$ (2) $\begin{cases} y_1=0.05\cos(50\pi t-2\pi x) \\ y_2=0.05\cos(50\pi t-2\pi x+\pi) \end{cases}$

12-24　(1) 0.01 m,37.5 m/s;　(2) 0.157 m

12-25　略

12-26　(1) 证明(略);波节 $x=(k+0.5)$m,波腹 $x=k$ m,$k=0,\pm1,\pm2,\cdots$

　　　　(2) 0.12 m,0.097 m

12-27　略

12-28　(1) $y_{入}=0.04\cos\left[100\pi\left(t-\dfrac{x}{100}\right)+\dfrac{5\pi}{6}\right]$,$y_{反}=0.04\cos\left[100\pi\left(t+\dfrac{x}{100}\right)+\dfrac{11\pi}{6}\right]$

　　　　(2) 波腹:$x=0.5,1.5,2.5,\cdots,9.5$ m,波节:$x=0,1,2,\cdots,10$ m

　　　　(3) 形成驻波,平均能流为 0

12-29　x 轴正向沿 AB 方向,原点取在 A 点,静止的各点的位置为 $x=15-2k$,$k=0,\pm1,\pm2,\cdots,\pm7$

12-30　略

12-31　665 Hz,　541 Hz

12-32　略

第 13 章

13-1　C

13-2　B

13-3　正面呈紫红色($\lambda_2=673.9$ nm,$\lambda_3=404.3$ nm),背面呈绿色($\lambda=505.4$ nm)

13-4　B

13-5　1.055×10^{-4} rad,1.43

13-6　略

13-7　(1) 2.32×10^{-6} m;　(2) 3.73×10^{-3} m

13-8　(1) $e_5=9\lambda/(4n_2)$;　(2) $\Delta e=e_{k+1}-e_k=\lambda/(2n_2)$

13-9　(1) 182 条;　(2) 273 条

13-10　(1) 24°

　　　　(2) 5.0×10^{14} Hz,2.44×10^8 m/s,487.8 nm

　　　　(3) 0.111 m,0.113 m

13-11　546.0 nm,10

13-12　$\dfrac{4\pi n_2 e}{n_1\lambda_1}+\pi$

13-13　略

13-14　(1) $n_2>n$;　(2) 1.5×10^{-6} m;　(3) 向棱边处移动,22 级

13-15 99.6 nm

13-16 5.921×10^{-4} mm

13-17 略

13-18 2λ

13-19 (1) 平行于柱轴的直线条纹

(2) 明纹位置为: $r = 2R\sqrt{\left(d - \dfrac{2k-1}{4}\lambda\right)}$, $k = \pm 1, \pm 2$

暗纹位置为: $r = \sqrt{2R\left(d - \dfrac{k}{2}\lambda\right)}$, $k = 0, \pm 1, \pm 2$

(3) 明纹数为 8 条

(4) 条纹由里向外侧移动

13-20 1.074 m

13-21 (1) 4.0×10^{-4} rad; (2) 3.4×10^{-7} m; (3) 0.85 mm; (4) 141 条

13-22 1.06×10^4 m

13-23 1.28×10^{-6} m

13-24 (1) 5.46 mm; (2) 4.11 mm

13-25 略

13-26 $e = \dfrac{2k_1 - 1}{4n_{油}}\lambda_1 = 6.73 \times 10^{-7}$ m

13-27 (1) $60°$; (2) $\sqrt{3}$

13-28 (1) 600 nm, 466.7 nm; (2) 3,4; (3) 7,9

13-29 (1) $3°$; (2) $2°$

13-30 略

13-31 0.18 mm

13-32 略

13-33 7.5×10^{-6} m

13-34 略

13-35 $\theta = 2.2 \times 10^{-4}$ rad, 9.1 m

13-36 1/3

13-37 (1) 6×10^{-6} m; (2) 1.5×10^{-6} m; (3) $0, \pm 1, \pm 2, \pm 3, \pm 5, \pm 6, \pm 7, \pm 9$

第 14 章

14-1 B

14-2 D

14-3　2.5,4×10^{14}

14-4　3.1×10^{-12} m,42.2°

14-5　C

14-6　略

14-7　3.32×10^{-24} kg・m/s,37.8 eV,6.22 keV,5.12×10^{5} eV,6.19×10^{3} eV

14-8　(1) 90°;　(2) E＝2.41×10^{4} eV

14-9　180°,0°

14-10　6.21×10^{-21} J,0.146 nm

14-11　$h/(2\pi)$,0,量子力学

14-12　0.1 MeV

14-13　43.4 μm,－3.4 eV(负号表示电子吸收能量)

14-14　(1) 7.0×10^{5} m/s;(2) 1.04 m

14-15　(1) 3.23×10^{-19} J;　(2) 2.0 V;　(3) 2.96×10^{-7} m

14-16　略

14-17　(1) 1.23×10^{-10} m;　(2) 3.88×10^{-9} m;　(3) 1.17×10^{-22} m

14-18　(1) 9.52×10^{-17} J

　　　　(2) $\lambda'＝\lambda＋\Delta\lambda＝0.724\ 26×10^{-10}$ m

　　　　(3) $\theta＝44°1'$

参 考 文 献

[1] 吴百诗. 大学物理:上、下册. 西安:西安交通大学出版社,2004.
[2] 张三慧. 大学物理学. 2 版. 北京:清华大学出版社,1999.
[3] 程守洙,江之永. 普通物理学. 5 版. 北京:高等教育出版社,1998.
[4] 赵凯华,罗蔚茵. 新概念物理教程:热学. 北京:高等教育出版社,2005.
[5] 马文蔚,谢希顺,谈漱梅,等. 物理学. 北京:高等教育出版社,2005.
[6] 王少杰,顾牡,毛骏健. 大学物理学. 2 版. 上海:同济大学出版社,2002.
[7] 朱荣华. 基础物理学. 北京:高等教育出版社,2001.
[8] 杨兵初. 大学物理学. 北京:高等教育出版社,2005.
[9] 戴坚舟,等. 大学物理学. 2 版. 上海:华东理工大学出版社,2002.
[10] 莫文玲,盛嘉茂,魏环,等. 简明大学物理. 北京:北京大学出版社,2005.
[11] 刘永安. 大学物理学. 长沙:中南工业大学出版社,2001.
[12] 毛骏健,顾牡. 大学物理学. 高等教育出版社,2006.
[13] 赵近芳. 大学物理学. 北京:北京邮电大学出版社,2002.
[14] 卢德馨. 大学物理学. 3 版. 北京:高等教育出版社,2003.
[15] 朱荣华. 基础物理学. 北京:高等教育出版社,2000.
[16] 黄祝明,吴锋. 大学物理学. 北京:化学工业出版社,2008.
[17] 王纪龙,周希坚. 大学物理. 3 版. 北京:科学出版社,2007.
[18] 范中和. 大学物理学. 西安:陕西师范大学出版社,2008.
[19] 王建邦. 大学物理学. 北京:机械工业出版社,2004.
[20] 朱荣华. 基础物理学. 北京:高等教育出版社,2000.